移动开发丛书

Swift 4

从零到精通iOS开发

· 张益珲 著 ·

清華大学出版社
北 京

内 容 简 介

本书由资深 iOS 开发工程师精心编撰，兼备核心语法、编程技巧、应用实践 3 部分。第 1 部分从 Xcode 开发工具及 Swift 学习环境的搭建开始，重点介绍 Swift 的语言特性和应用场景、Swift 4 的新增特性，并提供大量编程练习，帮助读者尽快掌握 Swift 语言的精髓。第 2 部分介绍 Swift 开发 iOS 应用的基本技能，包括独立 UI 控件的应用、视图界面逻辑的开发、动画与布局技术、网络与数据处理技术等，旨在带领读者掌握独立开发一款 iOS 应用程序的能力。第 3 部分为应用部分，这部分安排 3 个实战项目（简易计算器、生活记事本、中国象棋游戏），旨在全面锻炼读者的实际开发能力，使用 Swift 进行开发实践。本书各章还安排了练习题与模拟面试题，以帮助读者巩固知识应对职场面试。

通过本书的学习，读者可以掌握使用 Swift 语言开发一款 iOS 软件从理论到实践的全部技术细节。本书既适合使用 Swift 开发 iOS 应用的新手、有 Objective-C 基础想学习 Swift 的 iOS 开发人员阅读，也适合用作培训机构与大中专院校移动开发课程的教学参考书或面试指导书。

图书在版编目（CIP）数据

Swift 4 从零到精通 iOS 开发 / 张益珲著.—北京：清华大学出版社，2019
（移动开发丛书）
ISBN 978-7-302-52747-3

Ⅰ.①S... Ⅱ.①张... Ⅲ.①程序语言－程序设计 Ⅳ.①TP312

中国版本图书馆 CIP 数据核字（2019）第 066338 号

责任编辑：王金柱
封面设计：王　翔
责任校对：闫秀华
责任印制：丛怀宇

出版发行：清华大学出版社
　　　　　网　　　址：http://www.tup.com.cn，http://www.wqbook.com
　　　　　地　　　址：北京清华大学学研大厦 A 座　　　　　邮　　编：100084
　　　　　社 总 机：010-62770175　　　　　　　　　　　　邮　　购：010-62786544
　　　　　投稿与读者服务：010-62776969，c-service@tup.tsinghua.edu.cn
　　　　　质 量 反 馈：010-62772015，zhiliang@tup.tsinghua.edu.cn

印 装 者：三河市龙大印装有限公司
经　　销：全国新华书店
开　　本：190mm×260mm　　　印　　张：28　　　字　　数：734 千字
版　　次：2019 年 6 月第 1 版　　　印　　次：2019 年 6 月第 1 次印刷
定　　价：99.00 元

产品编号：082124-01

前　　言

　　两年前，当我第一次收到清华大学出版社王金柱编辑的邀请，建议写一本帮助新手入门 Swift 语言 iOS 开发方向的工具书时，忐忑的心情至今还记忆犹新。经过再三的考虑与矛盾，我最终决定接下这个任务，当然这并不是由于我对自己编程技能有足够的信心，而是觉得我在学习过程中遇到的问题、走过的弯路、积累的经验如果可以整理成册并且提供给初学者一些帮助，也将是一件非常有意义的事情。后来经过半年多的努力，《Swift 3 从入门到精通》顺利出版并且得到了不错的回应。尽管在写作的过程中充满了艰辛，但是看到自己的作品可以给读者带来切实的帮助，我也收获到了额外的喜悦与幸福感。

　　如今，距离 Swift 编程语言第一版的发布已经快 5 个年头了，其间 Swift 语言改变了很多，也优化了很多，从 1.0 到 3.0 版本，Swift 语言经历了质的变化，从 3.0 到 4.0 版本，Swift 语言迎来了完善与稳定。Swift 语言是少有的在短时间内大版本更迭的编程语言，体现了这门语言不拘一格、大胆创新的特点。本书基于《Swift 3 从入门到精通》，优化了部分过时的内容，新增了 Swift 4 的新特性，更重要的是，总结了读者的反馈，内容更加面向应用，插入了大量的面试题，并做了试题解析与面试指导。

　　到本书截稿，Swift 语言最新的版本为 4.2，即本书采用的 Swift 语言版本。

本书内容特色

　　本书分为 3 大部分：

- 第 1 部分将为读者介绍 Swift 语言的语法，这也是本书后面部分的基础。这一部分的主要内容包括数据类型、流程控制语句、运算符、函数与闭包、枚举、结构体、类、属性与方法、对象构造与析构、内存管理、异常处理、扩展与协议等。本部分内容将竭力为读者全面介绍 Swift 语言的语法特点与应用场景，并且每一章后面都附带有习题供读者对本章所学知识进行测试与应用。
- 第 2 部分为 iOS 开发基础部分，目前 Swift 语言应用的主要场景是在 iOS 应用的开发。这部分内容将系统地向读者介绍 iOS 开发技能，包括独立 UI 控件的应用、视图界面逻辑的开发、动画与布局技术、网络与数据处理技术等。掌握了这些技能，从理论上讲读者已经具备独立开发一款 iOS 应用程序的能力。
- 第 3 部分为实战部分。学习编程，实战是必经的一关。本书为读者安排了 3 个实战项目，由简入难，并且各个项目的侧重点分布均匀，力图全面锻炼读者的实际开发能力。

　　除了 3 大部分循序渐进的技能学习，在每一章的最后都加入了练习题与模拟面试。练习题可以帮助读者更好地理解和掌握当前章节所学习的内容，模拟面试可以帮助读者提高实战经验，得到应用能力的提高。

本书的读者对象

本书是一本从基础到实战较全面的 Swift 编程语言学习教程。如果你符合下面的特点，那么本书就是为你定制的：

（1）对 iOS 系统软件开发感兴趣，想要从事 iOS 软件开发行业。

（2）对编程感兴趣，对 Swift 编程语言感兴趣。

（3）熟悉 Objective-C 语言，想要尝试 Swift 语言的开发者。

（4）需要进行面试指导的 Swift 求职者。

本书源代码下载

读者可以扫描下面的二维码下载本书源代码：

如果下载有问题，请发送电子邮件至 booksaga@126.com，邮件主题设置为"Swift 4 从零到精通 iOS 开发代码"。

建议

编程是一门动手性很强的技能，因此在学习本书时，读者首先需要搭建好自己的开发环境（本书第 1 章有介绍）。在学习书中内容时要对照书中代码进行实际操作，并且本书的配套资源中也有书中所引用的全部代码，读者在学习时可以进行参考对照。如果读者没有良好的 Swift 语言基础，在学习本书时，请务必根据章节的顺序安排进行学习，只有有了良好的语言基础，再学习后面章节的时候才能得心应手。

读者也可以加入 QQ 群（203317592），与大家进行 iOS 开发技术交流。

致谢

本书能够顺利完成，首先要感谢家人对我写作的支持。另外，也要感谢朋友们的无私帮助。尤其要感谢吕远同学，我们曾经一起学习、一起工作、一起教学、一起创业，人生有如他这样志同道合的朋友是我的幸运。最后，感谢所有读者，我们都是编程途中的学习者，你们的努力和认可让我坚定不移地去做分享知识这件有意义的事，我们一起努力，我们一起前进！

张益珲

2019.1.7

目　　录

第 1 部分　Swift 语言基础语法

第 2 部分　iOS 开发基础

第 3 部分　项目实战

第 1 部分 Swift 语言基础语法

    本书的第一部分将向读者介绍 Swift 编程语言的基础语法。Swift 是一门十分年轻的编程语言，其由苹果公司在 2014 年的 WWDC（苹果开发者大会）上发布。虽然和其他主流语言相比，Swift 有些年轻与稚嫩，但其设计思路更加现代化，并且在苹果公司的推动下，其也获得了突飞猛进的发展。截止到 2018 年 10 月，Swift 语言发布到了 4.2 版本。

    在 Swift 语言的发展过程中，Swift 3 可谓是一个突破性的版本，除了移除一些旧的特性、新增了一些新的特性外，还对许多 API 接口的命名和结构进行了调整，使其更加切合 Swift 语言本身。如果读者想要学习 Swift 语言又担心其更新变动过大导致学习成本的浪费，现在基本可以放下这个疑虑了。2017 年 9 月，Swift 语言版本更新到了 4.0，和 3.x 版本相比，Swift 4.0 增强了对内存访问安全的控制，增强了泛型的功能。Swift 4.2 又在 4.0 版本的基础上进行了补充与优化。

    和 Objective-C 语言冗长的函数名相比，Swift 语言将显得十分简洁，而在功能上，Swift 也丝毫不会逊色于 Objective-C，比较显著的一些特点是 Swift 语言支持元组类型，支持开发者定义运算符函数，具有简洁的流程控制语句以及强大的闭包技术。这些方面的优势都可以帮助开发者在代码编写中事半功倍。并且 Swift 语言也可以很完美地支持 macOS 与 iOS 系统软件的开发，本书第 3 部分就将以 iOS 应用软件实战为例，介绍 Swift 语言在实战开发中的应用。

第1章

学习环境的搭建

工欲善其事，必先利其器。

——孔子

做任何事情之前都要将要使用的工具准备妥当，木匠需要一把好锯，瓦匠需要一把好铲。对于软件开发者，一款强大易用的开发工具是工作中的必备利器。学习编程，首先要学习相应开发环境的搭建和开发工具的使用。编程是一种必须在练习中掌握的技能，在正式学习之前，安装好开发工具与熟悉开发环境是第一步。本章将向读者介绍 Xcode 开发集成工具的下载安装及简单使用。

通过本章，你将学习到：

- 如何申请个人的 Apple ID 账号。
- 在 App Store 上下载 Xcode 开发工具。
- 熟悉 Xcode 开发工具界面与使用。
- 使用 playground 工具进行 Swift 代码演示与练习。
- 编写第一个 Swift 程序 Hello World。

1.1　申请个人 AppleID 账号

苹果公司在 2014 年开发者大会上发布了新的编程语言——Swift，同时苹果公司自家的开发工具 Xcode 也集成了支持 Objective-C 与 Swift 两种编程语言的开发环境。由于 Swift 语言开源的特性，未来支持 Swift 语言的开发工具会越来越多，Swift 语言的应用场景也会越来越广泛。毋庸置疑的是，目前 Xcode 依然是最好用的 Swift 开发工具，本书也将使用 Xcode 开发工具来进行语言讲解与演示。

Xcode 开发工具可以在 App Store 上免费下载。首先，读者需要有一个个人的 Apple ID 账号，如果没有，也可以在如下网站进行申请：https://appleid.apple.com/#!&page=create，页面如图 1-1 所示。

图 1-1　创建一个 Apple ID 账号

在上面的注册网站中，需要使用一个电子邮箱地址作为 Apple ID 账号，这里读者需要注意，提供的电子邮箱地址务必要准确，Apple ID 的激活需要邮箱认证。注册过程中需要填写的密码保护问题读者也务必认真填写并妥善保存，如果不小心忘记了密码，密码保护问题将成为读者找回密码的一个重要途径。

1.2　下载与安装 Xcode 开发工具

App Store 是 Apple 自家的应用市场软件，其集成了应用程序下载与安装一体化的功能，读者可以十分方便地使用它安装最新版的 Xcode 开发工具。打开 App Store 软件，在主界面的搜索栏中填入 Xcode，之后按 Enter 键进行搜索，如图 1-2 所示。

图 1-2　App Store 主页

　　搜索结果页中的第一个软件就是 Xcode 开发工具，点击获取即可进行 Xcode 工具的下载与安装，如图 1-3 所示。

图 1-3　获取安装 Xcode 开发工具

　　需要注意的是在获取 Xcode 开发工具时，App Store 软件会要求验证开发者账号，读者只需将第 1.1 节中申请到的 Apple ID 账号和密码正确填入即可。

　　App Store 上获取到的软件默认为最新的正式版软件，截止到 2018 年 10 月，Xcode 最新版本为 Xcode 10.0。如果读者需要旧版本的 Xcode 开发工具或者需要某些 Beta 版的 Xcode 开发工具，可以到苹果开发者中心的工具下载页面进行其他版本的下载：https://developer.apple.com/downloads/。同样，要进入开发者中心，也需要读者使用 Apple ID 进行登录。

> **提示**
>
> AppStore 的服务器并不在国内，因此读者访问起来有时会很慢，读者也可以在 https://developer.apple.com/downloads/网站上下载最新的 Xcode 开发工具免安装版，下载完成后直接解压使用即可。

1.3　Xcode 开发工具简介

　　Xcode 开发工具的功能十分强大，可以进行 macOS、iOS、tvOS、watchOS 平台软件的开发，并且支持使用 Objective-C 与 Swift 两种语言环境，同时兼容 C、C++语言环境。在下载安装 Xcode 工具后，其也会打包下载对应模拟器，以 iOS 开发为例，开发者可以十分方便地使用各种版本的 iPhone 和 iPad 模拟器来进行程序调试。

1. Xcode 开发工具的欢迎界面

打开 Xcode 开发工具，首先会出现软件的欢迎界面，如图 1-4 所示。

图 1-4　Xcode 开发工具的欢迎界面

各选项的含义说明如下：

- Get started with a playground：针对 Swift 语言环境特有的功能，其可以将编写的代码进行编译调试并实时将程序运行过程及结果在右侧信息栏显示输出，使得学习与练习 Swift 语言十分方便，也十分有趣。
- Create a new Xcode project：用于创建一个新的 Xcode 独立工程，是开发中新建工程常用的一个选项。
- Clone an exiting project：用于从仓库中拉取一个已经存在的项目。本书在语法讲解阶段，大部分会采用 playground 来进行代码的演示；在 iOS 程序开发学习与项目实战阶段，会使用创建工程的方式来进行演示。页面中的 Version 号标注了当前 Xcode 开发工具的版本，Xcode 8 及以上版本都对 Swift 3.0 语言进行了支持。本书使用 Xcode 10.0 版本。
- Show this window when Xcode launches：用于设置每次启动 Xcode 开发工具时是否都展示这个欢迎界面。

2. 创建一个空的 Xcode 工程

我们先来创建一个空的 Xcode 工程，用来介绍 Xcode 编码主界面的构成。

单击 Create a new Xcode project 选项来创建一个新的 Xcode 工程，之后会弹出选择工程类型模板的窗口，如图 1-5 所示。

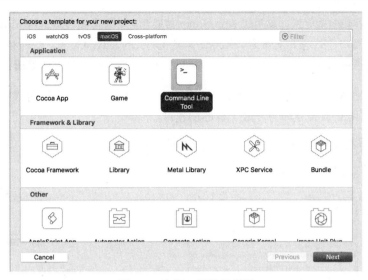

图 1-5　选择工程类型模板

　　窗口导航栏为工程运行的平台，iOS 平台应用于 iPhone 手机与 iPad 平板电脑软件的开发，watchOS 应用于苹果手表软件的开发，tvOS 应用于苹果电视软件的开发，mac OS 应用于 Mac 电脑的软件开发。这里我们选择 mac OS 平台下的命令行模式，即 Command Line Tool，单击 Next 按钮后，会弹出工程配置窗口，如图 1-6 所示。

图 1-6　工程配置窗口

在图 1-6 所示的工程配置窗口中，各选项的说明如下：

- Product Name：用于填写工程的名称。
- Organization Name：用于填写开发机构组织的名称，一般会是软件开发公司的公司名称。
- Organization Identifier：用于填写机构组织的 id 编号。
- Bundle Identifier：是工程项目的唯一标识名，Xcode 会自动根据组织和工程名称生成，开发者也可以根据需求来自定义这个标识名。这个 Bundle Identifier 十分重要，在上线应用生成证书、应用推送功能开发、应用组 App Group 功能开发时都需要与 Bundle Identifier 进行关联。

- Language：用于选择开发语言，Xcode 工具支持 Objective-C、C、C++和 Swift 4 种语言，iOS 开发框架只支持创建 Objective-C 和 Swift 两种语言的工程。这里选择 Swift。

单击 Next 按钮进行工程的创建。之后还会弹出一个工程创建路径设置的窗口，选择工程要存放的路径后，单击 Create 按钮即可完成工程的创建。

3．Xcode 开发工具的主界面

Xcode 开发工具的主界面如图 1-7 所示。

图 1-7　Xcode 开发工具主界面

Xcode 的主界面主要分为 3 个部分。左侧是导航区，主要作用是展示一些文件与内容的索引，比如文件目录索引、堆栈信息索引、断点信息索引、警告信息索引、搜索信息索引等，通过切换导航区上方的一排按钮可以进行导航内容的切换。右侧上部分为编码区，开发者可在其中进行代码的编写。右侧下部分为调试打印区，开发者可以在其中看到断点处的变量信息以及调试打印信息。Xcode 开发工具主界面的左上角会有两个功能按钮，其作用是运行工程与停止运行工程，其后边的下拉菜单供开发者根据需要选择不同的运行设备。右边的插入代码块按钮支持开发者进行代码块的自定义，方便快速键入。

当创建完 HelloWorld 工程模板后，读者就已经完成了一个最简单的入门程序，打印"Hello,World！"字符串，单击运行按钮运行工程，可以看到调试区中出现的打印信息，如图 1-8 所示。

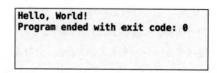

图 1-8　Xcode 的打印信息

1.4　使用 Playground 进行 Swift 代码演练

　　Playground 文件与工程相比简约许多，其主要使用场景是 Swift 语法代码的学习与演示。使用 Xcode 开发工具创建一个 Playground 演练板，可以看到 Playground 的界面清爽很多，并且没有运行与结束运行按钮，当开发者在 Playground 中编写代码时，可以实时在右侧查看代码的运行情况，如图 1-9 所示。

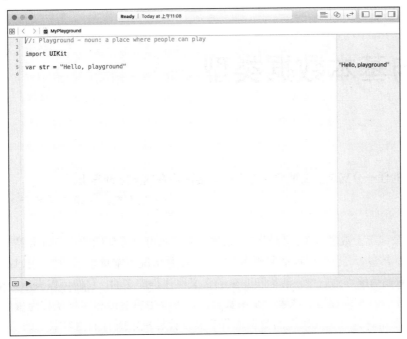

图 1-9　Playground 演练板

　　通过图 1-9 可以看到，Playground 右侧会将此行代码的相关运行情况反馈给开发者，例如变量计算的值、函数类型、函数运算的结果、打印信息等。对于编程语言的初学者来说，使用 Playground 可以方便快速地进行上手练习。上面示例的程序便是使用 Swift 语言创建一个字符串变量 str，并且对这个变量进行了赋值，赋值为"Hello, playground"字符串，右侧展示的为此行代码变量的值。如果代码中有打印操作，除了在右侧会展示打印结果外，Playground 界面的下侧调试打印区也会将结果进行打印。

　　本章是本书的准备章节，从下一章开始，读者将真正进入到 Swift 语言的学习。在语法学习阶段，读者可能会感到十分枯燥，也可能会感到收效甚微，请坚定信心，在语法阶段打下扎实的基础后，后面 iOS 的开发学习阶段将事半功倍，再经过本书第 3 部分的项目实战，读者就可以真正融会贯通，成为一名合格且优秀的 Swift 开发者！

第 2 章

量值与基本数据类型

不管数学的任一分支是多么抽象，总有一天会应用在这实际世界上。

——尼古巴斯·伊万诺维奇·罗巴切夫斯基

"变量"一词源于数学，在计算机中，它被用来表示可以改变的值或者计算结果的抽象概念。与变量对应的是常量，它也是一种抽象概念，只是大多数情况下常量表示的值或计算结果是不可改变的。在大多数高级编程语言中，常量和变量的含义往往是广义的，它们可以表示一个具体类型的值、一段代码块、一个内存地址或者一个函数方法，本书中将变量和常量统称为量值。

数据类型则是将具有相同属性的数据进行分类，计算机中所有的内容其实质都是数据，计算机的工作原理即是将这些数据存储在内存中的某个位置，并且在需要使用时快速方便地找到它，然后对其进行各种运算操作。不同的数据所占有的内存空间可能会有很大的差异，例如整数数据与浮点数（小数）数据、字符串数据与集合数据等，为了使各类数据能够最优地分配内存，避免不必要的内存消耗，大多数编程语言都定义了一系列的数据类型，Swift 也不例外。本章将向读者介绍 Swift 中支持的基本数据类型，如整型、浮点型、布尔型、元组、可选类型等。

通过本章，你将学习到：

- 常量与变量的意义、声明、命名规范、类型。
- 数学进制与计算机存储原理。
- 整型数据、浮点型数据、布尔型数据的应用。
- Swift 语言中的元组类型和可选类型。
- 如何为类型取别名。

2.1　变量与常量

在 Swift 语言中，let 关键字和 var 关键字分别用来表示常量和变量。无论是 let 还是 var，其作用都是为某个具体量值取了一个名称，在编程中，这种方式叫作量值的声明。在量值的有效作用域内，开发者可以使用这些名称来获取到具体的量值。编程中有两个最基本的概念：量值和表达式。我们可以简单将量值理解为结果，例如数字 3 就是一个整数型量值；字符串 "hello" 就是一个字符串型的量值。而表达式可以理解为一个计算过程，其结果会是一个量值，例如 1+2 就是一个表达式，其结果为量值 3；"hello" + "world" 也是一个表达式，其结果为量值 "hello world"。大多数表达式都是由量值与运算符组成的，这些会在后面具体向读者介绍。

2.1.1　变量与常量的定义和使用

使用 Xcode 开发工具创建一个命名为 Swift_Basic 的 playground 文件，可以看到模板中自动生成了以下两行代码：

```
//引入 UI 开发框架
import UIKit
//定义一个变量 赋值为字符串"Hello, playground"
var str = "Hello, playground"
```

上面的代码中，第 1 行代码是引入 iOS 开发框架中的一个 UI 框架，后面的实战阶段中会向读者详细介绍。第 2 行代码实际上进行了两步操作，首先声明了一个变量 str（str 就是此变量的名称），之后将 "Hello，playground" 字符串赋值给这个 str 变量。我们可以将以上代码分解为如下代码：

```
//1 声明字符串变量 str
var str:String
//2 对字符串变量 str 进行赋值
str = "hello,playground"
```

上面的代码中演示了为量值指定类型的语法，即在常量或者变量名后加冒号，冒号之后写上指定的类型名。Swift 是一种类型安全语言，即常量或者变量在声明的时候必须指定明确的类型。看到这里，读者可能会有一些疑问，为何在 Xcode 生成的模板代码中没有指定 str 变量的类型，系统依然没有报错，原因要归功于 Xcode 编译器，Xcode 编译器支持对 Swift 语言的类型自动推断，当声明变量时如果直接给变量赋初值，则编译器会根据赋值的类型来确定变量的类型，之后变量的类型将不可更改。Swift 中可以使用 print() 函数来进行打印操作，例如打印变量 str，示例代码如下：

```
//量值的打印
print(str)
```

在使用常量或者变量时，开发者可以直接通过名称来调用对应的量值，示例代码如下：

```
//更改 str 变量的值
str = "newValue"
```

```
//在 str 字符串变量后边追加 hello
str = str+"hello"
```

Swift 语言也支持在同一行语句中声明多个常量或者变量，但是要遵守明确类型的原则，至于具体类型是开发者指定的还是编译器推断的并无关系，例如：

```
//声明定义了 3 个变量 整数类型变量 a 浮点数类型变量 b 字符串类型变量 c
//编译器推断
var a=1,b=2.9,c="string"
//手动指定
var a2:Int=1,b2:Float=2.9,c2:String="string"
```

如果在同一句代码中声明多个变量并且都没有提供初始值，可以通过指定最后一个变量的类型对整体进行类型指定，例如：

```
//声明 3 个 Int 类型的变量
var one,two,three:Int
```

上面代码中声明的 one、two、three 都是 Int 型变量。

> **提 示**
>
> （1）Swift 语言是一种十分快速简洁的语言，其允许开发者省略分号，自动以换行来分隔语句，同时也支持在一行中编写多句代码，此时需要使用分号对语句分隔，例如：
> `var str:String;str = "hello,playground";print(str)`
> （2）对 Swift 语言的类型推断是 Xcode 编译器一个十分优秀的特性，在实际开发中，开发者应该尽量使用这种特性。
> （3）如果需要修改变量的值，直接对变量再赋值即可。需要注意的是，所赋值的类型必须和变量的类型保持一致。

2.1.2 变量和常量的命名规范

在 Swift 语言中，常量和变量的命名规则十分宽泛，可以包括 Unicode 字符和数字，需要注意的是，不可使用预留关键字来作为常量或者变量的名称，例如 let、var 这类的关键字不可作为量值名来声明。另外，常量和变量的命名不可以数字开头，空格、数学符号、制表符、箭头等符号也不可用在命名中。

可以使用中文进行命名，示例如下：

```
//使用中文进行变量的命名
var 珲少 = "珲少"
```

可以使用表情符号进行命名，如图 2-1 所示。

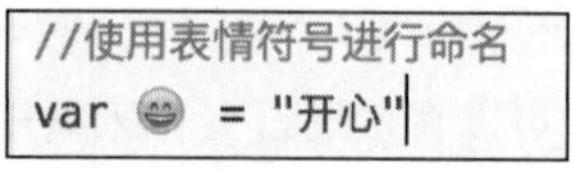

```
//使用表情符号进行命名
var 😄 = "开心"
```

图 2-1 使用表情符号进行变量的命名

可以使用穿插数字进行命名，注意数字不能作为开头：

```
//含有数字的命名
var pen2 = "钢笔"
```

可以使用下划线进行命名：

```
//使用下划线进行命名
var _swift_ = "swift"
```

虽然 Swift 支持的命名方式十分广泛，但在实际开发中，良好的命名风格可以大大提高编码效率与代码的可读性。Swift 语言官方文档采用驼峰命名的方式。所谓驼峰命名，是指以单词进行名称的拼接，名称的首字母一般为小写，之后每个单词的首字母大写，其他字母均小写。示例如下：

```
//驼峰命名
var userName = "珲少"
```

> **提　示**
>
> （1）Unicode（统一码、万国码、单一码）是计算机科学领域里的一项业界标准，包括字符集、编码方案等。Unicode 是为了解决传统的字符编码方案的局限而产生的，它为每种语言中的每个字符设定了统一并且唯一的二进制编码，以满足跨语言、跨平台进行文本转换、处理的要求。Unicode 于 1990 年开始研发，1994 年正式公布。
>
> （2）Swift 中的命名也有一些约定俗成的规则，例如量值属性首字母会小写，类名、枚举名、结构体名首字母会大写。
>
> （3）如果在命名中真的需要使用预留的关键字进行命名，可使用`符号进行包装，但是如非万不得已，开发中应尽量不使用这种方式命名，包装示例如下：
>
> ```
> //用预留关键字进行命名
> var `var` = 2
> ```

2.2　关　于　注　释

注释是写给开发者自己看的解释性文本，在编译代码时，注释语句并不会被编译进工程中，合理地运用注释可以使项目工程的结构更加清晰，团队合作更加顺畅。Swift 语言中采用和 C 语言类似的注释方式，使用//符号来注释单行内容，同时也可以使用以/*开头、以*/结尾的方式进行多行注释，示例如下：

```
//单行注释
/*
 多行注释
 注释
 注释
 */
```

Swift 语言的注释还有一个十分有趣的特性，即可以进行注释的嵌套，示例如下：

```
//单行注释//注释中的注释
```

```
/*
多行注释
/*
    注释中的注释
*/
注释
注释
*/
```

2.3 初识基本数据类型

本节主要向读者介绍整型、浮点型、布尔型数据在 Swift 语言中的应用。

2.3.1 数学进制与计算机存储原理

所谓进制，是数学计算中人为规定的一套进位规则。生活中，人们习惯使用十进制进行数据计算，例如到文具店买 3 支铅笔、到菜市场买菜花费 5 元 3 角等。在数学与计算机领域除了十进制之外，二进制、八进制、十六进制的应用也十分广泛，进制的实质即是在数据计算时逢几进一（十进制是逢十进一，十六进制是逢十六进一，二进制就是逢二进一，以此类推，x 进制就是逢 x 进位）。

计算机是由逻辑电路组成的，逻辑电路通常只有两个状态，即开关的接通与断开，正好可以表示两种状态（0 和 1），对计算机而言，采用二进制不仅能够简化运算法则，提高运算效率，更具有很高的抗干扰能力和可靠性，因此二进制也被称为"机器的语言"。

Swift 语言支持开发者使用多种进制进行数据的定义与计算，默认为十进制，如果有特殊需求，可以通过在数据前面加前缀的方式实现，示例如下：

```
var type_10 = 17;  //十进制的 17
var type_2 = 0b10001 //二进制的 17
var type_8 = 0o21  //八进制的 17
var type_16 = 0x11 //十六进制的 17
```

在进一步了解了数据类型的相关知识外，读者首先应该清楚几个概念。计算机内存中最小的数据运算单元是一个二进制位（bit），其只有两种状态：0 或者 1。字节（B）是最小的数据单元，1 个字节由 8 个二进制运算位组成。针对无符号数来说，1 个字节最大可以表示的数为二进制 11111111，即十进制数 255。读者如果有一些编程经验，一定会对 ASCII 码十分熟悉，ASCII 码的存储空间即 1 个字节的大小，因此其最多可以表示 256 个字符。在字节之上，还有千字节（KB）、兆字节（MB）、吉字节（GB）、太字节（TB）等，它们之间的换算关系如下：

1B=8bit

1KB=2^10B

1MB=2^10KB

1GB=2^10MB

1TB=2^10GB

1PB=2^10TB

2.3.2 整型数据

Swift 语言中的整型数据分为有符号整型数据与无符号整型数据。所谓有符号与无符号，通俗的理解即为分正负号与不分正负号。

对于无符号整型，Swift 中提供了 5 种类型。其中，4 种存储空间的数据类型，分别对应占用 8 位、16 位、32 位、64 位而进行运算位的存储空间。使用 Xcode 开发工具创建一个新的 Playground，命名为 BasicDataType，编写如下演示代码：

```
//8 位无符号整型数的最大值 255
var a1 = UInt8.max
//16 位无符号整型数的最大值 65535
var a2 = UInt16.max
//32 位无符号整型数的最大值 4294967295
var a3 = UInt32.max
//64 位无符号整型数的最大值 18446744073709551615
var a4 = UInt64.max
```

上面代码中创建了 4 个变量 a1、a2、a3、a4。在 Swift 语言中，整型数据类型实际上是采用结构体的方式实现的，其中 max 属性可以获取到当前类型的最大值。读者可能会有疑问，在实际开发中，到底应该选择哪一种类型来表达无符号整型呢？上面有提到，Swift 语言中的无符号整型实际有 5 种，还有 1 种为 UInt 类型，这种类型编译器会自动适配，在 64 位的机器上为 UInt64，在 32 位的机器上为 UInt32，示例代码如下：

```
//获取数据类型所占位数 在 64 位机器上 UInt 占 8 字节 64 位
var a5 = MemoryLayout<UInt>.size
```

MemoryLayout 是 Swift 标准库中定义的一个枚举，顾名思义就是用于获取内存相关信息。MemoryLayout<UInt>是一种泛型的用法，调用其 size 属性可以获取某种数据类型所占内存空间的字节数。

有符号整型数据与无符号整型数据十分类似，只是其首位二进制位为符号位，不纳入数值计算，示例代码如下：

```
var maxInt8 = Int8.max      //127
var mimInt8 = Int8.min      //-128
var maxInt16 = Int16.max    //32767
var minInt16 = Int16.min    //-32768
var maxInt32 = Int32.max    //2147483647
var minInt32 = Int32.min    //-2147483648
var maxInt64 = Int64.max    //9223372036854775807
var minInt64 = Int64.min    //-9223372036854775808
var intSize = sizeof(Int)    //8 位
```

与 max 属性对应，min 属性用于获取整型数据的最小值。

2.3.3　浮点型数据

浮点型数据用来表示一些小数。浮点型数据分为单精度浮点型与双精度浮点型，分别用 Float 与 Double 表示，示例代码如下：

```
var b = MemoryLayout<Float>.size    //4 个字节
var b1 = MemoryLayout<Float32>.size //4 个字节
var b2 = MemoryLayout<Float64>.size //8 个字节
var b3 = MemoryLayout<Float80>.size //16 个字节
var c = MemoryLayout<Double>.size   //8 个字节
```

Swift 语言中也支持使用科学计数法来表示数字，在十进制中使用 e 来表示 10 的 n 次方，在十六进制中使用 p 来表示 2 的 n 次方，示例代码如下：

```
var sum = 1.25e3 //1.25*(10^3) = 1250
var sun2 = 0x1p3 //1*(2^3) = 8
```

Swift 语言中还有一个十分有意思的特性，无论是整型数据还是浮点型数据，都可以在数字前加任意个 0 来进行位数填充，也可以在数字中加入下划线进行分隔，进而增加可读性，这些操作并不会影响原始数值，却提高了对开发者的编程友好性，使代码的结构更加清爽，示例如下：

```
var num1 = 001.23       //1.23
var num2 = 1_000        //1000
var num3 = 1_000.1_ 001 //1000.1001
```

2.3.4　布尔型数据

布尔类型很多时候也叫作逻辑类型，熟悉 Objective-C 编程语言的读者可能会了解，在 Objective-C 语言中，BOOL 类型其实并非严格意义上的逻辑布尔类型，Objective-C 中可以使用 0 与非零来表达逻辑假与逻辑真。而在 Swift 语言中则不同，Swift 语言的 Bool 类型十分严格，只有 true 和 false 两种值，分别表示真和假。同样，在 Swift 语言的条件语句以及需要进行逻辑判断的语句中，所使用的条件表达式的值也必须为 Bool 类型。

创建真与假的布尔值示例代码如下：

```
var bool1 = true    //创建布尔真变量
var bool2 = false   //创建布尔假变量
```

2.4　两种特殊的基本数据类型

Swift 语言中还支持两种特殊的基本数据类型，分别是元组类型与可选值类型。元组在实际开发中十分常用，开发者使用元组可以创建出任意数据类型组合的自定义数据类型。而可选值类型是 Swift 语言的一大特点，通过可选值类型，Swift 语言对数值为空进行了严格把控。

2.4.1　元组

元组是 Swift 语言中重要的数据类型之一，元组允许一些并不相关的类型进行自由组合成为新的集合类型。在 Objective-C 语言中并不支持元组这样的数据类型，这在很多时候会给开发者带来麻烦。类比生活中的一种情景，元组类型十分类似于日常生活中的套餐，现在各种服务业都有许多特色的套餐推出供顾客选择，方便为顾客提供一站式服务。元组提供的就是这样一种编程结构。试想一下，编程中会遇到这样一种情形，一个商品有名字和价格，使用元组可以很好地对这种商品类型进行模拟，示例如下：

```
//创建钢笔元组类型，其中有两种类型：字符串类型的名称和整数类型的价格
var pen:(name:String,price:Int) = ("钢笔",2)
```

上面的代码在创建元组类型的同时也将其中参数的名称进行了指定，即名称参数为 name，价格参数为 price，开发者可以使用这些参数名称来获取元组中各个参数的值，示例如下：

```
//获取 pen 变量名称
var name = pen.name
//获取 pen 变量价格
var price = pen.price
```

开发者在创建元组时，也可以不指定元组中参数的名称，元组会自动为每个参数分配下标，下标值将从 0 开始依次递增，示例如下：

```
//不指定参数名称的元组
var car:(String,Int) = ("奔驰",2000000)
//通过下标来取得元组中各个组成元素的值
var carName = car.0
var carPrice = car.1
```

元组实例被创建后，开发者也可以通过指定的变量或者常量来分解它，示例如下：

```
//不指定参数名称的元组
var car:(String,Int) = ("奔驰",2000000)
//进行元组的分解
var (theName,thePrice) = car
//此时 theName 变量被赋值为"奔驰" thePrice 变量被赋值为 2000000
print(theName,thePrice)
```

上面的代码将元组实例 car 中的各个组成元素分解到具体变量，有一点读者需要注意，分解后的变量必须与元组中的元素一一对应（个数相等），否则编译器就会报错。代码中使用的 print() 函数为打印输出函数，print() 函数可以接收多个参数，将其以逗号分隔即可。有些时候，开发者可能并不需要获取某个元组实例中所有元素的值，这种情况下，开发者也可以将某些不需要获取的元素使用匿名的方式来接收，示例如下：

```
//不指定参数名称的元组
var car:(String,Int) = ("奔驰",2000000)
//进行元组的分解 将 Int 型参数进行匿名
var (theName,_) = car
//此时 theName 变量被赋值为"奔驰"
```

```
print(theName)
```

在 Swift 语言中，常常使用符号 "_" 来表示匿名的概念，因此 "_" 也被称为匿名标识符。上面的代码实际上只分解出了元组 car 中的第一个元素（String 类型）。

提　示

元组虽然使用起来十分方便，然而其只适用于简单数据的组合，对于结构复杂的数据，要采用结构体或者类来实现。

2.4.2　可选值类型

可选值类型（Optional 类型）是 Swift 语言特有的一种类型。首先，Swift 语言是一种十分强调类型安全的语言，开发者在使用到某个变量时，编译器会尽最大可能保证此变量的类型和值的明确性，保证减少编程中的不可控因素。然而在实际编程中，无论任何类型的变量都会遇到值为空的情况，在 Objective-C 语言中并没有机制来专门监控和管理为空值的变量，程序的运行安全性全部靠开发者手动控制。Swift 语言中提供了一种包装的方式来对普通类型进行 Optional 包装，实现对空值情况的监控。

在 Swift 语言中，如果使用了一个没有进行赋值的变量，程序是会直接报错停止运行的。读者可能会想，如果一个变量在声明的时候没有赋初值，在后面的程序运行中就有可能被进行赋值，那么在使用时，应该怎么做呢？在 Objective-C 中，这个问题很好解决，只需要使用的时候判断一下此变量是否为 nil 即可，那么在 Swift 中是否也可以这样做呢？使用如下代码来进行试验：

```
var obj:String
if obj==nil {

}
```

编写上面的代码后，可以看到 Xcode 工具依然抛出了一个错误提示，其实在 Swift 语言中普通的类型是不允许为 nil 的，当然也就不可以与 nil 进行比较运算，这种机制极大地减小了代码的不可控性。如果一个变量在逻辑上可能为 nil，则开发者需要将其包装为 Optional 类型，改写上面的代码如下：

```
var obj:String?
if obj==nil {

}
```

此时代码就可以正常运行了，分析上面的代码，在声明 obj 变量的时候，这里将其声明成了 String?类型，在普通类型后面添加符号 "?"，即可以将普通类型包装为 Optional 类型。

Optional 类型不会独立存在，总是会附着于某个具体的数据类型之上，具体的数据类型可以是基本数据类型，可以是结构体，也可以是类等。Optional 类型只有两种值，读者可以将其理解为：

- 如果其附着类型对应的量值有具体的值，则其为具体值的包装。
- 如果其附着类型对应的量值没有具体的值，则其为 nil。

举个例子，将 Int 类型的变量 a 进行 Optional 包装，则此时 a 的类型为 Int?，如果对 a 进行了赋值，则可以通过拆包的方式获取 a 的 Int 类型值，如果没有对 a 进行赋值则 a 为 nil。

<table>
<tr><td align="center">提　示</td></tr>
</table>

Optional 类型中的 nil 读者也可以理解为一种值，其表示空。

Optional 类型是对普通类型的一种包装，因此在使用的时候也需要对其进行拆包操作，拆包将使用到 Swift 中的操作符 "!"。"?" 与 "!" 这两个操作符是很多 Swift 语言初学者的噩梦，如果读者理解了 Optional 类型，那么对这两个操作符的理解和使用也将容易许多。首先需要注意，"?" 符号可以出现在类型后面，也可以出现在实例后面，如果出现在类型后面，其代表的是此类型对应的 Optional 类型，如果出现在实例名后面，则代表的是可选链的调用，后面章节会有详细介绍。"!" 符号同样也可以出现在类型后面与实例后面，它出现在类型后面代表的是一种隐式解析的语法结构，后面章节会有介绍；出现在实例后面代表的是对 Optional 类型实例的拆包操作。示例如下：

```
//声明 obj 为 String?类型
var obj:String? = "HS"
//进行拆包操作
obj!
```

读者需要注意，在使用 "!" 进行 Optional 值的拆包操作时，必须保证要拆包的值不为 nil，否则程序运行会出错。可以在拆包前使用 if 语句进行安全判断，示例如下：

```
//声明 obj 为 String?类型
var obj:String? = "HS"
if obj != nil {
    obj!
}
```

上面代码演示的编程结构在实际应用中十分广泛，因此 Swift 语言还提供了一种 if-let 语法结构来进行 Optional 类型值的绑定操作，可以将上面的结构改写如下：

```
var obj:String? = "HS"
//进行 if-let 绑定
if let tmp = obj {
    print(tmp)
}else{
    obj = "HS"
    print(obj!)
}
```

上面的代码可以这样理解：如果 obj 有值，则 if-let 结构将创建一个临时常量 tmp 来接收 obj 拆包后的值，并且执行 if 为真时所对应的代码块，在执行的代码块中，开发者可以直接使用拆包后的 obj 值 tmp。如果 obj 为 nil，就会进入 if 为假的代码块中，开发者可以在 else 代码块中将 obj 重新赋值使用。这种 if-let 结构实际上完成了判断、拆包、绑定拆包后的值到临时常量 3 个过程。

if-let 结构中也可以同时进行多个 Optional 类型值的绑定，之间用逗号隔开，示例如下：

```
//if-let 多 Optional 值绑定
var obj1:Int? = 1
```

```
var obj2:Int? = 2
if let tmp1 = obj1,let tmp2 = obj2 {
    print(tmp1,tmp2)
}
```

在同时进行多个 Optional 类型值的绑定时，只有所有 Optional 值都不为 nil，绑定才会成功，代码执行才会进入 if 为真的代码块中。如果开发者需要在 if 语句的判断中添加更多业务逻辑，可以通过追加子句的方式来实现，示例如下：

```
//if-let 多 Optional 值绑定
var obj1:Int? = 1
var obj2:Int? = 2
if let tmp1 = obj1,let tmp2 = obj2 ,tmp1<tmp2 {
    print(tmp1,tmp2)
}
```

上面的代码在 obj1 不为 nil、obj2 不为 nil 并且 obj1 所对应的拆包值小于 obj2 对应的拆包值的时候才会进入 if 判断为真的代码块，即打印绑定的 tmp1 与 tmp2 的值。

Optional 值在 Swift 语言编程中的应用十分灵活，在以后的编程练习中，读者会逐步体会其中的奥妙。

2.5 为类型取别名

在 C、C++、Objective-C 这些语言中都提供了 typedef 这样的关键字来为某个类型取一个别名，在 Swift 语言中使用 typealias 关键字来实现相同的效果，示例如下：

```
//为 Int 类型取一个别名 Price
typealias Price = Int
//使用 Price 代替 Int 效果完全一样
var penPrice:Price = 100
```

上面代码中为 Int 类型取了别名 Price，在后面的使用中，Price 类型和 Int 类型一模一样。在实际开发中，灵活使用 typealias 为类型取别名可以优化代码的可读性。

2.6 练习及解析

（1）使用两种类型指定方式分别创建 Int 型变量 a=1、b=2，交换 a 和 b 的值。
示例解析：

```
var a:Int = 1
var b = 2
//中间变量进行交换
var c = a
a = b
```

```
b = c
```

（2）创建四个变量，并分别将十进制数 25 用二进制、八进制、十进制与十六进制赋值。

示例解析：

```
var count1 = 25            //十进制
var count2 = 0o31          //八进制
var count3 = 0x19          //十六进制
var count4 = 0b00011001  //二进制
```

（3）小文到文具店买文具，其需要购买铅笔、橡皮和文具盒 3 种文具，3 种文具的标价分别为 2 元、1 元和 15 元，使用元组来模拟这 3 种文具组成的套装。

示例解析：

```
var bundle:(pencil:Int,eraser:Int,pencilCase:Int) = (2,1,15)
```

（4）编写一个样品质量检测器，当样品的质量大于 30 单位的时候，输出合格，输入样品可能为空，使用 if-let 语句来实现。

示例解析：

```
var product:Int? = 100
if let weight = product, weight > 30  {
    print("产品合格")
}
```

2.7　模　拟　面　试

（1）符号 "?" 和 "！" 是 Swift 工程中非常常见的两个符号，请简述你对他们的理解。

回答要点提示：

① 首先分类型和实例两个方面理解，"？"，出现在类型后表示 Optional 类型，出现在实例后表示可选链调用。"！"，出现在类型后表示默认隐式解析，出现在实例后表示强制拆包。

② 这两个符号都与 Swift 中的 Optional 类型相关，Optional 类型是 Swift 语言强调安全性的一种方式，某个变量可不可以为空应该是逻辑上决定的，而不是不可预知、不可控的。

③ if-let 结构与 Optional 类型值的结合使用可以编写出优雅安全的逻辑代码。

核心理解内容：

对 Swift 中 Optional 类型做深入理解。

（2）十进制、二进制、八进制、十六进制各有什么优势，哪些场景下进行使用。

回答要点提示：

① 十进制的优势不必多言，日常生活中几乎所有的数学计算都是使用的十进制，例如钱币的单位、班级的座次、队伍的排序等是以十进制表示的。

② 二进制是计算机最方便理解的进制方式，高低电平状态非常容易表示二进制的 0 和 1，同时也是计算机运行最稳定的存储数据进制方式。

③ 八进制和十六进制实际上是二进制的聚合方式。在八进制中，每位数字可以表示二进制中的 3 位，在十六进制中，每位数字可以表示二进制的 4 位，大大缩短了二进制数的长度，并且便于

阅读。常常使用十六进制来表示颜色数据。

核心理解内容：

进制的原理以及转换方法。

（3）Swift 语言中是否只有 var 和 let 两种数据类型？

回答要点提示：

① 这个命题大错特错。在 Swift 中，var 和 let 并不是数据类型，只是两种用来声明变量的方式。

② Swift 是一种强数据类型，和 C、C++、Objective-C、Java 等语言一样，变量在声明时其数据类型就已经确定，有时候我们没有显式指定是由于 Xcode 有自动类型推断功能。

③ Swift 中的数据类型有基本数据类型和引用数据类型，基本数据类型中又包含整型、浮点型、布尔型、元组等。

核心理解内容：

理解数据类型的意义，理解变量和数据类型之间的关系，明白 Xcode 的自动类型推断功能。

第 3 章

字符、字符串与集合类型

单丝不成线，独木不成林。

——中华民谚

在程序开发中，字符串的使用必不可少。字符串是编程中一种十分重要的数据类型，其实也是一组字符的集合。某些语言是没有独立的字符串类型的，例如 C 语言，其往往采用字符数组来作为字符串类型，Objective-C 语言中封装了面向对象的字符串类型 NSString，并向其中封装了大量的相关方法。Swift 是一种弱化指针的语言，它提供了 String 类型和 Character 类型来描述字符串与字符。

集合类型是用于描述一组数据的集合体，例如一组整数组合在一起形成的整数集合、一组字符串组合在一起形成的字符串集合等。在 Swift 语言中一共提供了 3 种集合类型，即 Array（数组）、Set（集合）和 Dictionary（字典），这 3 种集合类型虽有很多共同点，但在实现上有许多差异，因此它们分别适用于不同的业务场景。

通过本章，你将学习到：

- 构造字符串、内嵌格式化字符串和分解字符串。
- Swift 中的转义字符。
- 字符串相关方法的使用。
- Array 的建立和元素的增、删、改、查。
- Set 的建立与数学运算。
- Dictionary 的建立及数据的操作方法。

3.1 字符串类型

顾名思义，字符串类型为一串字符的组合，其在开发中应用甚广，例如商品的名称、学生的班级、播放音乐的歌词等场景逻辑都需要通过字符串来处理。

3.1.1 进行字符串的构造

读者在使用 Xcode 开发工具创建第一个 playground 模板时，里面的代码实际上就演示了字符串变量的创建，代码如下：

```
var str = "Hello, playground"
```

上面的代码就是一种最简单的字符串类型变量的构造方式，即直接通过实体字符串进行赋值，读者可以使用 Xcode 开发工具创建一个命名为 String 的 playground 文件，在其中进行字符串相关代码的演练。

如果需要构造空的字符串，可以使用如下方式：

```
var str = ""
```

这里需要注意，在编写代码时，字符串变量的值为空字符串与字符串变量的值为 nil 是两个完全不同的概念，如果一个 Optional 类型变量没有赋值，则其为 nil，如果赋值为空字符串，则其并不是 nil。判断一个字符串变量的值是否为空字符串有特定的方法，后面会进行介绍。

在 Swift 语言中，String 类型实际上是一个结构体，其实前面章节中学习的整型、浮点型和布尔型也是由结构体实现的。Swift 语言中的结构体十分强大，其可以像类一样进行属性和方法的定义，关于结构体的知识，后面章节会专门介绍，这里只需了解即可。开发者也可以使用 String 结构体的构造方法来构造 String 类型的量值，示例如下：

```
//直接赋值
var str:String = "Hello, playground"
//直接赋值为空字符串
str = ""
//通过构造方法来进行 str 变量的构造                          //构造后 str 的值
str = String()                    //构造空字符串          ""
str = String("hello")             //通过字符串构造        "hello"
str = String(666)                 //通过整型数据构造      "666"
str = String(6.66)                //通过浮点型数据构造    "6.66"
str = String("a")                 //通过字符构造          "a"
str = String(false)               //通过 Bool 值构造      "false"
str = String(describing: (1,1.0,true))  //通过元组构造    "(1,1.0,true)"
str = String(format:"我是%@","珲少") //通过格式化字符串构造   "我是珲少"
```

String 类型提供了很多重载的构造方法，开发者可以传入不同类型的参数来构造需要的字符串。实际上，Swift 语言中 String 类型提供的构造方式十分宽泛，甚至可以将其他类型通过构造方法转换为字符串，示例如下：

```
str = String(describing: Int.self)        //通过类型来构造字符串 "Int"
```

提 示

整型、浮点型数据可以使用构造方法的方式来实现互相转换，例如：

```
var a = Int(1.05)        //将 1.05 换成 1
var b = Float(a)         //通过整型数据 a 构造浮点型数据 b
```

3.1.2　字符串的组合

Swift 中的 String 类型对 "+" 运算符进行了重载实现，即开发者可以直接使用 "+" 符号将多个字符串组合拼接为新的字符串，示例如下：

```
//字符串的组合
var c1 = "Hello"
var c2 = "World"
var c3 = c1+" "+c2  //"Hello World" //注意中间拼接了一个空格
```

通过加法运算符，开发者可以十分方便地进行字符串变量的组合拼接。有时候，开发者需要在某个字符串中间插入另一个字符串。除了可以使用格式化的构造方法外，Swift 中还提供了一种十分方便的字符串插值方法，示例如下：

```
//使用\()进行字符串插值
var d = "Hello \(123)"       //"Hello 123"
var d2 = "Hello \(c2)"        //"Hello World"
```

"\()" 结构可以将其他数据类型转换为字符串类型并且插入字符串数据的相应位置，这种方法可以十分方便地进行字符串的格式化，在开发中应用广泛。

3.2　字　符　类　型

字符类型用来表示单个的字符，如数字字符、英文字符、符号字符和中文字符等都可以使用字符类型来表示，也可以通过遍历字符串的方法将字符串中的字符分解出来。

3.2.1　字符类型简介

类似于 C 语言中的 Char，Swift 语言中使用 Character 来描述字符类型，Character 类型占 9 个字节的内存空间，String 类型占 24 个字节的内存空间。在 Swift 中可以使用 MemoryLayout 枚举来获取某个类型所占用的内存空间，其单位为字节，示例如下：

```
MemoryLayout<String>.size        //24 个字节 获取 String 类型占用的内存空间
```

Character 用来描述一个字符，我们将一组字符组合成为一个数组，用于构造字符串，示例如下：

```
//创建一个字符
var e:Character = "a"
//创建字符数组
var e2 : [Character] = ["H","E","L","L","O"]
//通过字符数组来构造字符串 "HELLO"
var e3 = String(e2)
```

同样也可以使用构造方法来完成字符类型变量的构造，示例如下：

```
//通过构造方法来创建字符类型变量
var e4 = Character("a")
```

使用 for-in 遍历可以将字符串中的字符拆解出来，这种方法有时候十分好用，for-in 遍历是 Swift 语言中一种重要的代码流程结构。String 类型的实例中有一个名为 characters 的集合，遍历这个集合可以取出字符串中的每一个字符元素，示例代码如下：

```
//进行 for-in 遍历
let name = "China"
for character in name.characters {
    print(character)
}
```

上面的代码将依次打印 C、h、i、n、a。

提 示

for-in 结构是一种重要的循环结构，在上面的示例代码中，in 关键字后面需要为一种集合类型，in 关键字前面是每次循环从集合中取出的元素，其类型会由 Xcode 编译器自动推断出来，在后面的流程控制章节中，会有 for-in 结构的详细介绍。

3.2.2　转义字符

Swift 语言和 C 语言类似，除了一些常规的可见字符外，其中还提供了一些有特殊用途的转义字符，可通过特殊的符号组合来表示特定的意义。示例如下：

```
\0      用来表示空白符
\\      用来表示反斜杠\
\t      用来表示制表符
\n      用来表示换行符
\r      用来表示回车符
\'      用来表示单引号
\"      用来表示双引号
\u{}    用 unicode 码来创建字符
```

其中，\u{}用来通过 unicode 码来创建字符，将 unicode 码填入大括号中即可，示例如下：

```
//使用 unicode 码来创建字符  unicode 码 21 代表的字符为!
"\u{21}"
```

提　示
在应用开发中，换行符常用来处理多行文本的排版。

3.3　字符串类型中的常用方法

Swift 语言的 String 类型中封装了许多实用的属性和方法。例如，字符串的检查，字符的追加、插入、删除操作，字符数的统计等。熟练使用这些属性与方法能够使得开发者在编程中处理数据时游刃有余。

前边有过介绍，字符串变量的值为空字符串与字符串变量的值为空是两个不同的概念，String 类型的实例通过使用 isEmpty 方法来判断字符串的值是否为空字符串，示例如下：

```
//判断字符串是否为空
var obj1 = ""
if obj1.isEmpty {
    print("字符串为空字符串")
}
```

还有一种方式也可以用来判断一个字符串变量是否为空字符串——当字符串变量中的字符数量为 0 时认定此字符串为空字符串，即判断 characters 集合中元素的个数是否为 0，示例如下：

```
//获取字符串中字符个数 判断是否为空字符串
If obj1.characters.count == 0 {
print("字符串为空字符串")
}
```

String 类型的实例除了可以使用 "+" 直接拼接，还可以使用比较运算符，示例代码如下：

```
var com1 = "30a"
var com2 = "31a"
//比较两个字符串是否相等 只有两个字符串中的所有位置的字符都相等时 才为相等的字符串
If com1==com2 {
print("com1 和 com2 相等")
}
//比较两个字符串的大小
if com1<com2 {
print("com1 比 com2 小")
}
```

在比较两个字符串的大小时，会逐个对字符的大小进行比较，直至遇到不相等的字符为止。上面的示例代码可以这样理解：先比较 com1 字符串与 com2 字符串的第 1 个字符，若相等，再比较第 2 个字符，以此类推。由于 com2 的第 4 个字符（2）大于 com1 的第 4 个字符（1），因此 com2 字符串大于 com1 字符串。

开发者可以通过下标的方式来访问字符串中的每一个字符，获取字符串起始下标与结束下标的方法如下：

```
var string = "Hello-Swift"
//获取字符串起始的下标  0
var startIndex = string.startIndex
//获取字符串结束的下标  11
var endIndex = string.endIndex
```

这里需要注意，除非为空字符串，否则结束下标的值总会比字符串中最后一个字符的下标值大 1，如上示例代码，string 字符串中有 11 个字符，首字符的下标为 0，则末字符的下标为 10，但是通过 endIndex 属性获取到的下标值为 11，所以也可以理解为，endIndex 属性获取到的是字符串中字符的个数。另外，startIndex 和 endIndex 获取到的值为 Index 类型，并不是整数类型，不能直接进行加减运算，需要使用相应的方法进行下标的移动操作，示例如下：

```
//获取某个下标后一个下标对应的字符 char="e"
var char = string[string.index(after: startIndex)]
//获取某个下标前一个下标对应的字符 char2 = "t"
var char2 = string[string.index(before: string.endIndex)]
```

在上面的代码中，index(after:)方法用来获取当前下标的后一位下标，index(before:)方法用来获取当前下标的前一位下标。也可以通过传入下标范围的方式来截取字符串中的某个子串，示例如下：

```
//通过范围获取字符串中的一个子串 Hello
var subString = string[startIndex...string.index(startIndex, offsetBy: 4)]
var subString2 = string[string.index(endIndex, offsetBy: -5)..<endIndex]
```

上面示例代码中的"…"为范围运算符，在后面的运算符章节会有详细的介绍。offsetBy 参数传入的是下标移动的位数，向其中传入正数则下标向后移动相应位数，传入负数则下标向前移动相应位数。使用这种方式来截取字符串十分方便。String 类型中还封装了一些方法，可以帮助开发者便捷地对字符串进行追加、插入、替换、删除等操作，示例如下：

```
//获取某个子串在父串中的范围
var range = string.range(of: "Hello")
//追加一个字符 此时 string = "Hello-Swift!"
string.append(Character("!"))
//追加字符串操作 此时 string = "Hello-Swift! Hello-World"
string.append(" Hello-World")
//在指定位置插入一个字符 此时 string = "Hello-Swift!~ Hello-World"
string.insert("~", at: string.index(string.startIndex, offsetBy: 12))
//在指定位置插入一组字符 此时 string = "Hello-Swift!~~~ Hello-World"
string.insert(contentsOf: ["~","~","~"], at: string.index(string.startIndex,
offsetBy: 12))
//在指定范围替换一个字符串 此时 string = "Hi-Swift!~~~ Hello-World"
string.replaceSubrange(string.startIndex...string.index(string.startIndex,
offsetBy: 4), with: "Hi")
//在指定位置删除一个字符 此时 string = "Hi-Swift!~~~ Hello-Worl"
string.remove(at: string.index(before:string.endIndex))
//删除指定范围的字符 此时 string = "Swift!~~~ Hello-Worl"
string.removeSubrange(string.startIndex...string.index(string.startIndex,
offsetBy: 2))
//删除所有字符  此时 string = ""
string.removeAll()
```

下面的方法可以方便地完成字符串的大小写转换：

```
var string2 = "My name is Jaki"
//全部转换为大写
string2 = string2.uppercased() //结果为 "MY NAME IS JAKI"
//全部转换为小写
string2 = string2.lowercased() //结果为 "my name is jaki"
```

下面的方法可以用来检查字符串的前缀和后缀：

```
//检查字符串是否有 My 前缀
string2.hasPrefix("My")
//检查字符串是否有 jaki 后缀
string2.hasSuffix("jaki")
```

> **提　示**
>
> 这里介绍了许多 String 类型中封装的方法，熟练运用这些方法可以极大地提高开发者的编程效率，后面会为读者准备丰富的练习题，尽可能多地实践练习是掌握一门编程语言语法的不二法门。

3.4　集　合　类　型

在 Swift 语言中一共提供了 3 种集合类型：Array（数组）、Set（集合）和 Dictionary（字典）。Array 类型是一种有序集合，放入其中的数据都有一个编号，且编号从 0 开始依次递增。通过编号，开发者可以找到 Array 数组中对应的值。Set 是一组无序的数据，其中存入的数据没有编号，开发者可以使用遍历的方法获取其中所有的数据。Dictionary 是一种键值映射结构，其中每存入一个值都要对应一个特定的键，且键不能重复，开发者通过键可以直接获取到对应的值。Swift 官方开发文档中的一张示例图片可以十分清晰地描述出这 3 种集合类型的异同，如图 3-1 所示。

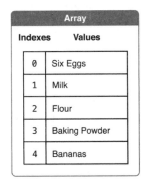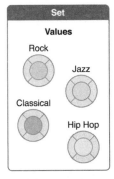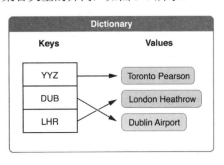

图 3-1　3 种集合类型的异同

本节将介绍这 3 种集合类型的特点及操作数据的方法。

3.4.1 Array 数组类型

虽然 Array 经常被称为数组，但是其中所能存放的元素并非只能是数字，可以存放任意类型的数据，并且所有数据的类型必须统一。在实际开发中，Array 中元素的类型决定了 Array 的类型，例如，一个存放整型数据的 Array 会被称为整型数组，一个存放字符串型数据的 Array 会被称为字符串型数组。在创建 Array 实例的时候，必须明确指定其中所存放元素的类型。使用 Xcode 开发工具创建一个命名为 CollectType 的 playground，在其中编写如下示例代码：

```
//Int 型数组
var array1:[Int]
var array2:Array<Int>
```

上面两句代码都是声明了一个 Int 类型的数组实例，数组的创建可以使用两种方式，一种是使用 Array 的构造方法来创建，一种是使用中括号来快捷创建，示例如下：

```
//创建空数组
array1 = []
array2 = Array()
array1 = [1,2,3]
array2 = Array(arrayLiteral: 1,2,3)
```

提　示

和 String 类型类似，空数组的含义并非是变量为 nil，而是数组中的元素为空，Swift 中只有 Optional 类型的变量可以为 nil。

Swift 语言中 Array 采用结构体来实现，对于大量重复元素的数组，开发者可以直接使用快捷方法来创建，示例如下：

```
//创建大量相同元素的数组
//创建有 10 个 String 类型元素的数组，并且每个元素都为字符串"Hello"
var array3 = [String](repeating: "Hello", count: 10)
//创建有 10 个 Int 类型元素的数组，且每个元素都为 1
var array4 = Array(repeating: 1, count: 10)
```

读者需要注意，数组在声明时，必须要明确其类型，但是开发者并不一定需要显式地指定类型，如果数组在声明时也设置了初始值，则编译器会根据赋值类型自动推断出数组的类型。Array 数组中对加法运算符也进行了重载，开发者可以使用 "+" 进行两个数组的相加，相加的结果即将第 2 个数组中的元素拼接到第 1 个数组后面。需要注意，相加的数组类型必须相同，示例如下：

```
//数组相加 array5 = [1,2,3,4,5,6]
var array5 = [1,2,3]+[4,5,6]
```

Array 中提供了许多方法供开发者来获取数组实例的相关信息或者对数组进行增、删、改、查的操作。示例如下：

```
var array = [1,2,3,4,5,6,7,8,9]
//获取数组中元素的个数 9
array.count
```

```
//检查数组是否为空数组
if array.isEmpty {
    print("array 为空数组")
}
//通过下标获取数组中的元素 1
var a = array[0]
//获取区间元素组成的新数组 [1,2,3,4]
var subArray = array[0...3]
//获取数组的第 1 个元素
var b = array.first
//获取数组的最后一个元素
var c = array.last
//修改数组中某个位置的元素
array[0] = 0
//修改数组中区间范围的元素
array[0...3] = [1,2,3,4]
//向数组中追加一个元素
array.append(10)
//向数组中追加一组元素
array.append(contentsOf: [11,12,13])
//向数组中的某个位置插入一个元素
array.insert(0, at: 0)
//向数组中的某个位置插入一组元素
array.insert(contentsOf: [-2,-1], at: 0)
//移除数组中某个位置的元素
array.remove(at: 1)
//移除数组中首个位置的元素
array.removeFirst()
//移除最后一个位置的元素
array.removeLast()
//移除前几位元素 参数为要移除元素的个数
array.removeFirst(2)
//移除后几位元素 参数为要移除元素的个数
array.removeLast(2)
//移除一个范围内的元素
array.removeSubrange(0...2)
//替换一个范围内的元素
array.replaceSubrange(0...2, with: [0,1])
//移除所有元素
array.removeAll()
//判断数组中是否包含某个元素
if array.contains(1){
    print(true)
}
```

这里需要注意，只有当 Array 实例为变量时，才可以使用增、删、改等方法，常量数组不能进行与修改相关的操作。

开发者也可以使用 for-in 遍历来获取数组中的元素，示例如下：

```
//Int 型数组
```

```
let arrayLet = [0,1,2,3,4]
//(Int,Int)型数组
let arrayLet2 = [(1,2),(2,3),(3,4)]
//直接遍历数组
for item in arrayLet {
    print(item)
}
//进行数组枚举遍历 将输出 (0,0) (1,1) (2,2) (3,3) (4,4)
for item in arrayLet.enumerated(){
    print(item)
}
//进行数组角标遍历
for index in arrayLet2.indices{
    print(arrayLet2[index], separator:"")
}
```

可以直接对 Array 实例进行遍历，Swift 中的 for-in 结构和 Objective-C 中的 for-in 结构还是有一些区别的，Swift 中 for-in 结构在遍历数组时是会按照顺序进行遍历的。Array 实例中还有一个 enumerated() 的方法，这个方法会返回一个元组集合，将数组的下标和对应元素返回。开发者也可以通过遍历数组的下标来获取数组中的元素，和 String 类型不同的是，Array 中的下标可以是 Int 类型，而 String 中的下标是严格的 Index 类型，这里需要注意，不要混淆。

提　示

Array 类型中有一个 indices 的属性，这个属性将返回一个 Range 范围，此范围即是数组下标的范围。

Array 类型中还提供了一个排序函数，如果数组中的元素为整型数据，则可以使用系统提供的 sort(isOrderedBefore:) 方法来进行排序操作，如果是一些自定义的类型，开发者也可以对 sort(isOrderedBefore:) 方法传入闭包参数实现新的排序规则，这部分内容会在后面章节中详细介绍。进行数组排序的方法示例代码如下：

```
var arraySort = [1,3,5,6,7]
//从大到小排序
arraySort = arraySort.sorted(isOrderedBefore: >)
//从小到大排序
arraySort = arraySort.sorted(isOrderedBefore: <)
```

下列方法可以获取数组中的最大值与最小值：

```
var arraySort = [1,3,5,6,7]
//获取数组中的最大值
arraySort.max()
//获取数组中的最小值
arraySort.min()
```

3.4.2 Set 集合类型

Set 类型的集合不关注其中元素的顺序，但是其中的元素不可以重复，读者也可以将其理解为一个无序的集合。与 Array 一样，Set 集合在进行声明时必须指定其类型，或者对其进行赋初值，使得编译器可以自行推断出 Set 的类型。声明与创建 Set 集合的示例代码如下：

```
//创建 set 集合
var set1:Set<Int> = [1,2,3,4]
var set2 = Set(arrayLiteral: 1,2,3,4)
```

由于 Set 并不关注于其中元素的顺序，因此通过下标的方式来取值对 Set 集合来说并不十分有意义，但是 Set 类型依然是支持通过下标来获取其中元素的，示例如下：

```
//获取集合首个元素（顺序不定）
set1[set1.startIndex]
//进行下标的移动
//获取某个下标后一位元素
set1[set1.index(after: set1.startIndex)]
//获取某个下标后几位的元素
set1[set1.index(set1.startIndex, offsetBy: 3)]
```

需要注意，Set 的下标操作为不可逆的操作，只能向后移动，不能向前移动。

下面这个方法可以获取集合实例中的一些信息：

```
//获取元素个数
set1.count
//判断集合是否为空集合
if set1.isEmpty {
    print("集合为空")
}
//判断集合中是否包含某个元素
if set1.contains(1){
    print("集合包含")
}
//获取集合中的最大值
set1.max()
//获取集合中的最小值
set1.min()
```

Set 集合变量同样也支持进行增、删、改、查的操作，示例如下：

```
//向集合中插入一个元素
set1.insert(5)
//移除集合中的某个元素
set1.remove(1)
//移除集合中的第一个元素
set1.removeFirst()
//移除集合中某个位置的元素
set1.remove(at: set1.index(of: 3)!)
//移除集合中所有的元素
set1.removeAll()
```

在使用 remove(at:)方法删除集合某个位置的元素时，需要传入一个集合元素的下标值，通过 Set 实例的 index(of:)方法可以获取具体某个元素的下标值。需要注意，这个方法将会返回一个 Optional 类型的可选值，因为要寻找的元素可能不存在，在使用时，开发者需要对其进行拆包操作。

Set 集合类型与 Array 数组类型除了有序和无序的区别外，还有一个独有的特点：Set 集合可以进行数学运算，例如交集运算、并集运算、补集运算等。Swift 官方开发文档中的一张图片示意了 Set 进行数学运算时的场景，如图 3-2 所示。

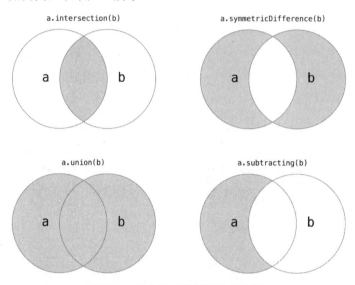

图 3-2　集合进行数学运算示意图

从图 3-2 中可以看出，Set 集合支持 4 类数学运算，分别为 intersection（交集）运算、symmetricDifference（交集的补集）运算、union（并集）运算和 subtracting（补集）运算。intersection 运算的结果为两个集合的交集，symmetricDifference 运算的结果为 a 集合与 b 集合的并集除去 a 集合与 b 集合的交集，union 运算的结果为两个集合的并集，subtracting 运算的结果为 a 集合除去 a 集合与 b 集合的交集。上述 4 种运算的示例代码如下：

```swift
var set3:Set<Int> = [1,2,3,4]
var set4:Set<Int> = [1,2,5,6]
//返回交集 {1, 2}
var setInter = set3.intersection(set4)
//返回交集的补集{3, 4, 5, 6}
var setEx = set3.symmetricDifference(set4)
//返回并集{1, 2, 3, 4, 5, 6}
var setUni = set3.union(set4)
//返回第二个集合的补集{3, 4}
var setSub = set3.subtract(set4)
```

使用比较运算符"=="可以比较两个 Set 集合是否相等，当两个集合中的所有元素都相等时，两个集合才相等。Set 中还提供了一些方法用于判断集合间的关系，示例代码如下：

```swift
var set5:Set = [1,2]
var set6:Set = [2,3]
var set7:Set = [1,2,3]
```

```
var set8:Set = [1,2,3]
//判断是否是某个集合的子集 set5 是 set7 的子集 返回 ture
set5.isSubset(of: set7)
//判断是否是某个集合的超集 set7 是 set5 的超集 返回 ture
set7.isSuperset(of: set5)
//判断是否是某个集合的真子集 set5 是 set7 的真子集 返回 ture
set5.isStrictSubset(of: set7)
//判断是否是某个集合的真超集 set7 不是 set8 的真超集 返回 false
set7.isStrictSuperset(of: set8)
```

与 Array 类似，Set 也可以通过 for-in 遍历的方式来获取所有集合中的数据，可以通过 3 种方法来进行遍历：遍历元素、遍历集合的枚举与遍历集合下标。集合枚举会返回一个元组，元组中将集合下标和其对应的值一同返回，示例代码如下：

```
//遍历元素
for item in set7 {
    print(item)
}
//遍历集合的枚举
for item in set7.enumerated() {
    print(item)
}
//遍历集合的下标
for index in set7.indices {
    print(set7[index])
}
```

集合虽然不强调元素顺序，但是在遍历时，开发者可以对其进行排序后再遍历，示例如下：

```
//从大到小排序遍历集合
for item  in set7.sorted(isOrderedBefore: >){
    print(item)
}
```

3.4.3　Dictionary 字典类型

字典是生活中常用的学习工具，字典在使用时是由一个索引找到一个结果。例如英汉词典，通过英文单词可以找到其对应的汉语解释；成语词典通过成语可以找到其对应的意义解释等。这种数据的存储模式被称为键值映射模式，即通过一个确定的键可以找到一个确定的值。类比上面的例子，在英汉词典中英文单词就是键，汉语释义就是值；在成语词典中，成语就是键，意义解释就是值。在 Swift 语言中也有这样的一种 Dictionary 集合，即字典集合类型。

Swift 中的任何类型在进行声明时，都必须明确其类型，通过对 Array 和 Set 的学习你应该知道，对于集合类型，在声明时务必明确其内部元素的类型，字典也不例外，由于字典中的一个元素实际上是由键和值两个部分组成的，因此在声明字典时也需要明确其键和值的类型。有两种方式可以进行字典的声明或创建，示例代码如下：

```
//声明字典[param1:param2]这种结构用于表示字典类型，param1 为键类型，param2 为值类型
var dic1:[Int:String]
```

```
//这种方式和[:]效果一样，dic2 与 dic1 为相同的类型
var dic2:Dictionary<Int,String>
//字典创建与赋值
dic1 = [1:"1",2:"2",3:"3"]
dic2 = Dictionary(dictionaryLiteral: (1,"1"),(2,"2"),(3,"3"))
//在创建字典时，也可以不显式声明字典的类型，可以通过赋初值的方式来使编译器自动推断
var dic3 = ["1":"one"]
//创建空字典
var dic4:[Int:Int] = [:]
var dic5:Dictionary<Int,Int> = Dictionary()
```

需要注意，字典通过键来找到特定的值，在字典中值可以有重复，但是键必须唯一。这样才能保证一个确定的键能找到一个确定的值，并且如果开发者在字典中创建重复的键，编译器也会报出错误。

字典类型也支持使用 isEmpty 与 count 来判断是否为空并获取元素个数，示例代码如下：

```
//获取字典中的元素个数
dic1.count
//判断字典是否为空
if dic4.isEmpty{
    print("字典为空")
}
```

通过具体键可以获取与修改对应的值，示例如下：

```
//通过键操作值
//获取值
dic1[2]
//修改值
dic1[1]="0"
//添加一对新的键值
dic1[4] = "4"
```

上面代码中的 dic1[1]= "0"与 dic1[4]= "4" 实际上是完成了相同的操作，可以这样理解：在对某个键进行赋值时，如果这个键存在，就会进行值的更新；如果这个键不存在，就会添加一对新的键值。然而在开发中，很多情况下需要对一个存在的键进行更新操作，如果这个键不存在就不添加新键值对。要实现这种效果，可以使用 Dictionary 的更新键值方法，示例代码如下：

```
//对键值进行更新
dic1.updateValue("1", forKey: 1)
```

updateValue(value:forkey:)方法用于更新一个已经存在的键值对，其中第 1 个参数为新值，第 2 个参数为要更新的键。这个方法在执行时会返回一个 Optional 类型的值，如果字典中此键存在，就会更新成功，并将键的旧值包装成 Optional 值返回，如果此键不存在，则会返回 nil。在开发中，常常使用 if-let 结构来处理，示例如下：

```
//使用 if let 处理 updateValue 的返回值
if let oldValue = dic1.updateValue("One", forKey: 1) {
    print("Old Value is \(oldValue)")
}
```

其实在通过键来获取字典中的值时，也会返回一个 Optional 类型的值，若键不存在，则此 Optional 值为 nil，因此也可以使用 if-let 结构来保证程序的安全性，示例如下：

```
//通过键获取的数据也将返回 Optional 类型的值，也可以使用 if let
if let value = dic2[1] {
    print("The Value is \(value)")
}
```

下面的方法可以实现对字典中键值对的删除操作：

```
//通过键删除某个键值对
dic1.removeValue(forKey: 1)
//删除所有键值对
dic1.removeAll()
```

在对字典进行遍历操作时，可以遍历字典中所有键组成的集合，也可以遍历字典中所有值组成的集合，通过 Dictionary 实例的 keys 属性与 values 属性分别可以获取字典的所有键与所有值，示例代码如下：

```
//通过键来遍历字典
for item in dic2.keys {
    print(item)
}
//通过值来遍历字典
for item in dic2.values {
    print(item)
}
//直接遍历字典
for item in dic2 {
    print(item)
}
for (key,value) in dic2 {
    print("\(key):\(value)")
}
```

如上代码所示，也可以直接对字典实例进行遍历，遍历中会返回一个元组类型包装字典的键和值。

在进行字典键或者值遍历的时候，也支持对其进行排序遍历，实例如下：

```
for item in dic2.keys.sorted(isOrderedBefore: >){
    print(dic2[item])
}
```

3.5　练习及解析

（1）分别创建字符串变量 China 和 MyLove，将这两个变量拼接成为一句话并且对拼接后的新字符串变量进行遍历，并检查其中是否有 L 字符，有则进行打印操作。

解析:

```
var str1 = "China"
var str2 = String("MyLove")
var str3 = str1+str2!
for chara in str3.characters {
    if chara == "L" {
        print(chara)
    }
}
```

(2) 删除下面字符串中的所有 "!" 和 "?" 符号。

swsvr!vrfe?123321!!你好!世界?

解析:

```
var stringOri2 =  "swsvr!vrfe?123321!!你好?世界!"
//创建一个空字符串用于进行接收
var stringRes2 = String()
for index in stringOri2.characters.indices {
    if stringOri2[index] != "?" && stringOri2[index] != "!" {
        stringRes2.append(stringOri2[index])
    }
}
```

(3) 将字符串 abcdefg 进行倒序排列,并打印。

解析:

```
var stringOri3 = "abcdefg"
var index3 = stringOri3.endIndex
var stringRes3 = String()
while index3>stringOri3.startIndex {
    index3 = stringOri3.index(before: index3)
    stringRes3.append(stringOri3[index3])
}
print(stringRes3)
```

(4) 将 "*" 符号逐个插入下面字符串的字符中间,并打印。

我爱你中国

解析:

```
var stringOri4 = "我爱你中国"
var stringRes4 = String()
for index in stringOri4.characters.indices {
    stringRes4.append(stringOri4[index])
    if index<stringOri4.index(before: stringOri4.endIndex) {
        stringRes4.append(Character("*"))
    }
}
print(stringRes4)
```

（5）将下面字符串中所有的 abc 替换成 Hello，并打印。

```
abc 中国 abc 美国 abc 英国~德国 abc 法国 abc
解析：
var stringOri5 = "abc 中国 abc 美国 abc 英国~德国 abc 法国 abc"
var range5 = stringOri5.range(of:"abc")
while range5 != nil {
    stringOri5.replaceSubrange(range5!, with: "Hello")
    range5 = stringOri5.range(of:"abc")
}
print(stringOri5)
```

（6）进行正负号翻转，并打印。

- 将 -123 转换为+123。
- 将 +456 转换为-456。

解析：

```
var stringOri6 = "-123"
var stringOri_6 = "+456"
if stringOri6.hasPrefix("-"){
    stringOri6.replaceSubrange(stringOri6.startIndex..<stringOri6.index
(after: startIndex), with: "+")
}
if stringOri_6.hasPrefix("+"){
    stringOri_6.replaceSubrange(stringOri_6.startIndex..<stringOri_6.index
(after: startIndex), with: "-")
}
print(stringOri6,stringOri_6)
```

（7）将下列数组中的 0 去掉，返回新的数组，并打印输出。

```
[1,13,45,5,0,0,16,6,0,25,4,17,6,7,0,15]
```

解析：

```
var arrayOri1 = [1,13,45,5,0,0,16,6,0,25,4,17,6,7,0,15]
var arrayRes1 = Array<Int>()
for index in arrayOri1.indices {
    if arrayOri1[index] == 0 {
        continue
    }
    arrayRes1.append(arrayOri1[index])
}
print(arrayRes1)
```

（8）定义一个包含 10 个元素的数组，对其进行赋值，使每个元素的值等于其下标，然后输出，最后将数组倒置后输出。

解析：

```
var arrayOri2 = Array<Int>()
for index in 0...9{
```

```
    arrayOri2.append(index)
}
print(arrayOri2)
//进行倒置排序
arrayOri2.sort(by: { (a, b) -> Bool in
    return a>b
})
print(arrayOri2)
```

（9）工程测量到两组数据，分别为 2、4、3、5 与 3、4、7、1。对两组数据进行整合，使其合成一组数据，重复的数据只算一次，使用代码描述此过程。

解析：

```
var setOri3:Set<Int> = [2,4,3,5]
var setOri32:Set<Int> = [3,4,7,1]
var setRes3 = setOri3.union(setOri32)
```

（10）期末考试中，"王晓"的成绩为 98，"邹明"的成绩为 86，"李小伟"的成绩为 93，用字典结构来对三人的成绩进行存储，并进行从高到低的排序输出。

解析：

```
var dicOri4 = ["王晓":98,"邹明":86,"李小伟":93]
for item in dicOri4.sorted(by: { (student1, student2) -> Bool in
    return student1.value > student2.value
}){
    print(item)
}
```

本题在解析时使用到一个排序闭包，后面章节会有对闭包语法的详细讲解。

3.6 模 拟 面 试

（1）简述 Array、Set 和 Dictionary 的异同点，并说明各自的应用场景。

回答要点提示：

① Array、Set 和 Dictionary 都是 Swift 的集合类型。所谓集合类型，是指一组数据集合。Swift 是一种强类型语言，集合中的元素必须保持一致。

② Array 和 Set 的最大区别是 Array 有序、Set 无序。由于 Array 的有序性，在存储时 Array 中的每一个元素都会被分配一个下标，我们可以通过下标来获取具体位置的数据，因此 Array 的存储灵活性和查询速度相比 Set 会略差。如果在开发中我们需要的仅仅是一个数据池，并不特别在意数据的顺序，可以选择 Set 类型，否则可以选择 Array 类型。

③ Array 和 Dictionary 的最大区别在于 Array 是通过递增的整数索引来关联元素、Dictionary 是使用任意数据类型作为索引来关联元素。Dictionary 要比 Array 更加灵活，对"顺序"的描述能力没有 Array 强。

核心理解内容：

理解 Swift 语言中 3 种最常用的集合类型的特点，熟练使用 Array、Set 和 Dictionary 的相关操作方法。牢记集合对象中数据类型必须保持一致。

（2）开发中的字符串解析是指什么，有什么用？

回答要点提示：

① 字符串解析是指使用相关函数对字符串进行处理，比如截取、拼接、替换、部分删除、分解等。在 Swift 中提供了丰富的原生函数来对字符串进行处理。

② 字符串解析在实际开发过程中应用非常广，比如音乐类软件对歌词（LRC）文件的解析实际上就是使用字符串解析技术从 LRC 歌词文件中解析出歌曲名称、歌手名、时间等信息。字符串解析技术也常常可以用来进行文本的格式整理，比如去掉多余的空格和换行符等。

③ 关于字符串解析，还有一个重中之重，即 JSON 数据处理。在移动端，几乎所有和网络相关的数据交换都是采用的 JSON 数据格式，JSON 解析就是一种基础的字符串解析技术。

核心理解内容：

字符串解析实际上就是对字符串进行处理，再通俗一点，就是对字符串进行增（拼接、插入）、删（截取，移除）、改（替换）、查（检索）等操作。学习 Swift 语言，必须要熟练掌握 String 类型中封装的相关函数，多写多练。

第4章

基本运算符与程序流程控制

上帝创造了整数，所有其余的数都是人造的。

—— 利奥波德·克罗内克

世界上所有的运算无外乎是由计算过程与结果两部分组成，无论这个结果是否符合预期目标。在编程中，运算由表达式表示，而量值和运算符共同构成了表达式。Swift 语言对运算符的支持可谓强大，其除了支持一些 C 语言与 Objective-C 语言中常用的运算符之外，还提供了一些十分有特点的运算符，例如空合并运算符、区间运算符等。除此之外，Swift 语言还支持对运算符进行重载与自定义操作，开发者可以根据自己的需要为系统的运算符提供新的运算方法，甚至自定义自己的运算符。

程序存在的意义就是帮助人们实现解题思路和进行重复性的计算，然而任何复杂问题的解决过程都不会是从上到下线性完成的，对程序流程的控制能力是编程语言强大的关键所在。Swift 语言中提供了强大的程序流程控制语句，无论是循环结构、选择结构还是跳转结构，开发者都可以十分方便地运用，并且 Swift 语言的语句设计也更加简洁与优美，通过本章的学习，读者将会更深刻地体会到这一点。

通过本章，你将学习到：

- 各种运算符的应用。
- 运算符的优先级与结合性。
- 使用 for-in 结构进行循环遍历。
- 使用 while 与 repeat-while 结构进行条件循环。
- 使用 if 与 if-else 结构进行选择判断。
- 使用 switch-case 结构进行多分支选择。
- 使用跳转语句灵活控制程序流程。

4.1　初识运算符

运算符的作用在于将量值或者表达式结合在一起进行计算。Swift 语言中的运算符按照其操作数的个数可以分为 3 类：

- 一元运算符：一元运算符作用于一个操作数，其可以出现在操作数的前面，例如正负运算符 "+" "-" 及逻辑非运算符 "!"。
- 二元运算符：二元运算符作用于两个操作数之间，例如加减运算符 "+" "-" 等。
- 三元运算符：三元运算符作用于 3 个操作数之间，最经典的三元运算符为问号冒号运算符，其可以方便地实现简单的判断选择结构。

4.1.1　赋值运算符

赋值运算符应该是在编程中出现频率最高的运算符之一，在对任何量值进行赋值时，都需要使用到赋值运算符 "="。需要注意，"=" 在 Swift 语言中是赋值运算符，并不是相等运算符，对于一些编程初学者，很容易将相等运算符 "==" 与赋值运算符 "=" 混淆使用。使用 Xcode 开发工具创建一个命名为 Operational 的 playground 文件，赋值运算符示例如下：

```
//字符串赋值
var str = "Hello, playground"
//整型赋值
var count = 5
//元组赋值
var group = (1,2,"12")
//Bool 赋值
var bol = true
```

> **提　示**
>
> 赋值运算符用于值的传递，其结果是量值被赋了具体的值。相等运算符则用于比较操作，其会返回一个 Bool 类型的逻辑值。

4.1.2　基本算术运算符

基本算术运算符用于进行一些基本的数学运算，例如加、减、乘、除等。需要注意的是，Swift 语言从 2.2 版本之后删除了自增运算符 "++" 与自减运算符 "--"，目前版本的 Swift 语言中不可以再使用这两个运算符。Swift 中支持的基本算术运算符示例如下：

```
//相加运算
1+2
//相减运算
```

```
2-1
//相乘运算
2*2
//相除运算
4/2
//取余运算
4%3
```

提　示
取余运算符必须在整数间进行运算时使用。

　　将赋值运算符与基本算术运算符结合使用可以组合成复合赋值运算符，复合赋值运算符可以在一个表达式中完成一项基本运算与赋值的复合操作，示例如下：

```
var tmp=1
//加赋值复合运算
tmp+=3  //tmp = tmp +3
//减赋值复合运算
tmp-=3  //tmp = tmp -3
//乘赋值复合运算
tmp*=3  //tmp = tmp *3
//除赋值复合运算
tmp/=3  //tmp = tmp /3
//取余赋值复合运算
tmp%=3  //tmp = tmp %3
```

　　除了上面提到的那些运算符，正负运算符和数学中的正负号作用类似，负运算符会改变数据的正负性，正运算符会保持数据的正负性。示例如下：

```
var a = 1
var b = -2
+b //-2
-a //-1
```

提　示
自增与自减运算符在 Swift 2.0 及之前版本可以使用，Swift 2.2 版本后，基于代码可读性与减少歧义的考虑，移除了这两个运算符。

4.1.3　基本逻辑运算符

　　基本算术运算符进行数学上的算术操作，基本逻辑运算符进行逻辑运算操作。可以简单理解为，逻辑运算即是生活中所定义的真与假。系统定义的基本逻辑运算符会返回一个 Bool 类型的逻辑值，因此，基本逻辑运算符组成的逻辑表达式在 if 判断语句中会经常用到。

　　Swift 中支持的基本逻辑运算符有逻辑与运算符"&&"、逻辑或运算符"||"、逻辑非运算符"!"三种。逻辑运算只在逻辑值（Bool 类型值）之间进行，与、或、非三种运算中前两者为二元运算符，需要有两个 Bool 类型的操作数。非运算符为一元运算符，需要一个 Bool 类型的操作数，

它们有如下特点：

- 与：两个操作数都为真，结果才为真，有一个操作数为假则结果为假。
- 或：两个操作数有一个为真则结果为真，两个操作数都为假则结果为假。
- 非：操作数为真则结果为假，操作数为假则结果为真。

示例如下：

```
var p1 = true
var p2 = false
//与运算 false
p1&&p2
//或运算 true
p1||p2
//非运算 false
!p1
```

提　示

与 Objective-C 语言不同，Swift 语言中逻辑运算的操作数必须为严格的 Bool 类型。

4.1.4　比较运算符

Swift 中的比较运算符用于两个操作数之间的比较运算，其会返回一个 Bool 类型的逻辑值。基本的比较运算符有等于比较运算符 "=="、小于比较运算符 "<"、大于比较运算符 ">"、不等于比较运算符 "!="、小于等于比较运算符 "<=" 以及大于等于比较运算符 ">="。示例如下：

```
1==2 //等于比较        返回 false
1<2  //小于比较        返回 true
1>2  //大于比较        返回 false
1 != 2 //不等于比较     返回 true
1<=2  //小于等于比较    返回 true
1>=2  //大于等于比较    返回 false
```

对于 Swift 中元组的比较操作，读者需要注意：首先，要比较的元组中元素个数和对应位置的元素类型必须相同；其次，元组中每一个元素必须支持比较运算操作。示例代码如下：

```
var tp1 = (3,4,"5")
var tp2 = (2,6,"9")
var tp3 = ("1",4,5)
tp1<tp2              //将返回 false
```

在上面的代码中，元组实例 tp1 与元组实例 tp2 中元素个数和对应类型相同，且所有元素都支持比较运算操作，所以 tp1 与 tp2 可以进行比较运算。tp1 与 tp3 虽然元素个数相同，但是 tp1 的第 1 个元素为整型，tp3 的第一个元素为字符串类型，类型不同则不能进行比较运算。Swift 在进行元组间比较运算的时候会遵守这样一个原则：从第 1 个元素开始比较，如果比较出了结果，就不再进行后面元素的比较运算，直接返回结果 Bool 值，如果没有比较出结果，那么继续依次比较后面的元素，直到比较出结果为止。

4.1.5 条件运算符

条件运算符（三目运算符）是一种三元运算符，其可以简便实现代码中的条件选择逻辑。例如，如下代码为一个简单的条件选择语句示例：

```
var m = 3
var n = 6
if m>n {
    print("m>n")
}else{
    print("m<=n")
}
```

上面的代码对变量 m 和 n 进行了比较，并将比较结果进行打印，如果使用条件运算符，上面的逻辑可以简写成如下模样：

```
print(m>n ? "m>n":"m<=n")
```

上面的代码在语法上可以简化为如下格式：条件?成立的代码:不成立的代码。

可以看到，条件运算符（三目运算符）只使用了一句代码就完成了 if-else 结构需要多句代码才能完成的工作，其编写效率很高。我们来分解一下条件运算符的组成结构，首先条件运算符需要有 3 个操作数，其中第 1 个操作数必须为一个条件语句或者为一个 Bool 类型的值，第 2 个和第 3 个操作数可以是任意类型的值或者是一个有确定值的表达式，3 个操作数由问号"？"和冒号"："进行分割，当问号前的操作数值为真时，条件运算符运算的结果为冒号前的操作数的值，当问号前的操作数值为假时，条件运算符运算的结果为冒号后的操作数的值。

4.2　Swift 语言中两种特殊的运算符

前边介绍过，Optional 可选值类型是 Swift 语言的一大特点。Swift 语言中的空合并运算符也是专门为 Optional 值类型所设计的。除了空合并运算符，Swift 语言中的区间运算符也十分强大易用，熟练使用这些运算符将极大地提高开发效率。

4.2.1 空合并运算符

可选值类型（Optional）是 Swift 语言的一个独特之处，空合并运算符就是针对可选类型而设计的运算符。首先来看一段示例代码：

```
var q:Int? = 8
var value:Int
if q != nil {
    value = q!
}else{
    value = 0
```

```
}
```

上面的示例就是一个简单的 if-else 的选择结构，利用 4.1.5 节介绍的条件运算符（三目运算符），可以将上面的代码简写成如下形式：

```
var q:Int? = 8
var value:Int
value = (q != nil) ? (q!) : 0
```

使用条件运算符改写后的代码简单很多。Swift 语言还提供了空合并运算符来更加简洁地处理这种 Optional 类型值的条件选择结构，空合并运算符由 "??" 表示。上面的代码可以改写成如下形式：

```
//空合并运算符
var q:Int? = 8
var value:Int
value = q ?? 0
```

使用空合并运算符改写后的代码更加简洁。空合并运算符 "??" 是一个二元运算符。其需要两个操作数，第一个操作数必须为一个 Optional 值，如果此 Optional 值不为 nil，则将其进行拆包操作，并作为空合并运算的运算结果。如果此 Optional 值为 nil，则会将第二个操作数作为空合并操作运算的结果返回。使用空合并操作符来处理有关 Optional 值的选择逻辑将十分方便。

4.2.2　区间运算符

在 C 语言中，关于范围概念的描述常常会使用一个表达式来表示，例如：

```
//表示大于 0 小于 10 的范围
index>0 && index<10
```

在 Objective-C 语言中提供了 NSRange 这样一个结构体来描述范围，虽然直观了许多，但开发者在使用时需要构造 NSRange 实例，使用起来就略显烦琐。Swift 中除了支持 Range 结构体来描述范围外，还提供了一个区间运算符来快捷直观地表示范围区间。示例如下：

```
//创建范围 >=0 且<=10 的闭区间
var range1 = 0...10
//创建范围>=0 且<10 的半开区间
var range2 = 0..<10
```

也可以通过 "~=" 运算符来检查某个数字是否包含于范围中，示例如下：

```
//8 是否在 range1 中
print(range1 ~= 8)  //输出 true
```

区间运算符最常见于 for-in 循环结构中，开发者常常会使用区间运算符来定义循环次数，示例如下：

```
//a...b 为闭区间写法
for index in 0...3 {
    print(index)
```

```
}
//a..<b 为左闭右开区间
for index in 0..<3 {
    print(index)
}
```

提 示

在 for-in 循环结构中，如果 in 关键字后面是一个集合，则变量 index 会自动获取集合中的元素；如果 in 关键字后面是一个范围，则 index 获取到的是从左向右依次遍历到的范围索引数。

4.3　循环结构

在程序编写中，常常会有大量而重复的操作，而这也是计算机计算的优势所在，对于开发者来说，循环结构就是为执行大量而重复代码块诞生的。Swift 语言主要提供了 for-in 遍历、while 与 repeat-while 条件循环 3 种循环结构。

4.3.1　for-in 循环结构

读者对于 for-in 结构并不陌生，在前面章节中介绍的很多内容都提前使用了 for-in 结构进行演示。如果读者了解 C/Objective-C 语言，那么这里就要注意了，在 C/Objective-C 语言中也支持 for-in 这种循环结构，但是其被称为快速遍历，用它来进行的循环操作将是无序的。Swift 语言中的 for-in 结构则强大很多，既可以进行无序的循环遍历，也可以进行有序的循环遍历。

在 Swift 2.2 及以上版本中，在循环结构中做的最大更改就是删除了经典的 for()循环结构，许多 C/Objective-C 语言的开发者可能会不太习惯，事实上，Swift 语言中的 for-in 结构已经完全可以代替曾经的 for()循环，并且比 for()循环的实现更加简洁优美，同 for()循环一同移除的还有 "++" 和 "--" 运算符。

使用 Xcode 开发工具创建一个命名为 ControlFlow 的 playground，进行循环代码的测试。要使用 for-in 结构进行有序的循环遍历，需要配合区间运算符，并且指定一个循环次数变量，示例如下：

```
//将打印 1，2，3，4，5
for index in 1...5 {
    print(index)
}
```

for-in 结构中需要两个参数：第 2 个参数既可以是一个集合类型的实例，也可以是一个范围区间；第 1 个参数为捕获参数，每次从第 2 个参数中遍历出的元素便会赋值给它，可供开发者在循环结构中直接使用。

如果在进行 for-in 循环遍历的时候，开发者并不需要捕获到的值，可以使用匿名参数来接收。Swift 中使用 "_" 符号来表示匿名参数，示例如下：

```
//如果不需要获取循环中的循环次序，可以使用如下方式
var sum=0;
for _ in 1...3 {
    sum += 1
}
```

对集合的遍历是 for-in 循环最常用的场景之一，这些在前边讲解集合类型的章节中有详细的介绍，简单的示例代码如下：

```
//遍历集合类型
var collection1:Array = [1,2,3,4]
var collection2:Dictionary = [1:1,2:2,3:4,4:4]
var collection3:Set = [1,2,3,4]
for obj in collection1 {
    print(obj)
}
for (key , value) in collection2 {
    print(key,value)
}
for obj in collection3 {
    print(obj)
}
```

4.3.2 while 与 repeat-while 条件循环结构

while 与 repeat-while 结构在 C/Objective-C 语言中也支持，并且功能基本一致，只是 Swift 语言将 do-while 结构修改为 repeat-while。

在开发中，经常会遇到需要进行条件循环的需求，例如模拟水池蓄水的过程，每次蓄水 1/10，当蓄满水后停止蓄水。while 循环结构可以十分方便地创建这类循环代码，示例如下：

```
var i=0
//当 i 不小于 10 时跳出循环
while i<10 {
    print("while",i)
    //进行 i 的自增加
    i+=1
}
```

在 while 循环结构中，while 关键字后面需要填写一个逻辑值或者以逻辑值为结果的表达式作为循环条件，如果逻辑值为真，则程序会进入 while 循环体。执行完循环体的代码后进行循环条件的判断，如果循环条件依然为真则会再次进入循环体，否则循环结束。由于 while 循环是根据循环条件来判断是否进入循环体的，如果循环条件一直成立，就会无限循环，因此在使用 while 循环的时候，注意要在循环体中对循环条件进行修改，且修改的结果是循环条件将不成立，否则会出现死循环。

上面演示的 while 结构会先进行条件判断再进行循环体的执行。repeat-while 结构则会先执行一次循环体再进行循环条件的判断。图 4-1 中列出了两种结构的异同。

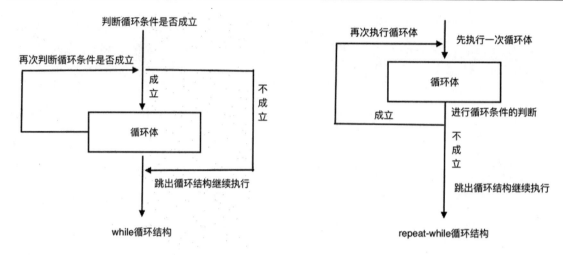

图 4-1　while 结构与 repeat-while 结构的异同

repeat-while 循环结构示例代码如下：

```
var j=0
//先执行一次循环体，再判断循环条件是否成立
repeat {
    print("repeat while")
    j+=1
} while j<10
```

4.4　条件选择与多分支选择结构

在开发中最重要的两种流程结构是循环结构与分支结构：循环结构用于处理大量的重复操作，分支结构用于处理由条件差异而产生的代码分支路径。Swift 语言中提供的分支结构有 if 结构、if-else 结构与 switch-case 结构。

4.4.1　if 与 if-else 条件选择结构

if 与 if-else 结构语句是 Swift 语言中用于最基础的分支结构语句，开发者可以使用单个的 if 语句进行单条件分支，也可以使用 if 与 else 组合来实现多条件分支，示例如下：

```
var c = 10
//进行 if 条件判断
if c<10 {
    print(c)
}
//进行 if-else 组合
if c>10 {
    c-=10
    print(c)
```

```
}else{
    print(c)
}
//进行 if-else 多分支组合
if c>0&&c<10 {
    print(c)
}else if c<=0 {
    c = -c
    print(c)
}else if c<=10&&c<20{
    c-=10
    print(c)
}else{
    print("bigger")
}
```

提 示

（1）需要注意，if 关键字后面跟的条件必须为严格意义上的逻辑值或者结果为逻辑值的表达式。这点 Swift 语言和 C/Objective-C 语言有一定差异。
（2）if-else 组合结构中的每个分支是互斥的，只能有一个分支的代码被执行，条件的判断顺序会从上到下进行，直到找到一个判断条件为真的分支或者最后一个 else 语句。同时，开发者也可以不加单独的 else 语句，这种情况下，如果没有条件成立的分支，则任何分支都不会被执行，程序会继续向后执行。

4.4.2　switch-case 多分支选择结构

switch 语句也被称为开关选择语句，它是通过匹配的方式来选择要执行的代码块，Swift 语言中的 switch 语句更加强大，不像 C/Objective-C 中的 switch 语句只能进行 int 类型值的匹配，Swift 语言中的 switch 语句可以进行任意数据类型的匹配，并且 case 子句的语法和扩展都更加灵活。使用 switch 结构进行字符分支匹配的示例如下：

```
//使用 switch 语句进行字符分支匹配
switch charac {
case "a":
    print("chara is a")
case "b":
    print("chara is b")
case "c":
    print("chara is c")
default ://default 用于处理其他额外情况
    print("no charac")
}
```

如上代码所示，switch 关键字后面需要填写要进行分支匹配的元素，在 switch 结构中通过子句 case 的列举进行元素值的匹配，匹配成功后会执行相应 case 子句中的代码，如上的代码将打印字符串"chara is b"。default 为 switch 语句中的默认匹配语句，即如果前面所有的 case 子句都没有匹配成功，则会执行 default 中的代码。开发者也可以将 default 子句省略，这时如果所有 case 子句都没有匹配上，则会跳过 switch 结构，直接执行后面的代码。

还有一点读者需要注意，在 C/Objective-C 语言中，case 语句不会因匹配成功而中断，如果不进行手动控制，switch 结构中的 case 子句会依次进行匹配执行。举个例子，如果第 1 个 case 子句匹配成功，第 2 个 case 子句也匹配成功，则第 1 个 case 子句和第 2 个 case 子句中的代码都会执行，因此在 C/Objective-C 程序开发中，开发者一般会在每个 case 子句后面添加 break 关键字进行手动中断。Swift 语句优化了这一点，一个 case 语句匹配成功后，会自动跳出 switch 结构，如果不加特殊处理，switch 结构中的分支只会被执行一个或者一个也不执行。

switch-case 结构也支持开发者在一个 case 子句中编写多个匹配条件，程序在执行到这个 case 子句时，只要有一个条件匹配成功，就会执行此 case 下的代码，示例如下：

```
//同一个 case 中可以包含多个分支
switch charac {
case "a","b","c" :
    print("chara is word")
case "1","2","3" :
    print("chara is num")
default :
    print("no charac")
}
```

case 子句的匹配条件也可以是一个区间范围，当要匹配的参数在这个区间范围内时就会执行此 case 下的代码，示例如下：

```
//在 case 中也可以使用一个范围
var num = 3
switch num {
case 1...3 :
    print("1<=num<=3")
case 4 :
    print("chara is num")
default :
    print("no charac")
}
```

从上面的示例中可以了解，Swift 语言中的 switch-case 结构十分灵活强大，如果将 switch-case 结构和元组结合使用，开发者在编写代码时将更加灵活多变。首先，对于元组类型参数的匹配，case 子句可以进行选择匹配和优化匹配，示例如下：

```
//使用 Switch 语句进行元组的匹配
var tuple = (0,0)
switch tuple {
    //进行完全匹配
case (0,1):
    print("Sure")
    //进行选择性匹配
case (_,1):
    print("Sim")
    //进行元组元素的范围匹配
```

```
case(0...3,0...3):
    print("SIM")
default:
    print("")
}
```

如上代码所示，在进行元组的匹配时，有 3 种方式可以选择。第 1 种方式是完全匹配，即元组中所有元素都必须完全相等，才算匹配成功；第 2 种方式是选择匹配，即开发者只需要指定元组中的一些元素进行匹配，不需要关心的元素可以使用匿名参数标识符来代替，这种方式下只要指定的参数都相等就算匹配成功；第 3 种方式是范围匹配，即相应位置指定的范围包含需匹配元组相应位置的值就算匹配成功。其中第 2 种匹配方式可以和第 3 种匹配方式组合使用。

Swift 语言中的 case 子句中还可以捕获 switch 元组的参数，在相应的 case 代码块中可以直接使用捕获到的参数，这在开发中可以简化所编写的代码，示例如下：

```
var tuple = (0,0)
//进行数据绑定
switch tuple {
    //对元组中的第一个元素进行捕获
case (let a,1):
    print(a)
case (let b,0):
    print(b)
    //捕获元组中的两个元素，let(a,b) 与 (let a,let b)意义相同
case let(a,b):
    print(a,b)
default:
    print("")
}
```

这里读者需要注意，要捕获的元素并不能起到匹配的作用，例如元组 tuple 中有两个元素，如果 case 条件为(let a,1)，则在进行匹配时会匹配 tuple 中第 2 个参数，如果匹配成功就会将 tuple 元组的第 1 个参数的值传递给 a 常量，并且执行此 case 中的代码块，在这个代码块中，开发者可以直接使用常量 a。因此，要捕获的元素在匹配时实际上充当着匿名标识符的作用，如上代码所示的第 3 个 case 子句，其条件为 let(a,b)，实际上这个条件始终会被匹配成功。并且，如果开发者对元组中的所有元素都进行了捕获，在代码表现上，可以写作(let a,let b)，也可以直接捕获整个元组，写作 let(a,b)，这两种方式只是写法上有差异，在使用时并无差别。

switch-case 结构的参数捕获语法在使用起来为开发者带来了不少的便利。然而其也有一个问题，它将所有要捕获的元素都作为匿名参数来进行匹配，有时候并不是开发者想要的结果。例如上面的 tuple 元组示例，开发者需要捕获元组中的第 1 个元素，同时又需要与第 1 个元素相关的条件成立时再使 case 子句匹配成功，针对这种情况，Swift 也提供了相应的办法来处理，可通过在 case 语句中追加 where 条件的方式来实现上述需求：

```
//对于进行了数据捕获的Switch-case结构，可以使用where关键字来进行条件判断
switch tuple {
case (let a,1):
    print(a)
    //当元组中的两个元素都等于 0 时才匹配成功，并且捕获第一个元素的值
```

```
case (let b,0) where b==0:
    print(b)
//当元组中的两个元素相同时，才会进入下面的 case
case let(a,b) where a==b:
    print(a,b)
default:
    print("")
}
```

4.5　Swift 语言中的流程跳转语句

跳转语句可以提前中断循环结构，也可以人为控制选择结构的跳转，使代码的执行更加灵活多变。Swift 中提供了大量的流程跳转语句供开发者使用，熟悉这些语句的结构与特点可以使开发效率大大提高。Swift 中提供的流程跳转语句主要有 continue、break、fallthrough、return、throw、guard。

continue 语句用于循环结构中，其作用是跳过本次循环，直接开始下次循环。这里需要注意，continue 的作用并不是跳出循环结构，而是跳过本次循环，直接执行下一个循环周期。示例如下：

```
for index in 0...9 {
    if index == 6 {
        continue
    }
    print("第\(index)次循环")
}
```

上面的示例代码将跳过 index 等于 6 时的代码块，在打印信息中会缺少 index 等于 6 时的打印输出。需要注意的是，continue 语句默认的操作范围是直接包含它的这一层循环结构，如果代码中嵌套了多层循环结构，continue 语句会跳过本次循环。那么，如果想要实现不跳过本次循环，而是直接跳至开发者指定的那一层循环结构，该如何写呢？示例如下：

```
MyLabel:for indexI in 0...2 {
    for indexJ in 0...2 {
        if indexI == 1 {
            continue MyLabel
        }
        print("第\(indexI)\(indexJ)次循环")
    }
}
```

以上代码创建了两层循环结构，在内层循环中使用 continue 语句进行跳转，MyLabel 是外层循环的标签，因此这里的 continue 跳转将会跳出 indexI 等于 1 时的外层循环，直接开始 indexI 等于 2 的循环操作。

break 语句是中断语句，也可以用于循环结构中。和 continue 语句不同的是，break 语句会直接中断直接包含它的循环结构，即当循环结构为一层时，如果循环并没有执行完成，则后面所有的循环都将被跳过。如果有多层循环结构，程序会直接中断直接包含它的循环结构，继续执行该循环结构外层的循环结构，示例如下：

```
for index in 0...9 {
    if index == 6 {
        break
    }
    print("第\(index)次循环")
}
```

上面的代码在 index 等于 6 时使用了 break 语句进行中断，第 5 次循环后的所有打印信息都将被跳过。break 语句默认将中断直接包含它的循环结构，同样也可以使用指定标签的方式来中断指定的循环结构，示例如下：

```
MyLabel:for indexI in 0...2 {
    for indexJ in 0...2 {
        if indexI == 1 {
            break MyLabel
        }
        print("第\(indexI)\(indexJ)次循环")
    }
}
```

break 语句也可以用于 switch 结构中。在 switch 结构中，break 语句将直接中断后面所有的匹配过程，直接跳出 switch 结构。在 Swift 语言中，switch-case 选择匹配结构默认就是 break 操作，故开发者不必手动添加 break 代码。

fallthrough 语句是 Swift 中特有的一种流程控制语句。前面提到过，当 Swift 语言中的 switch-case 结构匹配到一个 case 后会自动中断后面所有 case 的匹配操作。如果在实际开发中需要 switch-case 结构不自动进行中断操作，可以使用 fallthrough 语句，示例如下：

```
var tuple = (0,0)
switch tuple {
case (0,0):
    print("Sure")
    //fallthrough 会继续执行下面的 case
    fallthrough
case (_,0):
    print("Sim")
    fallthrough
case(0...3,0...3):
    print("SIM")
default:
    print("")
}
```

如上示例代码将会打印 Sure、Sim 和 SIM。

return 语句对于读者来说应该十分熟悉，其在函数中用于返回结果值，也可以用于提前结束无返回值类型的函数。当然，return 语句的应用场景也不只局限于函数中，在闭包中也可以使用 return 进行返回。关于函数的相关知识，会在后面的章节做详细的介绍，这里只做简单演示，示例如下：

```
//有返回值函数的返回
func myFunc()->Int{
    return 0
}
//无返回值函数的返回
func myFunc(){
    return
}
```

throw 语句用于异常抛出，throw 语句抛出的异常如果不进行捕获处理，也会使程序中断。Swift 语言中有抛出异常和处理异常的代码结构，在后面章节中会详细介绍，这里也只做简单演示。在函数中抛出异常的代码示例如下：

```
//定义异常类型
enum MyError:Error{
    case errorOne
    case errorTwo
}
func  newFunc() throws{
    //抛出异常
    throw MyError.errorOne
}
```

guard-else 结构语句是 Swift 2.0 之后新加入的一种语法结构，Swift 团队创造它的目的在于使代码的结构和逻辑更加清晰。在实际开发中，尤其是在函数的编写中，经常会遇到这样的场景：就是当参数符合某个条件时，函数才能正常执行，否则直接通过 return 来终止函数的执行，如果不使用 guard-else 结构，示例代码如下：

```
func myFuncTwo(param:Int)  {
    if param <= 0 {
        return
    }
    print("其他操作")
}
```

上面的代码结构在逻辑上并不那么优美，开发者的原意是当 param 参数大于 0 时才执行函数中的操作，在 2.0 之前却使用了相反的逻辑来中断函数，当然，开发者也可以将函数实现为如下形式：

```
func myFuncTwo(param:Int)  {
    if param > 0  {
        print("其他操作")
    }
}
```

经过修改后，代码逻辑清晰了许多，然而还是有一些问题。如果这个函数中需要做的操作很多，那么所有条件判断的代码都将写在 if 语句块中，代码结构就会显得杂乱无章。guard-else 语句就是为了优化这种情况而产生的。guard-else 语句也被称为守护语句，顾名思义，其作用就是确保某个条件成立才允许其后的代码执行。示例如下：

```
func myFuncTwo(param:Int) {
    guard param>0 else {
        return
    }
    print("其他操作")
}
```

4.6　练习及解析

（1）将下列描述翻译成 Swift 表达式。

小李买了 5 支铅笔、1 块橡皮、3 本作业本和 11 个书签。每支铅笔 2 元，每块橡皮 3 元，每本作业本 2.5 元，每个书签 0.5 元，计算小李花了多少钱。

解析：

```
//共 26 元
var sum = 5*2+1*3+3*2.5+11*0.5
```

（2）设计一个表达式来生成 1~7 之间的随机数。

解析：

```
// arc4random() 为 Swift 标准函数库中的随机数生成函数
var rand = arc4random()%7+1
```

（3）对语、数、外 3 门科目进行测试，当 3 门科目的成绩都大于 60 且总分不小于 200 分时，成绩才为合格，使用 Swift 表达式来描述上述逻辑。

解析：

```
var Language=60
var Math=65
var English=70
if Language>60 && Math>60 && English>60 && (Language+Math+English)>200 {
    print("合格")
}
```

（4）编写闰年判断的表达式。

闰年：① 能够被 400 整除。

　　　② 能够被 4 整除但是不能够被 100 整除。

解析：

```
var year = 2016
if year%400==0 || ((year%4==0) && (year%100 != 0)) {
    print("闰年")
}
```

（5）学校乒乓球比赛需要每班出一名主选手和一名辅助选手参赛，比赛分为上、下两场，上半场主选手得分超过 30 分则下半场需要辅助选手进行，否则下半场依然由主选手进行，使用条件运算符（三目运算符）描述下半场出赛的选手。

解析：

```
var mark = 40
var people = mark>30 ? "主选手" : "辅助选手"
```

（6）打印如下图案：

```
**********
*????????*
*????????*
**********
```

解析：

```
for indexH in 1...4 {
    //每行有10列符号
    print("")
    for indexV in 1...10 {
        //第一行和最后一行为*
        if indexH==1 || indexH==4 {
            print("*", separator: "", terminator: "")
        }else{
            //第一列和最后一列为*
            if indexV==1 || indexV==10 {
                print("*", separator: "", terminator: "")
            }else{
                //其余为?
                print("?",separator: "",terminator: "")
            }
        }
    }
}
```

print()函数会自动在打印末尾添加换行符，使用带3个参数的print()函数，并且将后两个参数设置为空字符串，以屏蔽print函数的自动换行功能。

（7）打印出所有的"水仙花数"。所谓"水仙花数"，是指一个3位数，其各位数字的立方和等于该数本身。

解析：

```
for item in 100...999 {
    //获取个位数字
    var dig = item%10
    //获取十位数字
    var tens = item/10%10
    //获取百位数字
    var hundred = item/100
    //获取结果，这里可以考虑用pow(Double,Double) 函数代替 dig*dig*dig
    var sum = dig*dig*dig + tens*tens*tens + hundred*hundred*hundred

    if sum == item {
        print(item)
    }
```

```
}
```

（8）猴子吃桃问题：猴子第一天摘下若干个桃子，当即吃了一半，还不过瘾，又多吃了一个。第二天早上将剩下的桃子吃掉一半，又多吃了一个。以后每天早上都吃了前一天剩下的一半零一个。到第 10 天早上想再吃时，就只剩下一个桃子了。求第一天共摘了多少个桃子。

解析：

```
var count = 1
for day in 1...9 {
    count = (count+1)*2
}
print(count)
```

（9）两个乒乓球队进行比赛，每队各出三人。甲队为 p1、p2、p3 三人，乙队为 q1、q2、q3 三人。抽签决定了比赛名单后，有人向队员打听比赛的名单。p1 说他不和 q1 比，p3 说他不和 q1、q3 比，请编写程序列出三对赛手的名单。

解析：

```
//标识甲队
var p1 = 1
var p2 = 2
var p3 = 3
//标识乙队
var q1 = 0
var q2 = 0
var q3 = 0
for indexI in 1...3 {
    q1 = indexI
    for indexJ in 1...3 {
        q2 = indexJ
        for indexK in 1...3 {
            q3 = indexK
            if indexI != indexJ && indexI != indexK && indexJ != indexK {
                if q1 != p1 && p3 != q1 && p3 != q3 {
                    print(q1,q2,q3)
                }
            }
        }
    }
}
//输出 2,3,1
```

（10）求 1+2!+3!+...+20!的和。

解析：

```
var sumC = 0
for var index in 1...20 {
    var tmp = 1
    while index > 0{
        tmp *= index
```

```
        index -= 1
    }
    sumC+=tmp
}
print(sumC)
//输出 2561327494111820313
```

（11）打印倒金字塔：

```
 * * * * * * *
  * * * * *
   * * *
    *
```

解析：

```
for indexJ in 1...7 {
    if indexJ < indexI{
        //先打印左侧空格
        print(" ", separator: "", terminator: "")
    }else if indexJ+(indexI-1)<=7 {
        //再打印*
        print("*",separator: "",terminator: "")
    }
}
//换行
print("")
}
```

4.7 模 拟 面 试

（1）编程中的流程控制结构有哪几种，分别用于什么场景？

回答要点提示：

① 编程中主要的流程结构有顺序结构、分支结构、循环结构、跳转与中断结构。

② 在编写代码时，我们的核心思路和代码的主流程都是线性的，代码是一行一行向下执行的，这就是我们最常用的顺序结构。分支结构是程序逻辑的重要描述方式，输入的不同，不同的运行场景都会对程序执行的结果产生影响，这时我们需要使用分支结构来处理。循环结构用来处理大量重复的工作。跳转和中断结构使得分支和循环结构更加灵活可控。

核心理解内容：

理解各种程序流程控制的方法，能够在开发中根据实际场景灵活使用各种流程控制结构。

（2）运算符是一门编程语言的基础，Swift 中有哪些特殊的运算符？

回答要点提示：

① Swift 是一门非常强大的语言，在 Swift 中开发者可以根据需要对运算符进行重载，也可以进行运算符的自定义。

② Swift 语言中提供了空合并运算符来对 Optional 值进行快捷的条件运算。

③ 在 Swift 语言中，区间运算符也是一种十分有特点的运算符，使用它可以方便地创建区间与范围，在集合遍历、字符串和数组的截取中都十分有用。

核心理解内容：

熟悉 Swift 中的运算符重载和自定义的方法，熟练使用 Swift 原生定义的各种运算符。

第5章

函数与闭包技术

所谓科学，包括逻辑和数学在内，都是有关时代的函数，所有科学连同它的理想和成就统统都是如此。

——穆尔

任何复杂的系统都是由许多简单的系统组合演化而来的，在编程中更是如此，任何复杂的功能都是由一些简单的功能组合演化而来的。函数是高级语言共有的代码特性。在数学中，函数是一种特定的算法映射，自变量的改变将引起因变量的改变。在编程中，函数的实质是完成特定功能的代码块，只是此代码块有一个名称，开发者可以通过函数名来调用函数完成特定的需求和功能。

Swift 语言中提供了十分灵活的方式来创建和调用函数。实际上在 Swift 语言中，每个函数都有特定的类型，函数的类型取决于参数和返回值。另外，在 Swift 语言中函数可以进行嵌套。

闭包的功能与函数类似，也是有一定功能的代码块，在 Objective-C 语言中，与之相似的语法结构被称为 block 结构。闭包与函数有着密不可分的关系：函数是有名称的功能代码块，闭包在大多数情况下是没有名称的功能代码块；在语法结构上，闭包与函数也有很大的差异。由于对闭包语法的支持，Swift 语言更加强大而灵活。本章将向读者介绍在 Swift 语言中闭包结构的应用与简化技巧。

通过本章，你将学习到：

- 函数的创建与调用。
- 函数的类型与嵌套。
- 函数的 inout 参数。
- 编写可变参数函数。
- 了解闭包的应用场景及设计思路。
- 对闭包结构进行简化。

- 特定条件下使用后置闭包。
- 逃逸与非逃逸闭包的应用。
- 自动闭包的应用。

5.1　函数的基本应用

在数学中，函数有 3 要素：定义域、对应关系和值域。在编程中，抛开函数的实现，在声明函数时也有 3 要素：参数、返回值和函数名。参数和返回值决定函数的类型。参数数量和类型完全相同，同时返回值类型也相同的函数为同类型函数。在 Swift 语言中，使用 func 关键字来声明函数，一个完整的函数声明和实现应该符合如下格式：

```
func methodName(param1,param2,…)->returnValue{实现部分}
```

methodName 需要编写为函数名称，之后跟的小括号中需要设置函数的参数类型和个数，多个参数使用逗号进行分割。参数列表后面使用符号 "->" 来连接返回值类型，到此，函数的声明部分就完成了，如果要对函数进行实现，在后面追加大括号，里面为函数的实现代码。如果一个函数没有返回值，也可以将参数列表后面的部分省略。在调用函数时，直接使用函数名来进行调用。

5.1.1　函数的创建与调用

使用 Xcode 开发工具创建一个命名为 Function 的 playground 文件，在其中编写如下示例代码：

```
//编写一个函数，功能为传入一个数字，判断其是否大于10，并将结果返回
func isMoreThanTen(count:Int)->Bool {
    if count>10 {
        return true
    }else{
        return false
    }
}
//进行函数的调用
//将返回false
isMoreThanTen(count: 9)
//将返回true
isMoreThanTen(count: 11)
```

参数列表中的参数需要指定参数名和参数类型，也可以编写无参的函数，为空即可，示例代码如下：

```
//编写无参的函数
func myFunc1()->String{
    return "无参函数"
}
//将返回字符串"无参函数"
```

```
myFunc1()
```

如果函数也不需要返回值，可以选择返回 Void 或者直接省略返回值部分，示例代码如下：

```
//编写无参无返回值的函数
func myFunc2() -> Void {
    print("无参无返回值")
}
func myFunc3() {
    print("省略返回值")
}
myFunc2()
myFunc3()
```

还有一种情况比较特殊，原则上函数的返回值只能是一个，而在实际开发中如果需要返回多个值通常会采用复合类型来处理。在 Objective-C 语言中，不支持元组类型，要进行多个值的返回时会采用返回数组或者字典的方式。在 Swift 语言中，可以用元组来达到这样的效果，模拟一个数据查询的函数，这个函数将通过传入一个数据 ID 来进行数据查询操作，并返回查询状态和具体的数据，示例代码如下：

```
//模拟数据查询函数
func searchData(dataID:String)->(succsee:Bool,data:String){
    //模拟一个查询结果和数据实体
    let result = true
    let data = "数据实体"
    return (result,data)
}
if searchData(dataID: "1101").succsee {
    //查询成功
    print(searchData(dataID: "1101").data)
}
```

Swift 语言中的函数还有一个使用技巧。开发者可以通过返回 Optional 可选值类型来标识函数执行是否成功，在调用函数时使用 if-let 结构做安全性检查，示例代码如下：

```
//返回 Optional 类型值的函数
func myFunc4(param:Int)->Int?{
    guard param>100 else{
        return nil
    }
    return param-100
}
if let tmp = myFunc4(param: 101) {
    print(tmp)
}
```

5.1.2　关于函数的参数名

有过编程经验的读者可能会发现各个编程语言都有一些特点。以函数的参数名为例，在

Objective-C 中实际上函数的参数名是隐含于函数名称中的，示例如下：

```
//Objective-C 语言中函数的风格
-(void)getDataFromDataID:(NSString*)dataID{

}
//对函数进行调用
[self getDataFromDataID:@"1101"];
```

Objective-C 这种风格的函数写法有一个很大的优点，即开发者在调用函数时根据函数名中的信息就可以推断出参数的意义。如上代码所示，getDataFromDataID 很容易使开发者联想到此参数需要传递数据的 ID 值。这里会产生一个问题，函数名将变得非常冗长，编码界面将变得十分拥挤。在 Java 中，参数名是直接添加在参数列表中的，示例如下：

```
//Java 语言中函数的风格
private void getMyData(String dataID){

}
getMyData("1101");
```

通过比较 Java 与 Objective-C 的函数风格，可以发现 Java 语言要简练得多，但同时也有缺陷：在调用函数时，函数参数列表中的参数并没有一个参数名标识，这样开发者在调用函数或者检查代码时不能一目了然地明白各个参数的意义。在参数很多的情况下，这个问题就变得尤为突出。

Swift 语言中的函数风格借鉴了 Objective-C 与 Java 的优势和劣势，引入了参数的内部命名与外部命名概念。内部命名在函数实现时使用，外部命名在函数调用时使用。在上面所有例子编写的函数中，参数名都是内部命名，开发者若不设置参数的外部命名，则默认函数参数的外部命名与内部命名相同。因此开发者在调用函数时，传入的参数前面都有一个参数名标注，示例如下：

```
//多参数函数，默认内部命名与外部命名相同
func myFunc5(param1: Int,param2: Int,param3: Int) {
    //这里使用的 param1、param2、param3 是参数的内部命名
    param1+param2+param3
}
//调用函数的参数列表中使用的 param1、param2 和 param3 为外部命名
myFunc5(param1: 1, param2: 2, param3: 3)
```

在声明函数时，也可以在内部命名的前面再添加一个名称作为参数的外部命名，示例如下：

```
//为函数的参数添加外部命名
func myFunc6(out1 param1: Int,out2 param2: Int,out3 param3: Int) {
    //这里使用的 param1、param2、param3 是参数的内部命名
    param1+param2+param3
}
//调用函数时，参数将被外部命名标识，这里的 out1、out2、out3 为函数参数的外部命名
myFunc6(out1: 1, out2: 2, out3: 3)
```

有了 Swift 中参数内部名称与外部名称的语法规则，开发者可以十分灵活地编写函数。参数的外部名称会在调用函数时标识参数，这样既简化了函数名，也能很好地帮助开发者理解每个参数的意义，并且这种语法的优势在进行函数重载操作时会更大。在后面讲解函数重载的章节中，读者就能体会到。

Swift 语言也支持省略函数参数的外部名称，默认函数参数的外部名称与内部名称相同，开发

者可以使用匿名变量标识符 "_" 来对外部名称进行省略，示例如下：

```
//省略外部名称的函数参数列表
func myFunc7(_ param1:Int,_ param2:Int , _ param3:Int){
    param1+param2+param3
}
//在调用函数时，不再标识参数名称
myFunc7(1, 2, 3)
```

5.1.3 函数中参数的默认值、不定数量参数与 inout 类型参数

在进行函数调用时，每个参数都必须要传值，这句话其实并不十分准确，应该说每个参数都必须有值。除了在调用时为参数传值外，Swift 语言中函数的参数也支持设置默认值。需要注意的是，如果函数的某个参数设置了默认值，那么开发者在调用函数的时候既可以传此参数的值，也可以不传此参数的值，但是参数的位置要严格对应。示例如下：

```
//默认参数 param2 的值为 10，param3 的值为 5
func myFunc8(param1:Int,param2:Int = 10 ,param3:Int = 5) {
    param1+param2+param3
}
//对每个参数都进行传值
myFunc8(param1: 1, param2: 1, param3: 1)
//只对没有设置默认值的参数传值
myFunc8(param1: 10)
func myFunc9(param1:Int,param2:Int=10 ,param3:Int) {
    param1+param2+param3
}
//对应的参数位置要一致
myFunc9(param1: 10,param3:10)
```

在开发中还有一种情况也十分常见，有时候开发者需要编写参数个数不定的函数。例如，打印函数 print()，其中传入参数的数量就是不确定的。对于这类函数的编写，Swift 也对它做了很好的支持。编写一个函数，传入不定个数的整数值，将其相加后的结果打印出来，代码如下：

```
//编写参数数量不定的函数
func myFunc10(param:Int...){
    var sum=0;
    for count in param {
        sum+=count
    }
    print(sum)
}
//传递参数的个数可以任意
myFunc10(param: 1,2,3,4,5)
myFunc10(param: 12,2,3)
```

实际上，在 Swift 语言中某个参数类型的后面追加符号 "…"，就会将此参数设置为数量可变。在函数内部，开发者传递的值会被包装成一个集合类型赋值给对应参数。需要注意，传递的

参数类型必须相同，并且可以传递多组数量可变的参数，不同参数之间参数类型可以不同，示例如下：

```
func myFunc11(param1:Int...,param2:String)  {
    var sum=0;
    for count in param1 {
        sum+=count
    }
    print("\(param2):\(sum)")
}
myFunc11(param1: 1,2,3, param2: "hello")
```

Swift 语言支持设置函数参数的默认值，支持传递数量不定的参数，如果开发者在编写代码时灵活运用函数，就可以达到事半功倍的效果。

关于 Swift 语言的参数传递，还有这样一个特点：传递的如果是值类型的参数，那么参数值在传递进函数内部时会将原值复制为一份常量，且在函数内不可以修改。关于值类型和引用类型的相关知识，后面章节会详细介绍，这里读者只需要了解：类属于引用类型，而基本数据类型、枚举和结构体都属于值类型。对于值类型参数，如果开发者在函数内部修改参数的值，编译器会直接报错，示例代码如下：

```
//错误示范
//func myFunc12(param:Int){
//    param+=1
//}
```

如果在开发中真的需要在函数内部修改传递参数的变量的值，可以将此参数声明为 inout 类型，示例代码如下：

```
//在函数内部修改参数变量的值
func myFunc12(param:inout Int){
    param+=1
}
var para = 10;
myFunc12(param: &para)
//将打印 11
print(para)
```

注意，在上面的演示代码中将参数 param 声明为了 inout 类型，在传参时需要使用 "&" 符号（这个符号将传递参数变量的内存地址）。

5.2　函数的类型与函数嵌套

前面章节有提到，Swift 语言中每一个函数都有其特定的类型。因此，开发者也可以像声明普通变量那样来声明一个函数变量，同样也可以对此变量进行赋值、调用等操作。将函数作为数据类型这种语言设计思路有强大的优势，这将允许开发者将一个函数作为另一个函数的参数或者返回值，大大增强了编程的灵活性。

函数变量的声明及赋值示例代码如下：

```
//声明一个函数变量
var addFunc:(Int,Int)->Int
//对函数变量进行赋值
addFunc = {(param1:Int,param2:Int) in return param1+param2}
//调用函数变量
addFunc(2,3)
```

函数变量的类型由参数和返回值决定，参数和返回值相同的函数类型就相同。上面示例代码中对函数变量的赋值采用了闭包的方式，闭包的实质是一段有具体功能的代码块，其结构为{(param1,param2,...) in 代码块}，其最外面由大括号包围，内部小括号为参数列表，in 为闭包关键字，之后需要编写实现相应功能的代码。关于闭包的更多内容，后面章节会详细介绍。

也可以通过一个函数来对函数变量进行赋值，示例如下：

```
var addFunc:(Int,Int)->Int
func myFunc13(param1:Int,param2:Int) -> Int {
    return param2+param1
}
addFunc = myFunc13
addFunc(1,2)
```

函数也可以作为另一个函数的参数，示例代码如下：

```
//参数 param 的类型为函数类型(Int,Int)->Int
func myFunc14(param:(Int,Int)->Int) {
    print(param(1,2))
}
//将 addFunc 函数作为参数传递进 myFunc14 函数
myFunc14(param: addFunc)
```

如上代码所示，这种将函数作为参数的编程方式应用十分广泛，在 Objective-C 语言中，这种语法结构被称为 block。在处理一些回调操作时，例如网络回调、子线程异步处理回调等场景中，使用这种编程方式将十分简洁优美。

函数可以作为参数，同样其也可以作为返回值来使用，示例代码如下：

```
//声明一个函数变量
var addFunc:(Int,Int)->Int
func myFunc15() -> (Int,Int)->Int {
    return {(param1:Int,param2:Int)in
        return param1+param2
    }
}
//使用 addFunc 变量获取返回值
addFunc = myFunc15()
//进行调用
addFunc(1,2)
```

上面的演示代码中，在函数内部创建了闭包并将其返回，由于 Swift 语言是支持进行函数嵌套的，实际上开发者也可以在函数内部再次创建函数，示例如下：

```
func myFunc16() -> (Int,Int)->Int {
    func subFunc(param1:Int,param2:Int)->Int{
        return param1+param2
    }
    return subFunc
}
```

提　示

函数也有其作用域。所谓嵌套函数，是指在函数内部再次创建一个子函数，子函数只能在父函数内部调用，不可以在父函数外部调用，但是可以作为返回值传递到父函数外部。

5.3　理解闭包结构

闭包结构对于编程初学者来说可能会难于理解一些。在学习关于闭包的过程中，读者首先应该理解闭包的结构与实质。

5.3.1　闭包的语法结构

使用 Xcode 开发工具创建一个命名为 Closures 的 playground 文件，本章将在其中进行代码的演练。5.2 节中向读者介绍了有关函数的内容，函数的设计思路是将有一定功能的代码块包装在一起，通过函数名实现复用。闭包和函数有着类似的作用，然而闭包的设计大多数情况下并不是为了代码的复用，而是传递功能代码块和处理回调结构。首先，一个完整的函数包含函数名、参数列表、返回值和函数体，示例如下：

```
//标准函数 这个函数的功能是计算某个整数的平方
func myFunc(param:Int)->Int{
    return param*param
}
```

将上面函数的功能使用闭包来实现，代码如下：

```
//闭包的实现方式
let myClosures = {(param:Int)->Int in
    return param*param
}
```

上面的代码创建了一个名为 myClosures 的闭包常量，闭包在语法上有这样的标准结构：{(参数列表)->返回值 in 闭包体}。首先闭包的最外层由大括号包围，内部由闭包关键字 in 来进行分割，关键字 in 前面为闭包结构的参数列表和返回值，其书写规则与函数一致，in 关键字后面为闭包体，用于实现具体功能。上面示例的闭包和函数原理上完全相同，并且闭包也可以像函数一样被调用，示例代码如下：

```
//对函数进行调用 将返回 9
myFunc(param: 3)
//对闭包进行调用 将返回 9
myClosures(3)
```

与函数不同的是，闭包的返回值是可以省略的，在闭包体中，如果有 return 返回，则闭包会自动将 return 的数据类型作为返回值类型，上面的闭包代码也可以简写为如下样式：

```
//闭包的实现方式
let myClosures = {(param:Int) in
    return param*param
}
```

5.3.2 通过实现一个排序函数来深入理解闭包

在实践中分析与解决问题是学习编程的一条捷径。本节将带领读者通过分析问题、探讨解决方案、进行初步实现、优化实现方式等一步步深入了解闭包的用法。学习这种分析解决问题的方式在编程中十分有益，其思路如图 5-1 所示。

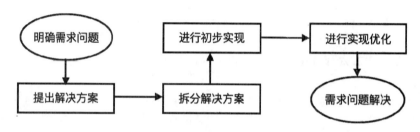

图 5-1　分析与解决问题思路

在实际开发中，开发者经常会遇到不同的排序需求，例如对商品价格排序、文章热度排序、消息时间先后排序、学生成绩排序等。很多情况下，开发者要排序的对象并不是简单的数字类型值或者字符串类型值，而是自定义的复杂对象，也就是开发者常用的类。对于这种类型的排序需求，应该如何实现呢？首先应该明确需求问题：

（1）应该实现一个函数，来对数组类型排序。
（2）数组中的元素可以是任意的复杂类型。

实现根据复杂类型数据中的某一个属性进行排序，例如学生的成绩。

（1）针对上面提出的需求问题，设计初步的实现思路。
（2）以通用的数组类型作为函数的参数。

若要实现对自定义复杂类型的排序操作，需要将排序算法作为参数传入函数。
编写函数的结构示例如下：

```
func mySort(array:Array<Any>,sortClosure:(Int,Int)->Bool) -> Array<Any> {
    return array
}
```

Any 在 Swift 语言中代表任意类型。

mySort()函数中需要传入两个参数,一个是要进行排序的数组数据,另一个是一个闭包排序方法,这个闭包有两个 Int 类型的参数,表示数组中两个相邻的元素。第 1 个参数表示前一个元素,第 2 个参数表示后一个元素,这个闭包有一个 Bool 类型的返回值,返回 true 则表示正向排序,即参数中的第 1 个元素和第 2 个元素不交换位置,返回 false 表示逆向排序,即参数中的第 1 个元素和第 2 个元素交换位置。之后,根据上面的分析来对 mySort 函数进行实现,代码如下:

```swift
func mySort(array:inout Array<Any>,sortClosure:(Int,Int)->Bool) -> Array<Any> {
    //冒泡排序算法
    for indexI in array.indices {
        //最后一个元素直接返回
        if indexI == array.count-1 {
            break
        }
        //冒泡排序
        for indexJ in 0...((array.count-1)-indexI-1){
            //调用传递进来的闭包算法
            if sortClosure(indexJ,indexJ+1) {

            }else{
                //进行元素交换
                swap(&array[indexJ], &array[indexJ+1])
            }
        }
    }
    return array
}
```

如上代码所示,使用了冒泡排序算法来进行排序操作,而具体两个元素的排序规则是由闭包 sortClosure 来实现的。swap()函数是 Swift 语言中的一个交换函数,用来实现数组元素的交换,由于需要对原数组数据进行操作,需要使用 inout 类型的数组参数。

先使用整型数组来对编写的排序函数进行测试,代码如下:

```swift
var  array:Array<Any> = [1,4,3,5,7,5,4,2,7]
mySort(array: &array,sortClosure: {(index:Int, nextIndex:Int) -> Bool in
    return (array[index] as! Int) > (array[nextIndex] as! Int)
})
print(array)
```

as!的作用是类型转换。

编写一个自定义的类来进行排序测试,示例如下:

```swift
//编写一个学生类
class Student {
```

```
        //学生成绩
        let achievement:Int
        //学生姓名
        let name:String
        //构造方法
        init(name:String,achievement:Int){
            self.achievement = achievement
            self.name=name
        }
    }
    //创建 4 个学生
    let stu1 = Student(name: "小王", achievement: 89)
    let stu2 = Student(name: "小李", achievement: 69)
    let stu3 = Student(name: "小张", achievement: 81)
    let stu4 = Student(name: "小孙", achievement: 93)
    //将学生放入数组
    var stuArr:Array<Any> = [stu1,stu2,stu3,stu4]
    //进行排序
    mySort(array: &stuArr, sortClosure : { (index: Int, nextIndex: Int) -> Bool
in
        return (stuArr[index] as! Student).achievement > (stuArr[nextIndex] as!
Student).achievement
    })
```

以上代码模拟了一个学生类，每一个学生对象由名字和分数组成，闭包实现了对学生分数的排序规则。

5.4　将闭包作为参数传递时的写法优化

通过前面章节的学习，读者应该可以感受到 Swift 语言在设计上追求的简洁与高效，开发者在将闭包作为参数传递进函数时，也可以在标准形式上做许多优化。我们依然以学生数组排序的代码为例，省略闭包返回值类型的写法如下：

```
    //省略返回值
    mySort(array: &stuArr, sortClosure: { (index, nextIndex) in
        return (stuArr[index] as! Student).achievement > (stuArr[nextIndex] as!
Student).achievement
    })
```

闭包作为函数参数时的参数类型可以省略，是因为在函数声明时，闭包参数中已经指定了参数的类型，编译器可以进行自动推断。

如果闭包只有一行代码组成，return 关键字也可以进行省略，默认会将此行代码的执行结果返回。需要注意，只有将闭包作为函数的参数才可以如此简化，示例如下：

```
    //省略 return
    mySort(array:&stuArr, sortClosure: { (index, nextIndex) in
        (stuArr[index] as! Student).achievement > (stuArr[nextIndex] as!
```

```
Student).achievement
    })
```

经过简化后的闭包结构已经简洁了很多，其实还可以继续简化。如上代码中，开发者使用 index 和 nextIndex 来标识闭包中的参数，实际上，当此闭包作为函数的参数时，闭包的参数列表会自动创建一组参数，参数名会以 $0、$1 这样的结构依次类推。因此，开发者也可以使用编译器默认生成的参数名而不必指定参数名。表现在代码写法上，开发者也可以将参数列表和闭包关键字 in 省略，优化后的代码如下所示：

```
mySort(array: &stuArr, sortClosure: {
    (stuArr[$0] as! Student).achievement > (stuArr[$1] as!
Student).achievement
    })
```

一步步简化后的代码与最开始的代码模样有很大的不同，Swift 语言在这些细节上的处理使开发者可以十分灵活地编写代码。然而这些代码的简化操作对于初学者来说可能会难于理解，读者务必要将本节的简化过程熟练应用，在开发中需要使用各种各样的闭包时，才能游刃有余。

5.5　后置闭包、逃逸闭包与自动闭包

闭包常常会作为函数的参数来使用，函数在调动时，参数是写在小括号中的参数列表中的，而闭包又是一个写在大括号中的代码块，如此的嵌套写法在视觉上十分不直观。因此，Swift 语言中提供了后置闭包的写法。当函数中的最后一个参数为闭包参数时，在调用函数时，开发者可以将闭包结构脱离出函数的参数列表，追加在函数的尾部，增强代码的可读性，示例如下：

```
//原结构
mySort(array: &stuArr, sortClosure: {
(stuArr[$0] as! Student).achievement > (stuArr[$1] as! Student).achievement
})
//后置闭包结构
mySort(array: &stuArr){
(stuArr[$0] as! Student).achievement > (stuArr[$1] as! Student).achievement
}
```

后置闭包的语法简化了代码的结构，这里面还有一个小技巧，如果一个函数只有一个参数，且这个参数是一个闭包类型的参数，则开发者在调用函数时，使用后置闭包的写法可以直接将函数的参数列表省略，示例代码如下：

```
//只有一个闭包参数的函数
func myFunc(closure:(Int,Int)->Bool) {

}
//进行闭包的后置 可以省略参数列表
myFunc {
    $0>$1
}
```

以上示例代码几乎是闭包的最简形式了。

当闭包传递进函数时，系统会为此闭包进行内存的分配。在 Swift 语言中，还有逃逸闭包与非逃逸闭包这样的概念。所谓逃逸闭包，是指函数内的闭包在函数执行结束后在函数外依然可以进行使用，非逃逸闭包是指当函数的生命周期结束后，闭包也将被销毁。换句话说，非逃逸闭包只能在函数内部使用，在函数外部不能够使用。默认情况下函数参数中的闭包都为非逃逸闭包，这样做的优点是可以提高代码性能，节省内存消耗，开发者可以根据实际需求将闭包参数声明成逃逸闭包。

提 示
非逃逸闭包也不可以作为返回值返回，如果这么做，编译器会抛出一个错误。

将闭包声明为非逃逸类型，需要使用@noescape 修饰。需要注意的是，在最新版本的 Xcode 开发工具中，这个关键字已经不需要再使用，参数中的闭包默认都是非逃逸的，示例代码如下：

```
//只有一个闭包参数的函数，将此闭包声明为非逃逸的，此闭包既不可作为返回值返回也不可赋值给外部变量
//在 Xcode8.1 中会有警告 这个关键字可以省略
func myFunc(closure: @noescape (Int,Int)->Bool){

}
```

提 示
逃逸类型的闭包常用于异步操作中，例如一个后台请求完成后要执行闭包回调，需要使用逃逸类型。

不是所有的闭包都需要显式创建，Swift 语言中还有一种语法，其可以实现对简单闭包的自动生成，这种闭包通常称为自动闭包。需要注意，自动闭包参数的使用有严格的条件，首先此闭包不能够有参数，其次在调用函数传参时，此闭包的实现只能由一句表达式组成，闭包的返回值即为此表达式的值，自动闭包参数由@autoclosure 来声明，示例代码如下：

```
//将闭包参数声明为自动闭包
func myFunc2(closure: @autoclosure ()->Bool) {

}
//调用函数时，直接传入一个表达式即可，编译器会自动生成闭包参数
myFunc2(1+2+3>10)
```

自动闭包默认为非逃逸的，若要使用逃逸类型的闭包参数，需要声明如下：

```
//将闭包参数声明为自动闭包，逃逸闭包
func myFunc2(closure: @autoclosure @escaping ()->Bool) {
}
```

5.6 练习及解析

（1）编写一个计算阶乘的函数。

解析：

```
func funcOne(param:Int) -> Int {
    guard param>0 else{
        return 0
    }
    var tmp = param
    var result = 1
    while tmp>0 {
        result *= tmp
        tmp -= 1
    }
    return result
}
funcOne(param: 5)
```

（2）编写函数，其功能是：判断输入的字符是否为数字字符。如果是，则输出 true，否则输出 false。

解析：

```
func funcTwo(param:Character) -> Bool {
    if param <= "9" && param >= "0" {
        return true
    }else{
        return false
    }
}
funcTwo(param: "9")
```

（3）编写函数，其功能是：将两个两位数的正整数 a、b 合并成一个整数 c，合并规则是将 a 的十位和个位分别放在 c 的千位和个位，将 b 的十位和个位分别放在 c 的百位和十位。

解析：

```
func funcThree(param1:Int,param2:Int) -> Int {
    //param1 的个位数字
    let tmpa1 = param1%10
    //param1 的十位数字
    let tmpa2 = param1/10%10
    //param2 的个位数字
    let tmpb1 = param2%10
    //param2 的十位数字
    let tmpb2 = param2/10%10
    return tmpa2*1000+tmpb2*100+tmpb1*10+tmpa1
}
funcThree(param1: 45, param2: 12)
```

（4）编写函数，将字符串中的大写字母变成对应的小写字母，将小写字母变成对应的大写字母，其他字符不变。

解析：

```
func funcFour(param:String) -> String {
```

```
        var str = ""
        for char in param.characters {
            if char >= "a" && char <= "z" {
                //swift3.0
                str.append(String(char).uppercased())
            }else if char >= "A" && char <= "Z" {
                str.append(String(char).lowercased())
            }else{
                str.append(char)
            }
        }
        return str
}
funcFour(param: "How Are You?")
```

（5）编写函数，输入一个大于 0 的数字，将不大于这个数字的所有正奇数的和与正偶数的和以元组的形式返回。

解析：

```
func funcFive(param:Int) -> (Int,Int) {
    guard param>0 else {
        return (0,0)
    }
    //奇数和
    var sum1 = 0
    //偶数和
    var sum2 = 0
    var tmp = param
    while tmp>0 {
        if tmp%2==0 {
            sum2+=tmp
        }else{
            sum1+=tmp
        }
        tmp-=1
    }
    return (sum1,sum2)
}
funcFive(param: 10)
```

（6）编写函数，输入不定个数的一组整数值，统计其中正数和负数的个数，0 不纳入统计。

解析：

```
func funcSix(param:Int...) -> (Int,Int) {
    //正数个数
    var sum1 = 0
    //负数个数
    var sum2 = 0
    for index in param {
        if index>0 {
            sum1 += 1
```

```
        }else if index<0 {
            sum2 += 1
        }
    }
    return (sum1,sum2)
}
funcSix(param: 1,2,-1,-4,2,3,5,0,-12)
```

（7）编写函数，输入圆的半径，返回圆的周长和面积。

```
func funcSeven(param:Double) -> (Double,Double) {
    //周长
    let l = M_PI * 2 * param
    //面积
    let s = M_PI * param * param
    return (l,s)

}
funcSeven(param: 3)
```

（8）编写函数，输入不定个数的整数，将其中的最大值和最小值返回。

```
func funcEight(param:Int...) -> (Int,Int) {
    return (param.maxElement()!,param.minElement()!)
}
funcEight(param: 1,2,-5,5,13,64,-8)
```

（9）使用闭包的风格模拟 Dictionary 数据的遍历。

解析：

```
//创建一个字典示例
let dic:Dictionary = [1:"1",2:"2",3:"3",4:"4",5:"5"]
//创建一个函数 通过闭包来传递遍历结果
func MyEnumDic(dic:Dictionary<Int,String>,closure:(_key:Int,_value:String)->Bool){
//遍历字典
    for item in dic {
        //执行闭包代码
        if closure(key: item.0,value: item.1) {
            //如果闭包返回值为 true 则中断遍历
            return
        }
    }
}
MyEnumDic(dic: dic) { (key, value) -> Bool in
    if key == 3 {
        //开发者自己控制中断遍历的逻辑
        print(value)
        return true
    }
    print(value)
    return false
}
```

本题中的代码设计十分巧妙，MyEnumDic(dic:,closure:)函数将每次遍历字典的结果传递给闭包，具体这些结果应怎样使用，完全交由闭包中的逻辑来做，并且通过闭包的返回值控制字典遍历是否结束，当开发者找到自己需要的值后，在闭包中返回 true 即可提前中断字典的遍历，提高代码的运行性能。

5.7 模 拟 面 试

（1）怎么理解函数？

回答要点提示：

① 从表面上看，函数其实是一组代码的组合，因此函数也被称为完成特殊功能的代码块。

② 函数的三要素是函数名、参数和返回值。

③ 在 Swift 语言中，函数的定义十分灵活，可以定义带默认值的函数，可以定义参数个数不定的函数，函数的参数名也可以自由地设置内部名称、外部名称甚至匿名。

④ 在定义函数时，可以将其理解为小功能单元，切记避免函数过于冗长。

核心理解内容：

熟练使用系统函数，熟练掌握函数的定义方法，理解函数参数和返回值的意义。

（2）什么是闭包？

回答要点提示：

① 闭包是 Swift 中的一种高级语法结构，闭包的核心是在其中使用的局部变量会被额外复制或引用，使这些变量脱离其作用域后依然有效。

② 闭包的功能与函数十分类似，其也是完成特定功能的代码块。可以将闭包当作对象使用，将其赋值给指定的变量，并且可以使用此变量直接调用闭包。

③ 和函数一样，闭包也有参数和返回值。

④ 闭包可以作为函数的参数或返回值。

⑤ 在 Swift 中，闭包有逃逸闭包与非逃逸闭包之分，对于逃逸闭包，函数内的闭包在函数外依然有效，对于非逃逸闭包，离开函数后闭包将失效。

⑥ Swift 语言中的闭包写法十分灵活，可以使用各种技巧来编写出非常简洁的闭包代码，例如后置闭包技巧、省略参数类型技巧、省略返回值类型技巧等。

核心理解内容：

在实际开发中，闭包的使用非常频繁，网络回调、自定义算法块、界面间传值等都会使用到闭包，加强练习掌握闭包知识是学习 Swift 方法的重中之重。

第6章

高级运算符与枚举

控制复杂性是计算机编程的本质。

——Brian Kernighan

本书在前面的章节主要针对 Swift 语言中的运算符进行介绍，除了算术运算符、逻辑运算符等基础的运算符外，Swift 语言还提供了许多关于运算符的高级使用技巧。开发者甚至可以重新实现系统的运算符或者自定义特殊功能的运算符。

枚举是 Swift 语言中一种略微复杂的数据类型。枚举和类、结构体一样，也是开发者可以进行定义的一种数据模型，熟悉 Objective-C 语言的读者知道，在 Objective-C 语言中枚举类型数据实际上就是一种整型数据，在 Swift 语言中则不同，枚举类型就是一种独立的数据类型。Swift 语言中的枚举语法很有特点，相比于 Objective-C 语言，Swift 语言中的枚举更灵活。比如：读者可以对枚举值设置原始值、相关值来扩展枚举的功能等。

通过本章，你将学习到：

- 位运算符的使用。
- 溢出运算符的意义。
- 对运算符进行重载操作。
- 自定义运算符。
- 枚举的创建与使用场景。
- 枚举原始值及相关值的应用。
- 递归枚举与递归函数的结合使用。

6.1 位运算符与溢出运算符

很多编程语言都支持位运算符，位运算符的主要功能是对二进制数据进行位运算等操作。而溢出运算符是 Swift 语言独有的，由于 Swift 语言对代码安全性的注重，正常的运算是不允许出现溢出行为的。开发者使用溢出运算符可以控制是否允许溢出运算。

6.1.1 位运算符的应用

在计算机中，数据都是以二进制的形式存储的，位运算也是专门针对二进制数据的一种运算方式。在 Swift 语言中，开发者在创建数值变量时可以通过追加 "0b" 前缀的方式将数值设置为二进制。使用 Xcode 开发工具创建一个命名为 AdvancedOperators 的 playground 文件，在其中进行代码演示。创建一个 UInt8 类型的变量，将十进制数 8 以二进制的方式赋值，示例如下：

```
//十进制数 8
var a:UInt8 = 0b1000
```

前面介绍过 UInt8 类型，其为 8 位的无符号整型，也就是说，任何一个 UInt8 类型的变量都是采用 8 个二进制位来存储数据的。因此读者可以理解为 a 变量实际存储的数据为 00001000。位运算的实质就是对数据的每一个二进制位进行逻辑运算。

Swift 语言支持 C/Objective-C 语言中的全部位运算符，其中包括按位取反运算、按位与运算、按位或运算、按位异或运算、按位左移运算以及按位右移运算。

按位取反运算符 "~" 的作用是将数据的每一位都进行取反操作，即如果当前位为 0，则运算后变为 1，如果当前位为 1，则运算后变为 0。对上面创建的变量 a 进行按位取反运算后，其存储的数据将变为 11110111，即十进制数 247，示例如下：

```
//运算后 a 的值变为十进制数 247
a = ~a
```

按位与运算符 "&" 需要有两个操作数，其作用是将两个操作数相同的位进行逻辑与运算。即如果两个对应位的值都为 1，则运算后此位结果为 1；如果其中有一个位的值为 0，则运算后此位结果为 0。示例如下：

```
//使用二进制数 11110000 与 a 进行按位与运算，运算结果为 11110000，即十进制数 240
a = 0b11110000&a
```

按位或运算符 "|" 需要有两个操作数，其作用是将两个操作数相同的位进行逻辑或运算。即如果两个对应位的值有一个为 1，则运算后此位结果为 1；如果两个对应位的值都为 0，则运算后此位结果为 0。示例如下：

```
//使用二进制数 11111111 与 a 进行按位或运算，结果为 11111111，即十进制数 255
a = 0b11111111|a
```

按位异或运算符 "^" 需要有两个操作数，其作用是将两个操作数相同的位进行逻辑异或运算。即如果两个对应位的值相同，则运算后此位的值为 0；如果两个对应位的值不同，则运算后结果为 1。示例如下：

```
//使用二进制数 11110000 与 a 进行按位异或运算，结果为 00001111，即十进制数 15
a = 0b11110000^a
```

按位左移运算符"<<"用于将数据每一位上的值进行左移操作，示例如下：

```
//将 a 按位左移 1 位，结果为 00011110，即十进制数 30
a = a<<1
```

与按位左移运算对应，按位右移运算符">>"用于将数据每一位上的值进行右移操作，示例如下：

```
//将 a 按位右移 1 位，结果为 00001111，即十进制数 15
a = a>>1
```

> **提　示**
>
> 进行按位左移或者右移运算的时候，有可能出现丢失数据位的情况。例如，对于 UInt8 类型，将二进制数据 00001111 向左移动 6 位结果为 11000000，同样，将二进制数据 11110000 向右移动 6 位结果为 00000011。

6.1.2　溢出运算符

Swift 语言十分注重安全性，在编写代码时，如果出现了数据溢出，就会直接出现运行时错误。而溢出运算符这种设计将代码的不确定性降低了很多。所谓溢出，是指超出数据所属类型的最大值或者最小值。以 UInt8 来说，其最大值为二进制数 11111111，即十进制数 255。如果将 UInt8 类型的变量设置为 255 后再让其加 1，就会出现数据溢出，示例如下：

```
var b:UInt8 = 255
//代码运行到这里会出现错误，运行直接中断
b = b+1
```

如果开发者确实需要溢出操作而不是无意留下的小错误，Swift 语言中也提供了支持溢出操作的溢出操作符，示例如下：

```
var b:UInt8 = 255
//进行支持溢出的加操作，b 的值将变为 0
b = b &+ 1
//进行支持溢出的减操作，b 的值将变为 255
b = b &- 1
//进行支持溢出的乘操作，b 的值将变为 254
b = b &* 2
```

> **提　示**
>
> 对二进制数据进行乘 2 运算，实质就是对二进制数据进行左移一位的运算。例如，二进制数据 11111111*2=11111110。

6.2 运算符的重载与自定义

准确来说，重载运算符和自定义运算符都是开发者自定义运算符功能的手段，二者的差别在于重载运算符是给系统已经存在的运算符追加新的功能，而自定义运算符是完全自定义一个系统不存在的运算符来实现特定的运算功能。

6.2.1 重载运算符

读者在认识重载运算符前，首先应该清楚重载的概念。重载的概念最初是针对函数的，对同一个函数名，设置不同的参数类型以实现不同的功能被称为函数的重载。在 Objective-C 中函数参数的名称是包含在函数名里的，因此从严格意义上讲，Objective-C 语言并不存在函数的重载操作。Swift 语言则不同，我们可以通过对函数重载应用的一个小例子来理解重载的意义。

实现一个整数的加法函数十分简单，示例如下：

```
func addFuncInt(param1:Int,param2:Int)->Int{
    return param1+param2
}
addFuncInt(param1: 3, param2: 4)
```

上面的示例代码用来进行整型数据的加法是完全可以的，但是如果需要进行浮点型数据的加法就会出现问题，开发者如果直接将浮点数传入 addFunc()函数中，编译器就会直接报类型错误，这时你可能想要创建一个针对浮点数的加法运算，示例如下：

```
func addFuncDouble(param1:Double,param2:Double)->Double{
    return param1+param2
}
addFuncDouble(param1: 0.5, param2: 0.3)
```

这样是解决了问题，但是这种设计思路十分糟糕，实现相同功能的函数，由于参数的不同被生生切成了两个，其实开发者可以使用相同的函数名 addFunc()，通过重载实现不同类型参数的计算，示例如下：

```
//创建整型的加法函数
func addFunc(param1:Int,param2:Int) -> Int {
    return param1+param2
}
//重载 addFunc 实现浮点型数据的加法
func addFunc(param1:Double,param2:Double) -> Double {
    return param1+param2
}
//再次重载 addFunc  实现字符串类型的加法
func addFunc(param1:String,param2:String)->String{
    return param1+param2
}
```

如上代码，通过重载的方式对不同数据类型实现了加法操作，并且在调用加法函数的时候，开发者只需要记住这一个函数名即可，这就大大增强了代码的统一性。

类比于函数的重载，运算符的重载是指在系统已经存在的运算符上扩展新的功能。其实在前面章节中使用的加号运算符 "+" 就是通过重载实现的，开发者可以直接使用 "+" 运算符进行整型数据、浮点型数据甚至字符串类型数据的相加操作。下面我们通过自定义一个圆形的类，通过重载加号运算符 "+" 来实现支持对圆形类实例的相加操作。

设计圆形类如下，其中有两个属性，分别表示圆形半径与圆心：

```
class Circle{
    //圆心
    var center:(Double,Double)
    //半径
    var radius:Double
    init(center:(Double,Double),radius:Double){
        self.center = center
        self.radius = radius
    }
}
```

定义两个 Circle 实例进行相加操作时，应执行这样的运算：两个 Circle 实例相加返回一个新的 Circle 实例，并且这个新的 Circle 实例的圆心为第一个 Circle 操作数的圆心，新的 Circle 实例的半径为两个操作数 Cirlcle 实例半径的和，重载加法运算符如下：

```
func +(param1:Circle,param2:Circle) -> Circle {
    return Circle(center: param1.center, radius: param1.radius+param2.radius)
}
```

可以发现，重载运算符的语法格式与函数十分相似。实际上，运算符就是通过函数的方式定义的。

提　示

在某些场景下，运算符也的确可以像函数一样来使用，例如在一个函数参数中传入闭包时，也可以直接传入某个功能类型的运算符，示例如下：

```
func myFunc(closure:(Circle,Circle)->Circle) {
}
//将重载的加法运算符传入
myFunc(closure: +)
```

注　意

Swift 语言中还有一个覆写的概念。覆写是指子类对父类中的属性和方法进行适合自身的重新实现，和重载意义完全不同，读者在后面的学习中会遇到，注意不要将这两个概念混淆。

6.2.2 自定义运算符

重载运算符是为已经存在的系统运算符扩展新的功能。开发者也可以通过自定义系统不存在的运算符来实现特殊的需求，例如 Swift 语言从 2.2 版本开始移除了 "++" "--" 运算符，这里我们可以通过自定义运算符来添加自加运算符 "++"，示例如下：

```
//自定义前缀运算符++
prefix operator ++
//进行自定义运算符实现
prefix func ++(param:Int)->Int{
    return param+1
}
```

自定义运算符分为两个步骤，首先开发者需要将要定义的运算符进行声明，如上代码中的 prefix operator ++。在声明运算符的结构中，prefix 的作用是运算符的类型，可以使用 prefix 关键字将其声明为前缀运算符，也可以使用 infix 关键字将其声明为中缀运算符、postfix 关键字将其声明为后缀运算符。在进行运算符的实现时，后缀和前缀运算符只能有一个参数，参数在 func 关键字前需要表明要实现的运算符类型，而中缀运算符需要有两个参数且 func 关键字前不需要额外标明，示例如下：

```
//自定义前缀运算符++
prefix operator ++
//进行自定义运算符实现
prefix func ++(param:Int)->Int{
    return param+1
}
//将返回 6
++5
//自定义中缀运算符
infix operator ++
func ++(param1:Int,parma2:Int)->Int{
    return param1*param1+parma2*parma2
}
//将返回 41
5++4
//自定义后缀运算符
postfix operator ++
postfix func ++(param1:Int) -> Int {
    return param1+param1
}
//将返回 10
5++
```

提　示

前缀运算符是指在只有一个操作数且在使用运算符进行运算时，运算符需要出现在操作数的前面；中缀运算符需要有两个操作数，且在进行运算时运算符需要出现在两个操作数的中间；后缀运算符只能有一个操作数，在运算时后缀运算符需要出现在操作数的后面。

需要注意，Swift 语言中提供了许多 Unicode 字符，可用于运算符的自定义，但是也有一些规则，自定义运算符常使用如下字符作为开头：/、=、-、+、！、*、%、<、>、&、|、^、?、~。开发者也可以使用点"."来进行运算符的定义。当开发者的自定义运算符中有使用到符号"."的时候需要注意：如果"."出现在自定义运算符的开头，则运算符中可以出现多个符号"."，例如".+."；如果自定义运算符中的符号"."不在开头，那么这个自定义运算符中只允许出现一个符号"."。

提　示

Swift 语言中也有一些保留符号，它们不可以单独被重载和自定义。保留符号为=、->、//、/*、*/、.、<、>、&、?、!。

6.3　运算符的优先级与结合性

在小时候学习数学时，老师总会强调四则运算中的先乘除后加减、从左向右计算等规则。其实在 Swift 语言编程中，也有这样的规则存在。例如，进行如下混合运算：

```
/*
运算结果 23
过程如下：
2*10 = 20
20*3 = 60
60/4 = 15
8+15 = 23
*/
8+2*10*3/4
```

从上面演示的代码中可以看出，Swift 语言中的四则运算也是先进行乘除运算后进行加减运算，运算顺序为从左向右。其实在 Swift 语言的运算符体系中，有着优先级与结合性的概念，运算符的优先级决定同一行代码中出现多种运算符时的计算顺序，运算符的结合性决定运算符是从左向右运算还是从右向左运算。任何运算符都有默认的优先级，开发者自定义的运算符也是如此，优先级高的运算符优先执行。对于结合性而言，由于前缀运算符与后缀运算符都只有一个操作数，因此它只对中缀运算符有意义。

表 6-1 和表 6-2 列出了 Swift 中所有运算符的相关信息。

表 6-1　Swift 语言中的系统前缀运算符

运算符	功能	运算符	功能
!	逻辑非运算	+	取正运算
~	按位取反运算	-	取负运算

表 6-2　Swift 语言中的系统中缀运算符

运算符	功能	结合性	优先级
<<	按位左移运算	无	160
>>	按位右移运算	无	160
*	乘法运算符	左结合	150
/	除法运算符	左结合	150
%	取余运算符	左结合	150
&*	溢出乘法运算符	左结合	150
&	按位与运算符	左结合	150
+	加法运算符	左结合	140
-	减法运算符	左结合	140
&+	溢出加法运算符	左结合	140
&-	溢出减法运算符	左结合	140
|	按位或运算符	左结合	140
^	按位非运算符	左结合	140
..<	右开区间运算符	无	135
...	闭区间运算符	无	135
is	类型检查运算符	左结合	132
as, as?, as!	类型转换运算符	左结合	132
??	空合并运算符	右结合	131
<	小于运算符	无	130
<=	小于等于运算符	无	130
>	大于运算符	无	130
>=	大于等于运算符	无	130
==	等于运算符	无	130
!=	不等于运算符	无	130
===	等同运算符	无	130
!==	不等同运算符	无	130
~=	模式匹配运算符	无	130
&&	逻辑与运算符	左结合	120
||	逻辑或运算符	左结合	110
?:	条件运算符	右结合	100
=	赋值运算符	右结合	90
*=	复合乘法赋值运算符	右结合	90
/=	复合除法赋值运算符	右结合	90
%=	复合取余赋值运算符	右结合	90
+=	复合加法赋值运算符	右结合	90
-=	复合减法赋值运算符	右结合	90
<<=	复合按位左移赋值运算符	右结合	90
>>=	复合按位右移赋值运算符	右结合	90
&=	复合按位与运算赋值运算符	右结合	90

（续表）

运算符	功能	结合性	优先级
|=	复合按位或运算赋值运算符	右结合	90
^=	复合按位异或运算赋值运算符	右结合	90
&&=	复合逻辑与运算赋值运算符	右结合	90
||=	复合逻辑或运算赋值运算符	右结合	90

上面两个表格中列举了 Swift 语言系统定义的所有运算符相关信息，无须专门记忆，在实际开发中需要使用时再来查表即可。其实更多情况下，开发者会直接使用小括号来决定表达式的执行顺序，这样代码也会更加直观。

在重载运算符操作时，并不会改变原运算符的结合性和优先级，但对于自定义运算符，开发者可以设置其结合性与优先级，示例如下：

```
infix operator ++{associativity left precedence 140}
```

associativity 关键字用于声明运算符的结合性，可以选择 left 或者 right 来定义成左结合性或者右结合性，precedence 关键字用于声明运算符的优先级。

6.4　枚举类型的创建与应用

Swift 语言中使用 enum 关键字来进行枚举的创建，使用 Xcode 开发工具创建一个命名为 Enum 的 playground 文件，在其中创建一个姓氏类型的枚举，如下所示：

```
//创建一个姓氏类型枚举
enum Surname {
    //使用 case 进行枚举值的定义
    case 张
    case 王
    case 李
    case 赵
}
```

上面的代码创建了一个姓氏枚举类型，这个枚举类型中定义了 4 个枚举值，分别是张、王、李、赵，上面的写法将 4 个枚举值分别在 4 个 case 语句中定义，开发者也可以在 1 个 case 子句中完成多个枚举值的定义，示例如下：

```
//创建一个姓氏枚举类型
enum Surname {
    //在一条 case 语句中定义多个枚举值
    case 张,王,李,赵
}
```

在使用时，枚举和其他类型一样，开发者可以在声明变量时将变量的类型指定为某个枚举类型，也可以通过对变量初始化来使编译器自动推断出变量的类型。枚举中定义的枚举值在使用时，开发者可以使用点语法来获取，示例如下：

```
//创建一个姓氏枚举类型的变量
var sur:Surname
//对 sur 变量进行赋值
sur=Surname.张
```

实际上，如果一个变量的类型已经确认为某个枚举类型，那么开发者再进行变量赋值的时候是可以将枚举类型省略掉的，直接使用点语法获取枚举值即可，示例如下：

```
//对 sur 进行修改
sur = .王
```

在开发中，枚举类型会经常与 switch-case 结合使用以实现选择结构，这种方式实现的选择结构代码清晰统一，对于开发者来说十分有益，示例如下：

```
//创建一个姓氏枚举类型的变量
var sur:Surname
//对 sur 变量进行复制
sur=Surname.张
//对 sur 进行修改
sur = .王
//对枚举类型的变量进行 switch 选择结构
switch sur {
    case .张:
        print("姓氏张")
    case .王:
        print("姓氏王")
    case .李:
        print("姓氏李")
    case .赵:
        print("姓氏赵")
}
```

6.5　枚举的原始值与相关值

枚举的原始值特性可以将枚举值与另一种数据类型进行绑定，相关值则可以为枚举值关联一些其他数据。通过相关值，开发者可以实现复杂的枚举类型。

6.5.1　枚举的原始值

上节中创建的枚举其实并没有声明一个原始值类型，Swift 语言中的枚举支持开发者声明一个原始类型，并将某个已经存在的类型的值与枚举值进行绑定，枚举指定原始值类型的语法与继承的语法有些类似，示例如下：

```
//为枚举类型指定一个原始值类型
enum CharEnum:Character{
    //通过赋值的方式来为枚举值设置一个原始值
```

```
        case a = "a"
        case b = "b"
        case c = "c"
        case d = "d"
}
```

如果开发者要指定枚举的原始值类型为 Int 类型，也可以只设置第一个枚举值的原始值，其后的枚举值的原始值会在第一个枚举值原始值的基础上依次递增，示例如下：

```
enum IntEnum:Int {
    //第一个枚举值的原始值设置为1
    case 一 = 1
    //默认原始值为2
    case 二
    //默认原始值为3
    case 三
    //默认原始值为4
    case 四
}
```

通过枚举类型中的 rawValue 属性来获取枚举的原始值，示例如下：

```
//创建枚举变量
var char = CharEnum.a
//获取 char 枚举变量的原始值 "a"
var rawValue = char.rawValue
```

在枚举变量初始化时，开发者可以使用枚举类型加点语法的方式，如果这个枚举有指定的原始值，也可以通过枚举值的原始值来完成枚举实例的构造，示例如下：

```
//通过原始值构造枚举变量 一
var intEnum = IntEnum(rawValue: 1)
```

需要注意，通过原始值进行枚举实例的构造时是有可能构造失败的，因为开发者传入的原始值不一定会对应到某一个枚举值。因此这个方法实际上返回的是一个 Optional 类型的可选值，如果构造失败，则会返回 nil。

6.5.2　枚举的相关值

Swift 语言在很多方面的设计都比其他编程语言更加灵活与现代，枚举的相关值语法最能够体现这一特点。

枚举类型的设计思路是帮助开发者将一些简单的同类数据进行整合。举个例子，在游戏类软件的开发中经常会使用到各种物理模型，以形状为例，开发者通常会定义一系列的枚举值作为物理形状的枚举，如圆形、三角形、矩形等，示例如下：

```
//定义形状枚举
enum Shape {
    //圆形
    case circle
```

```
    //矩形
    case rect
    //三角形
    case triangle
}
```

上面的代码进行了形状的定义，但是有一个问题，这种枚举值的定义方式只适合简单数据类型的定义，而不同的形状可能需要不同的参数。例如圆形需要圆心和半径来确定，矩形需要中心点与宽高来确定，三角形需要 3 个顶点来确定。如果对枚举类型进行实例化，可以根据不同的形状设置不同的参数，那么在使用时对开发者来说将十分方便，在 Swift 语言中，对枚举设置相关值就可以完成这样的需求。

在定义枚举值的时候，开发者可以为其设置一个参数列表，这个参数列表被称为枚举的相关值，示例如下：

```
//定义形状枚举
enum Shape {
    //圆形 设置圆心和半径为相关值
    case circle(center:(Double,Double),radius:Double)
    //矩形 设置中心、宽、高为相关值
    case rect(center:(Double,Double),width:Double,height:Double)
    //三角形 设置 3 个顶点为相关值
    case triangle(point1:(Double,Double),point2:(Double,Double),
point3:(Double,Double))
}
```

在创建有相关值枚举的时候，开发者需要提供参数列表中所需要的参数，示例如下：

```
//创建圆形枚举实例 此圆的圆心为(0,0)，半径为 3
var circle = Shape.circle(center: (0, 0), radius: 3)
//创建矩形枚举实例 此矩形的中心点为(1,1)，宽度为 10，高度为 15
var rect = Shape.rect(center: (1, 1), width: 10, height: 15)
//创建三角形枚举实例 此三角形的 3 个顶点为(2,2),(3,3),(2,5)
var triangle = Shape.triangle(point1: (2, 2), point2: (3, 3), point3: (2, 5))
```

在 switch-case 结构语句中，匹配到枚举后，可以通过参数捕获的方式来获取枚举实例的相关值，这里捕获到的相关值参数可以在开发者的代码中使用，示例如下：

```
//写一个匹配函数 参数为 Shape 枚举类型
func shapeFunc(param:Shape){
    switch param {
        //进行参数捕获
    case let .circle(center,radius):
        print("此圆的圆心为：\(center)，半径为：\(radius)")
    case let .rect(center,width,height):
        print("此矩形的中心为：\(center)，宽为：\(width)，高为：\(height)")
    case let .triangle(point1,point2,point3):
        print("此三角形的 3 个顶点分别为：\(point1)，\(point2)，\(point3)")
    }
}
shapeFunc(param: circle)
shapeFunc(param: rect)
```

```
shapeFunc(param: triangle)
```

6.5.3　递归枚举

递归枚举是 Swift 语言枚举相关语法中比较难于理解的一个语法，但是如果可以将其完全掌握，则可以编写出结构十分优美的代码。要完全明白递归枚举的意义与使用，首先需要明白两点——递归与枚举实质。

递归是一种代码算法技巧，并不区分语言，各种高级语言都可以实现自己的递归算法。简单来说，递归就是程序调用自身的编程技巧。针对函数来说，递归函数就是在函数内部进行了此函数本身的调用。读者需要注意一点，递归算法效率十分高，但是其性能资源的耗费也十分严重。在大多数情况下，开发者应该尽量避免使用递归。前面的章节中曾经使用过循环结构来计算正整数的阶乘，例如 5!=5*4*3*2*1=120，这里我们要使用递归算法来实现一个正整数的阶乘，代码如下：

```
//使用递归算法来实现计算正整数的阶乘
func mathsFunc(param:Int)->Int{
    let tmp = param-1
    if tmp>0 {
        //递归
        return mathsFunc(param: tmp) * param
    }else{
        return 1
    }
}
mathsFunc(param: 5)
```

函数的功能是进行数据计算，递归函数只是使用递归的算法来进行数据的计算。枚举则不同，枚举的功能是数据的描述。例如 6.5.2 节中创建的形状枚举，其中只是对几种形状的数据结构进行描述和定义，它并不具有数据计算的功能。递归枚举其实就是使用递归的方式来进行数据描述。

使用枚举描述加、减、乘、除四则表达式示的例代码如下：

```
//使用枚举来模拟加减乘除四则运算
enum Expression {
    //表示加法运算 两个相关值 param1 与 param2 代表进行加法运算的两个参数
    case add(param1:Int,param2:Int)
    //表示减法运算 两个相关值 param1 与 param2 代表进行减法运算的两个参数
    case sub(param1:Int,param:Int)
    //表示乘法运算 两个相关值 param1 与 param2 代表进行乘法运算的两个参数
    case mul(param1:Int,param2:Int)
    //表示除法运算 两个相关值 param1 与 param2 代表进行除法运算的两个参数
    case div(param1:Int,param2:Int)
}
```

使用上面创建的枚举来描述四则运算表达式，示例如下：

```
//表示表达式 5+5
var exp1 = Expression.add(param1: 5, param2: 5)
//表示表达式 10-5
var exp2 = Expression.sub(param1: 10, param2: 5)
```

```
//表示表达式 5*5
var exp3 = Expression.mul(param1: 5, param2: 5)
//表示表达式 10/2
var exp4 = Expression.div(param1: 10, param2: 2)
```

这里读者需要注意，变量 exp1、exp2、exp3、exp4 只是四则运算表达式的描述，并没有运算功能。可以简单地理解为：Expression 枚举模拟的是一种四则运算表达式类型，如果要进行运算，开发者还需要实现具体的功能函数。

可以发现，Expression 能够描述的表达式只是单运算表达式，不能够进行复合表达式的描述，例如对于((5+5)*2-8)/2 表达式的描述。分析这类复合表达式，其实质只是将单运算表达式作为计算的参数传入另一个单运算表达式。类比于 Swift 语言中的枚举，一个枚举值的相关值类型可以设置为这个枚举本身的类型，通过这种递归的方式就可以实现复合表达式的描述，将前面创建的 Expression 枚举修改如下：

```
//使用枚举来模拟加减乘除四则运算
enum Expression {
    //描述单个数字
    case num(param:Int)
    //表示加法运算 将 Expression 作为相关值参数类型
    indirect case add(param1:Expression,param2:Expression)
    //表示减法运算
    indirect case sub(param1:Expression,param2:Expression)
    //表示乘法运算
    indirect case mul(param1:Expression,param2:Expression)
    //表示除法运算
    indirect case div(param1:Expression,param2:Expression)
}
```

使用 indirect 关键字修饰的枚举值表示这个枚举值是可递归的，即此枚举值中的相关值可以使用其枚举类型本身。使用修改后的 Expression 枚举来描述复合表达式((5+5)*2-8)/2 的代码如下：

```
//创建单值 5
var num5 = Expression.num(param: 5)
//进行表达式 5+5 描述
var exp1 = Expression.add(param1: num5, param2: num5)
//创建单值 2
var num2 = Expression.num(param: 2)
//进行表达式(5+5)*2 的描述
var exp2 = Expression.mul(param1: exp1, param2: num2)
//创建单值 8
var num8 = Expression.num(param: 8)
//进行表达式(5+5)*2-8 的描述
var exp3 = Expression.sub(param1: exp2, param2: num8)
//进行表达式((5+5)*2-8)/2 的描述
var expFinal = Expression.div(param1: exp3, param2: num2)
```

最后得到的变量 expFinal 就是对((5+5)*2-8)/2 的描述。另外，读者可以为这四则表达式枚举类型 Expression 实现一个函数来进行运算，在开发中将描述与运算结合，能够编写出十分优美的代码，处理递归枚举通常会采用递归函数，函数方法实现示例如下：

```
//这个递归函数的作用是将 Expression 描述的表达式进行运算 结果返回
func expressionFunc(param:Expression) -> Int {
    switch param {
        //单值直接返回
    case let .num(param):
        return param
    case let .add(param1, param2):
        //返回加法运算结果
        return expressionFunc(param: param1)+expressionFunc(param: param2)
    case let .sub(param1, param2):
        //返回减法运算结果
        return expressionFunc(param: param1)-expressionFunc(param:param2)
    case let .mul(param1, param2):
        //返回乘法运算结果
        return expressionFunc(param: param1)*expressionFunc(param: param2)
        //返回除法运算结果
    case let .div(param1, param2):
        return expressionFunc(param: param1)/expressionFunc(param: param2)
    }
}
//进行((5+5)*2-8)/2 运算 结果为 6
expressionFunc(param: expFinal)
```

关于递归枚举还有一点需要注意，如果一个枚举中所有的枚举值都是可递归的，开发者可以直接将整个枚举类型声明为可递归的，示例如下：

```
//使用枚举来模拟加减乘除四则运算
indirect enum Expression {
    //描述单个数字
    case num(param:Int)
    //表示加法运算 将 Expression 作为相关值参数类型
    case add(param1:Expression,param2:Expression)
    //表示减法运算
    case sub(param1:Expression,param2:Expression)
    //表示乘法运算
    case mul(param1:Expression,param2:Expression)
    //表示除法运算
    case div(param1:Expression,param2:Expression)
}
```

6.6　练习及解析

（1）模拟 C 语言通过自定义运算符的方式实现前缀自增、前缀自减、后缀自增、后缀自减运算符。

解析：

```
//定义前缀自增运算符
```

```
prefix operator ++
//定义后缀自增运算符
postfix operator ++
//定义前缀自减运算符
prefix operator --
//定义后缀自减运算符
postfix operator --
//进行实现
prefix func ++( param: inout Int)->Int{
    param+=1
    return param
}
postfix func ++(param: inout Int)->Int{
    param+=1
    return param-1
}
prefix func --( param: inout Int)->Int{
    param-=1
    return param
}
postfix func --(param: inout Int)->Int{
    param-=1
    return param+1
}
```

（2）Swift 语言中的加法运算符不能支持对区间范围的相加操作，重载加法运算符，使其支持区间的追加，例如(0...5)+5 计算后的结果为区间 0...10。

解析：

```
func +(param:ClosedRange<Int>,param2:Int)->ClosedRange<Int>{
    return param.lowerBound...param.upperBound+param2

}
//将得到 0...10
var newRange = 0...5+5
```

（3）自定义新后缀运算符"*!"，其功能是对某个数进行阶乘计算。

解析：

```
postfix operator *!{}
postfix func *! (param:Int)->Int{
    var result = 1
    var tmp = param
    while tmp>0 {
        result *= tmp
        tmp-=1
    }
    return result
}
//得到计算结果为 120
5*!
```

（4）模拟设计一个交通工具枚举，将速度与乘坐价钱作为枚举的相关值。

解析：

```
enum Transport{
    case car(price:Int,speed:Float)
    case boat(price:Int,speed:Float)
    case airport(price:Int,speed:Float)
}
//创建一个汽车交通工具，价钱为 2，速度为 80
var car = Transport.car(price: 2, speed: 80)
```

6.7 模 拟 面 试

（1）Swift 语言中有"++"和"--"运算符吗？

回答问题要点：

① 在 Swift 的初期版本中是有"++"和"--"这两个运算符的，在 Swift 2.2 版本之后这两个运算符被移除了。

② 自增和自减运算符是类 C 语言中非常烦琐的一个运算符，很多时候这两个运算符对初学者造成了很大的困扰，编写的代码易读性差并且所实现的功能完全可以用其他方式实现。

③ 虽然 Swift 的原生框架中将这两个运算符移除了，但是如果真的需要，开发者依然可以使用 Swift 中的自定义运算符技术来重新实现这两个运算符。

核心理解内容：

了解"++"和"--"运算符在类 C 语言中的简单用法和作用。熟练使用 Swift 语言中的自定义运算符技术。

（2）怎样理解枚举？Swift 中的枚举有怎样的特别之处？

回答问题要点：

① 枚举也是一种数据类型，数据类型的作用就是用来描述数据，枚举通常用来描述一组简单的、属性一致的数据。

② 和其他编程语言不同，枚举在 Swift 中被设计得非常强大，其可以通过继承于某个数据类型来为每一个枚举值指定原始值，其也可以在定义枚举值时定义一组与之有联系的相关值。通过相关值，枚举可以描述数据的灵活性大大增强了。

核心理解内容：

理解枚举的基本用法，熟悉原始值与相关值的意义，能够简单使用递归枚举的技巧编写代码。

第 **7** 章

类与结构体

把最复杂的变成最简单的，才是最高明的。

——达·芬奇

类是面向对象编程思想的核心，在面向对象编程思想中万物皆为对象，类便是描述对象的一种方式。我们可以定义一些属性和方法来描述这个类，例如可以将汽车抽象成一个类，类中可以定义一些属性，如汽车的颜色、重量、车牌号等，同时我们也可以封装一些方法，如转弯、倒车、前进等来模拟汽车的行为。结构体也是描述数据的一种方式，并且在 Swift 语言中的结构体十分强大，它也可以进行属性和方法的封装。在某些情况下，结构体可以代替类来使用，但是类也有一些高级的特性是结构体所不具有的。在开发中，要根据实际情况来进行选择。

通过本章，你将学习到：

- 类和结构体的相似点与差异处。
- 类和结构体的设计与创建。
- 类和结构体的应用场景。

7.1 类与结构体的定义

生活中人们将拥有相似属性和行为的事物归为一类，生物被分为动物、植物和微生物等，动物和植物又会进一步分门别类，如鸟、兽、鱼、虫等。编程中的类也有相似的意义，一个基类也可以派生出各种子类。在 Swift 语言中，结构体是功能仅逊于类的数据结构，其也可以描述拥有某些属性和行为的事物，只是它的实现机制和类有着本质的区别，应用场景也有所不同。

7.1.1 结构体

在编程中，顾名思义，结构体是用于描述一种事物的结构。在 Objective-C 语言中，结构体中只可以定义属性而不能定义方法。在 Swift 语言中，结构体和类十分相似，其中既可以定义属性也可以定义方法，但其不像类一样具有继承的特性。

在 Swift 语言中，使用 struct 关键字来定义结构体，结构体中可以声明变量或者常量作为结构体的属性，也可以创建函数作为结构体的方法，结构体使用点语法来调用其中的属性和方法。使用 Xcode 开发工具创建一个命名为 ClassAndStruct 的 playground 文件，在其中编写一个汽车的结构体，示例代码如下：

```
struct Car {
    //设置两个属性
    //价格
    var price:Int
    //品牌
    var brand:String
    //油量
    var petrol:Int
    //提供一个行路的方法
    mutating func drive(){
        if petrol>0 {
            petrol -= 1
            print("drive 10 milo")
        }
    }
    //提供一个加油的方法
    mutating func addPetrol(){
        petrol += 10
        print("加了10单位油")
    }
}
```

上面代码中示例的结构体模拟了汽车这样的事物，并提供了 3 个属性，分别代表汽车的价格、品牌、油量，还提供了两个方法，分别表示汽车行路与加油的行为。在创建结构体后，结构体会默认生成一个构造方法供开发者使用，开发者可以在构造方法中完成对结构体的实例化，示例代码如下：

```
//创建一个汽车结构体，价格为100000，品牌为奔驰，初始油量为10
var car = Car(price: 100000, brand: "奔驰", petrol: 10)
//使用点语法获取 car 实例的属性
print("这辆\(car.brand)汽车价格\(car.price)，油量\(car.petrol)")
//模拟汽车行路行为
for _ in 0...100 {
    //如果油量为 0 就进行加油行为
    if car.petrol==0 {
        car.addPetrol()
    }else{//进行行路行为
        car.drive()
```

```
    }
}
```

以上示例代码通过结构体来模拟现实生活中的汽车。需要注意的是，Swift 语言中的数据类型分为值类型和引用类型。结构体、枚举以及前面读者接触到的除类以外的所有数据类型都属于值类型。只有类是引用类型的。值类型数据和引用类型数据最大的区别在于当进行数据传递时，值类型总是被复制，而引用类型不会被复制，引用类型是通过引用计数来管理其生命周期的。关于引用计数与内存管理，后面章节会专门介绍。读者在这里需要注意，如果值类型有数据传递，原来的实例会被复制一份，修改新的实例并不能修改原始的实例。Car 结构体示例如下：

```
//创建一个汽车结构体，价格为 100000，品牌为奔驰，初始油量为 10
var car = Car(price: 100000, brand: "奔驰", petrol: 10)
//使用点语法获取 car 实例的属性
print("这辆\(car.brand)汽车价格\(car.price)，油量\(car.petrol)")
//创建另一个变量进行值的传递
var car2 = car
//修改 car2 的价格
car2.price = 50000
//将打印
/*
 carPrice:100000
 car2Price50000
 */
print("carPrice:\(car.price)\ncar2Price\(car2.price)")
```

从上面代码的打印信息可以看出，car 实例与 car2 实例分别独立。

7.1.2 类

类是较结构体更加高级的一种数据类型，编程中的所有复杂数据结构都是通过类来模拟的。简单理解，类是编程世界中万物的抽象，使用类可以模拟万物的对象。以射击类游戏为例，则游戏中的主角、武器、道具、敌人、子弹等都是类。

Swift 语言中的类使用关键字 class 来声明，使用类的方式模拟汽车类型示例代码如下：

```
class ClassCar {
    //设置两个属性
    //价格
    var price:Int
    //品牌
    var brand:String
    //油量
    var petrol:Int
    //提供一个行路的方法
    func drive(){
        if petrol>0 {
            petrol -= 1
            print("drive 10 milo")
        }
```

```
    }
    //提供一个加油的方法
    func addPetrol(){
        petrol += 10
        print("加了 10 单位油")
    }
    //提供一个构造方法
    init(price:Int,brand:String,petrol:Int){
        self.price = price
        self.brand = brand
        self.petrol = petrol
    }
}
```

分析上面创建 ClassCar 类的代码可以发现，类与结构体创建属性与方法的代码基本都一样。不同的是，在结构体中开发者并不需要提供构造方法，结构体会根据属性自动生成一个构造方法，而类则要求开发者自己提供构造方法，在 init()构造方法中，需要完成对类中所有属性的赋值操作。

创建类实例、访问类实例属性的方法，示例如下：

```
//创建 ClassCar 实例
var classCar = ClassCar(price: 100000, brand: "宝马", petrol: 15)
//访问属性
print("这辆\(classCar.brand)汽车价格\(classCar.price)，油量\(classCar.petrol)")
//调用方法
for _ in 0...100 {
    //如果油量为 0 就进行加油行为
    if classCar.petrol==0 {
        classCar.addPetrol()
    }else{//进行行路行为
        classCar.drive()
    }
}
```

可以看出，类和结构体一样，也是通过点语法来完成属性方法的访问的。和结构体不同的是，类是引用类型，对类实例进行数据传递时并不会产生复制行为。因此，如果将类实例传递给了新的变量，修改新的变量会影响到原始变量，示例如下：

```
//创建一个汽车结构体，价格为 100000，品牌为奔驰，初始油量为 10
var car = Car(price: 100000, brand: "奔驰", petrol: 10)
//使用点语法获取 car 实例的属性
print("这辆\(car.brand)汽车价格\(car.price)，油量\(car.petrol)")
//创建另一个变量进行值的传递
var car2 = car
//修改 car2 的价格
car2.price = 50000
//将打印
/*
 carPrice: 50000
 car2Price:50000
 */
```

```
print("carPrice:\(car.price)\ncar2Price\(car2.price)")
```

正是由于类的这种特性，在编程中，同一个类实例可以被多处引用共享。

7.2　设计一个交通工具类

在 7.1 节中，使用结构体和类都可以模拟实现汽车这一事物，然而现实中的世界万物往往有着错综复杂的关系，很多不同的事物都有类似的属性和行为。例如，除了汽车可以行路，轮船、飞机等也可以作为交通工具，如果开发者需要在程序中模拟这些交通工具，使用类就要比结构体合适得多。

继承是类独有的特点，子类和父类通过继承关系进行关联，并且子类可以对父类进行扩展。在 Swift 语言中，不继承于任何类的类被称为基类，继承而来的类被称为子类，其所继承的类被称为父类。就好比现实中的父子关系，儿子会继承到父亲的一些特性，例如父亲的姓氏、父亲的行为习惯、父亲的部分财产等；同样，儿子也有其自己的一些特性和父亲不同，例如儿子会有自己的姓名、会选择自己要从事的职业等。在编程中，子类会继承父类的属性和方法，子类也可以定义自己的属性和方法。设计一个交通工具类，继承就再适合不过了。

首先设计交通工具的基类，基类中需要将交通工具的公共特点抽象出来。例如任何交通工具都可以行驶，需要为其提供一个行驶的方法；所有交通工具都需要耗油，需要为其提供一个油量的属性和一个加油的方法。示例代码如下：

```
//设计一个交通工具基类
class Transportation {
    //油量 默认提供10
    var petrol:Int = 10
    //提供一个行驶的方法
    func drive() {
        //具体由子类实现
        if petrol==0 {
            self.addPetrol()
        }
    }
    //提供一个加油的方法
    func addPetrol() {
        petrol+=10
    }
}
```

分别创建 3 个继承自 Transportation 类的子类，模拟汽车、轮船、飞机三种交通工具，示例代码如下：

```
//创建继承自 Transportation 类的汽车类
class Car: Transportation {
    //不同的汽车有不同的轮胎数 为汽车提供一个轮胎数的属性
    var tyre:Int
```

```
    //对父类的方法进行重写
    override func drive() {
        super.drive()
        print("在路上行驶了10km")
        self.petrol -= 1
    }
    init(tyreCount:Int) {
        tyre = tyreCount
    }
}
//创建继承自Transportation类的轮船类
class Boat:Transportation {
    //不同大小的轮船有不同的层数  为轮船提供一个层数的属性
    var floor:Int
    //对父类的方法进行重写
    override func drive() {
        super.drive()
        print("在海上行驶了50km")
        self.petrol -= 2
    }
    init(floorCount:Int) {
        floor = floorCount
    }
}
//创建继承自Transportation类的飞机类
class Airplane:Transportation {
    //不同飞机有不同的行驶高度  为飞机提供一个行驶高度的属性
    var height:Int
    //对父类的方法进行重写
    override func drive() {
        super.drive()
        print("在天上行驶了100km")
        self.petrol -= 5
    }
    init(height:Int) {
        self.height = height
    }
}
//创建汽车对象
var car = Car(tyreCount: 4)
//创建轮船对象
var boat = Boat(floorCount: 3)
//创建飞机对象
var plane = Airplane(height: 3000)
//调用drive()使用方法
car.drive()
boat.drive()
plane.drive()
```

如上代码所示，Car、Boat、Airplane 这三个类都继承于 Trasportation 基类，它们都继承了父类中的油量属性、行驶方法和加油方法。然而，不同的交通工具其行驶行为也不同，汽车是在路上行驶，轮船是在海上行驶，飞机是在天上行驶。因此在各个子类中对父类的 drive()方法进行了覆写，在 Swift 语言中，要对父类的方法进行覆写，需要使用 override 关键字声明，覆写的意义是将继承于父类的方法进行新的实现，这里读者需要注意，由于父类的 drive()方法中会有油量判断与加油操作，因此子类在覆写父类的 drive()方法时，不能完全摒弃父类的实现。在 Swift 语言中，super 关键字可用于调用父类的方法。

从打印信息可以看出，Car、Boat、Airplane 同时调用 drive()方法，却进行了其自身所覆写的方法。通过继承这样的编程设计方法，任何复杂的类都可以由简单的类一层一层继承而来，这极大地优化了代码的复用性与程序的层次结构。

需要注意，Swift 语言中还提供了一个 final 关键字，final 关键字用于修饰某些终极的属性、方法或者类。被 final 修饰的属性和方法不能够被子类覆写，示例如下：

```
class Shape {
    final var center:(Double,Double)
    init(){
        center = (0,0)
    }
}
```

同样，如果不希望某个类被继承，也可以使用 final 关键字来修饰这个类，使其成为终极类，示例如下：

```
final class Shape {
    final var center:(Double,Double)
    init(){
        center = (0,0)
    }
}
```

7.3 开发中类与结构体的应用场景

在 Swift 语言中结构体的功能十分强大，其作用实际上已经和类非常相似。但类和结构体有着本质的不同，它们在数据传递时的机制不同，分别适用于不同的应用场景，苹果公司官方推荐开发者在如下情况下使用结构体来描述数据：

- 要描述的数据类型中只有少量的简单数据类型的属性。
- 要描述的数据类型在数据传递时需要以复制的方式进行。
- 要描述的数据类型中的所有属性在进行传递时需要以复制的方式进行。
- 不需要继承另一个数据类型。

除了上面列举的原则，在其他情况下，开发者也应该考虑使用类而不是结构体来描述对象。关于值类型与引用类型，读者需要注意，如果要对值类型进行比较操作，应使用等于运算符"=="；对引用类型进行比较操作，应使用等同运算符"==="，示例代码如下：

```
class TextClass {
}
var text1 = TextClass()
var text2 = text1
//将返回 true
text1 === text2
```

提 示

在 Swift 语言中，Array、String、Dictionary、Set 这些数据类型都是采用结构体来实现的，这点和 Objective-C 有着很大的区别。因此在 Swift 语言中，Array、String、Dictionary、Set 在数据传递时总是会被复制。Swift 语言官方文档有介绍：在开发者的代码中，复制行为看似总会发生。然而，Swift 语言在幕后会控制只有绝对需要时才会进行真正的复制操作，以确保性能最优，因此开发者在编写代码时没必要回避复制行为来确保性能。

7.4　练习及解析

（1）设计一个学生类，为每个学生设计姓名、年龄和性别属性，为其提供一个学习的方法。
解析：

```
enum Sex{
    case 男
    case 女
}
class Student {
    //性别
    let sex:Sex
    //姓名
    let name:String
    //年龄
    let age:Int
    init(sex:Sex,name:String,age:Int){
        self.sex=sex
        self.name=name
        self.age=age
    }
    func study()  {
        print("读书······")
    }
}
//创建学生实例
let stu1 = Student(sex: .男, name: "珲少", age: 25)
//进行学习行为
stu1.study()
```

（2）结合第 1 题中的学生类设计一个班级类，其中需要有班级名、学生人数和班长 3 个属性，并设计转入学生与转出学生的方法。

解析：

```
class Class {
    //班级名
    var name:String
    //学生人数
    var studentCount:Int
    //班长 需要为学生类
    var monitor:Student
    init(name:String,monitor:Student,studentCount:Int){
        self.name=name
        self.monitor=monitor
        self.studentCount=studentCount
    }
    func addStudent() {
        studentCount+=1
    }
    func deleteStudent() {
        if studentCount>0 {
            studentCount-=1
        }
    }
}
//创建一个学生作为班长
let monitor = Student(sex: .女, name: "莉莉", age: 24)
//创建一个班级实例
var class1 = Class(name: "三年一班", monitor: monitor, studentCount: 30)
//转入一个学生
class1.addStudent()
```

（3）结合第 1 题中设计的学生类，设计一个老师类，为老师类提供一个教学科目、姓名和所教学生列表的属性，并为老师类提供一个教学方法，在教学方法中进行学生的学习行为。

解析：

```
//设计科目枚举
enum Subject{
    case 数学
    case 外语
    case 语文
}
//设计老师类
class Teacher {
    let name:String
    let subject:Subject
    var studentArray:Array<Student>
    func teach()  {
        for item in studentArray {
            item.study()
        }
```

```
    }
    init(name:String,subject:Subject,students:Array<Student>){
        self.name = name
        self.subject = subject
        self.studentArray = students
    }
}
//创建 3 个学生
let student1 = Student(sex: .男, name: "Jack", age: 24)
let student2 = Student(sex: .男, name: "Nake", age: 23)
let student3 = Student(sex: .女, name: "Lucy", age: 23)
let studentArray = Array(arrayLiteral: student1,student2,student3)
//创建老师实例
let teacher = Teacher(name: "Jaki", subject: .数学, students: studentArray)
//进行教学活动
teacher.teach()
```

7.5 模 拟 面 试

（1）在 Swift 语言中结构体和类有什么异同？

回答要点提示：

① 在大多数语言中，结构体和类都有明显的差异，结构体通常用来定义一组数据类型的组合，而类则是面向对象的，其中除了可以定义数据属性还可以定义方法。但是在 Swift 语言中，结构体和类的分解并没有那么明显，Swift 中的结构体非常强大，其中也可以定义属性和方法。

② 结构体和类的本质区别是结构体是一种值类型、类是一种引用类型。对于值类型，每次对它的修改都会重新构建一个新的结构体实例，并且在传值时会总是进行复制，引用类型则不然，传递的是引用，修改的是自身。

③ 在 Swift 中，结构体不可以继承，类可以进行继承。

核心理解内容：

深刻理解 Swift 中结构体和类的定义，熟练使用结构体和类进行程序开发。理解值类型和引用类型的本质区别。

（2）如何设计一个类？

回答要点提示：

① 类是大多数面向对象语言的核心（JavaScript 例外），对象都是由类构造出来的。可以简单地把类理解为对象的生产工厂。

② 类的最大用途是描述事物。描述事物的方式有两种：一种是描述事物的状态，例如物体的形状、颜色、重量等，一种是描述事物的行为，例如运动、睡眠、飞行、扩散等。事物的状态在类中使用属性定义，事物的行为在类型中使用方法定义。

③ 属性的实质是量值，方法的实质是函数，在类中，所有对象公用的属性可以定义为类属性（或静态属性），类直接调用的方法可以定义为类方法。类的对象中的属性通常被称为实例属性，类的对象调用的方法通常被称为实例方法。

④ 设计类时，要先分析清楚想要描述的事务，将有效的事务的状态映射成为属性并定义好属性的类型，将行为定义成方法，并逐个对方法进行测试。在编写类时，要遵守强封装、低耦合的原理。在类中暴露最少额接口，并且在类的内部最少地对外部进行依赖。

核心理解内容：

理解类的作用，能够熟练地定义类，能够清晰地分析需求并对类进行设计。

第 **8** 章

属性与方法

风格不是独立存在的，但万物都具备自己的风格。

—— 安托尔·里瓦罗尔

　　属性的实质是有特定意义的量值，只是属性是定义在类、结构体或者枚举中的量值。由于类的特殊性，类中的属性也被赋予了一些特殊的语法。属性通常用来描述事物的一些特征。例如，创建一个签字笔类，可以为其定义价格、颜色等属性。Swift 语言中对于属性的定义分为两类，分别是存储属性与计算属性。从字面意思理解，存储属性的作用是存储类的某个特征，而计算属性的作用是通过运算告知外界类的某个特征。存储属性只能用于类和结构体，计算属性可以用于类、结构体和枚举。

　　方法用来定义事物的行为，其实质是具有特殊意义的函数。类、结构体和枚举中都可以定义方法。和属性类似，方法也被分为实例方法与类方法，实例方法用于描述类型实例的行为，类方法描述整体类型的行为。构造方法是比较特殊的一类方法，其不需要 func 关键字声明且方法名定义为 init，关于构造方法的内容很多，后面章节会专门介绍，本章主要讨论一般方法的应用。

　　通过本章，你将学习到：

- 存储属性的意义与应用。
- 计算属性的意义与应用。
- 只读的计算属性。
- 属性监听器的应用。
- 实例属性与类型属性的区别与应用场景。
- 实例方法的意义与应用。
- 类方法的意义与应用。
- 构建下标方法。

8.1 存储属性与计算属性

Swift 语言中的属性从行为上可以分为存储属性与计算属性两类。存储属性与计算属性的区别在于，存储属性用于描述存储值，计算属性用于描述计算过程并获取计算结果。

8.1.1 存储属性的意义及应用

存储属性用于定义类或结构体的某些特性，其实读者在前面章节中学习结构体和类的时候，就已经在使用存储属性描述事物的特征了。简单来说，存储属性就是用变量或者常量存储的某些有意义的值。使用 Xcode 开发工具创建一个命名为 Property 的 playground 文件，用于本章代码的练习。首先，以学生类为例，其中定义的学生姓名、性别、年龄都是存储属性，示例代码如下：

```
class Student {
    //定义姓名和年龄为变量存储属性 可以修改
    var name:String
    var age:Int
    //定义性别为常量存储属性 一旦学生实例被构造出来就不能再进行修改
    let sex:String
    //提供一个构造方法
    init(name:String,age:Int,sex:String) {
        self.name = name
        self.age = age
        self.sex = sex
    }
}
```

在类中有一个原则，即当类实例被构造完成时，必须保证类中所有的属性都构造或者初始化完成。因此，一般情况下开发者会在创建的类中提供一个构造方法，用于设置其中的属性，但并不是所有情况都需要这么做，我们也可以为类中的属性在声明时就提供一个初始值，例如学生定义一个所在学校名称的属性，并为其提供默认值，示例如下：

```
class Student {
    //定义姓名和年龄为变量存储属性 可以修改
    var name:String
    var age:Int
    //定义性别为常量存储属性 一旦学生实例被构造出来就不能再进行修改
    let sex:String
    //定义一个所在学校的存储属性 默认为 "安阳一中"
    var schoolName = "安阳一中"
    //提供一个构造方法
    init(name:String,age:Int,sex:String) {
        self.name = name
        self.age = age
        self.sex = sex
```

实例通过点语法调用其属性。需要注意，变量类型的属性可以修改，常量类型的属性不可修改。但是对于值类型实例，如果实例是常量接收的，则其中变量的属性也不可以修改。对于引用类型实例，无论实例是变量还是常量接收的，都可以修改变量类型的属性，示例代码如下：

```
struct Point {
    var x:Double
    var y:Double
}
class PointC {
    var x:Double
    var y:Double
    init(x:Double,y:Double){
        self.x = x
        self.y = y
    }
}
let point = Point(x: 2, y: 1)
//下面的代码将引起编译器报错
point.x = 3

//类实例修改则没有问题
let point2 = PointC(x: 2, y: 2)
point2.y = 5
```

关于存储属性，Swift 语言中还有一个十分有趣的特性。Swift 语言支持将存储属性设置为延时存储属性。所谓延时存储属性就是指在类实例构造的时候，延时存储属性并不进行构造或初始化，只有当开发者调用到类实例的这个属性时，此属性才完成构造或初始化操作。延时存储属性在开发中很有优势，例如一个类的某个属性可能是一种复杂的数据对象，这个属性要完成构造可能需要花费很长的时间，将其设置为延时构造属性将大大减少类实例的构造时间。示例代码如下：

```
class Work {
    var name:String
    init(name:String){
        self.name = name
        print("完成了 Work 类实例的构造")
    }
}
class People {
    var age:Int
    lazy var work:Work = Work(name: "teacher")
    init(age:Int){
        self.age = age
    }
}
//构造 People 类实例时 并没有打印 Word 类的构造信息
var people = People(age: 24)
```

```
//使用 work 属性时，才完成了 Work 实例的构造
print(people.work)
```

上面的示例代码中，在创建 People 类实例的时候，并没有进行 Work 类实例的构造，在开发者调用到 People 实例的 work 属性时，才完成了 Work 类的构造。在大的工程中，巧妙使用延时存储属性可以极大地提高程序的性能。

提 示

延时存储属性并不是线程安全的，如果在多个线程中对延时存储属性进行调用，不能保证其只被构造一次。

8.1.2 计算属性的意义及应用

与存储属性相比，计算属性更像是运算过程。举个例子，创建一个圆形类，类中定义圆心与半径两个存储属性。为了方便使用，开发者可以将圆的周长与面积也定义为属性，但是圆的周长和面积可以通过半径来计算，所以这里实际上无须再定义额外的存储属性。Swift 语言中提供了计算属性，用来描述这种可以由其他属性通过计算而得到的属性。示例代码如下：

```
class Circle {
    //提供两个存储属性
    var r:Double
    var center:(Double,Double)
    //提供周长与面积的计算属性
    var l:Double{
        get{
            return 2*r*M_PI
        }
        set{
            r = newValue/2/M_PI
        }
    }
    var s:Double{
        get{
            return r*r*M_PI
        }
        set{
            r = sqrt(newValue/M_PI)
        }
    }
    //提供一个构造方法
    init(r:Double,center:(Double,Double)){
        self.r = r
        self.center = center
    }
}
//创建圆类实例
var circle = Circle(r: 3, center: (3,3))
```

```
//通过计算属性获取周长与面积
print("周长是：\(circle.l);面积是：\(circle.s)")
//通过周长和面积来设置圆的半径
circle.l = 12*M_PI
print(circle.r)
circle.s = 25*M_PI
print(circle.r)
```

如上代码所示，圆的半径将影响圆的周长与面积。同样，设置了圆的周长或者面积后，也将会反过来影响圆的半径。计算属性中可以定义 get 与 set 方法，分别用来获取计算属性的值和设置计算属性的值。当然，归根结底，计算属性本身并没有存储值，它只是作为一个接口向外界提供某些经过计算后具有相应意义的数据。在计算过程中，通常会用到其他的存储属性。需要注意，在计算属性的 set 方法中，会将外界所设置的值默认以 newValue 的名字传入，开发者可以直接进行使用，也可以为这个值设置自定义的名称，示例如下：

```
class Circle {
    //提供两个存储属性
    var r:Double
    var center:(Double,Double)
    //提供周长与面积为计算属性
    var l:Double{
        get{
            return 2*r*M_PI
        }
        set{
            r = newValue/2/M_PI
        }
    }
    var s:Double{
        get{
            return r*r*M_PI
        }
        //自定义传值名称
        set(myValue){
            r = sqrt(myValue/M_PI)
        }
    }
    //提供一个构造方法
    init(r:Double,center:(Double,Double)){
        self.r = r
        self.center = center
    }
}
```

关于计算属性的 get 与 set 方法，需要注意，get 方法是必不可少的，而 set 方法是可选的。当一个计算属性只有 get 方法而没有 set 方法时，此计算属性是只读的，外界只能获取此计算属性的值，不能设置此计算属性的值，示例代码如下：

```
class TestClass {
    var test:Int{
```

```
        get{
            return 10
        }
    }
}
var test = TestClass()
//对只读的计算属性进行设置会报出错误
test.test = 10
```

由于只读的计算属性没有 set 方法块，因此可以进行进一步简写，上面的代码可以简写如下：

```
class TestClass {
    var test:Int{
        return 10
    }
}
var test = TestClass()
//对只读的计算属性进行设置会报出错误
//test.test = 10
```

8.2   属性监听器

在许多编程场景中，开发者在对类的某些属性进行赋值时需要进行一些额外的操作。在
Objective-C 语言中，可以为属性实现 set 方法来加入一些额外的逻辑。Swift 语言中的存储属性提
供了属性监听器，以便让开发者赋值属性时执行额外操作。

属性监听器用于监听存储属性赋值的过程，并且开发者可以在其中编写代码，添加额外的逻
辑。需要注意，在进行属性的构造或初始化时，无论是通过构造方法进行的属性构造或初始化还是
通过为属性设置默认值，都不会调用属性监听器的方法。初始化后从第 2 次为属性赋值开始，属性
监听器才会被调用。示例代码如下：

```
class Teacher {
    var name:String{
        //此属性将要被赋值时会调用的方法
        willSet{
            //其中会默认生成一个newValue来接收外界传递进来的新值
            print("将要设置名字为:\(newValue)")
        }
        //此属性已经被赋值后会调用的方法
        didSet{
            //其中会默认生成一个oldValue来保存此属性的原始值
            print("旧的名字为:\(oldValue)")
        }
    }
    var age:Int
    init(name:String,age:Int){
        self.age=age
```

```
        self.name=name
    }
}
//构造时并不会打印属性监听器中的打印信息
var teacher = Teacher(name: "珲少", age: 24)
//第二次赋值才会打印属性监听器中的信息
/*
 将要设置名字为:Jaki
 旧的名字为:珲少
 */
teacher.name = "Jaki"
```

同样，开发者也可以为属性监听器中传入的值设置自定义的名称，示例如下：

```
class Teacher {
    var name:String{
        //此属性将要被赋值时会调用的方法
        willSet(new) {
            //其中会默认生成一个 newValue 来接收外界传递进来的新值
            print("将要设置名字为:\(new)")
        }
        //此属性被赋值后会调用的方法
        didSet(old) {
            //其中会默认生成一个 oldValue 来保存此属性的原始值
            print("旧的名字为:\(old)")
        }
    }
    var age:Int
    init(name:String,age:Int){
        self.age=age
        self.name=name
    }
}
```

提 示

只有存储属性可以设置属性监听器，计算属性不可以。

8.3 实例属性与类属性

前面小节中提到的所有属性实际上都是实例属性，Swift 语言中与之对应的还有类属性。实例属性由类的实例调用，类属性则是直接由类来调用。可以简单理解为，实例属性是与具体实例相关联的，一般用来描述类实例的一些特性，而类属性是与此类型相关联的，用来描述整个类型的某些特性。类属性使用 static 或者 class 关键字来声明。使用 static 关键字声明的属性也被称为静态属性，需要注意，对于类计算属性，如果允许子类对其计算方法进行覆写，则需要用 class 关键字来声明，示例代码如下：

```swift
class SomeClass {
    //静态存储属性
    static var className = "SomeClass"
    //静态计算属性
    static var subName:String{
        return "sub"+className
    }
    class var classSubName:String{
        return "class" + subName
    }
}
//类属性不需要创建实例对象，直接使用类名来调用
SomeClass.className
SomeClass.subName
SomeClass.classSubName
//创建一个继承于 SomeClass 的子类
class SubClass:SomeClass{
    //对计算类属性的计算方法进行覆写 覆写需要使用 override 关键字
    override class var classSubName:String{
        return "newNme"
    }
}
SubClass.classSubName
```

提　示
类属性通常用来描述整个事物类所共享的一些事物特点，例如生产一批电视机，电视机的标准寿命值可以作为类属性。

8.4　实例方法与类方法

与实例属性和类属性对应，方法也分为实例方法和类方法。实例方法是由类型的实例进行调用的，类方法是由类型名直接调用的。类方法通常也用来描述整个类型所共享的行为。

8.4.1　实例方法的意义与应用

方法只是一个术语，其实质就是将函数与特定的类型进行结合。实例方法在语法上和函数完全一致，其与具体类型的实例相关联，实例通过点语法来调用其方法。使用 Xcode 创建一个命名为 Method 的 playground 文件，在其中进行本章代码的演练，首先创建一个简单的 Math 类，为其提供一个加法功能的方法，示例代码如下：

```swift
//创建一个数学类
class Math {
```

```
    //提供一个加法的实例函数
    func add(param1:Double,param2:Double) -> Double {
        return param1+param2
    }
}
//创建数学类实例
var obj = Math()
//实例对象通过点语法调用实例方法
obj.add(param1: 2, param2: 3)
```

在 Swift 语言中，类的每个实例中都默认隐藏着一个名为 self 的属性，可以简单理解为，self 就是实例本身，开发者可以在实例方法中通过 self 来调用类的属性和其他实例方法，示例代码如下：

```
//创建一个数学类
class Math {
    //提供一个加法的实例函数
    func add(param1:Double,param2:Double) -> Double {
        return param1+param2
    }
    //提供一个求和的平方的方法
    func sqr(param1:Double,param2:Double) -> Double {
        //调用自身的其他实例方法
        return self.add(param1: param1, param2: param2) * self.add(param1:
param1, param2: param2)
    }
}
//创建数学类实例
var obj = Math()
obj.sqr(param1: 3, param2: 3)
```

在一般情况下，self 是可以被省略的，开发者直接通过方法名来调用自身的实例方法也是没问题的。有一种情况读者需要注意，在对实例属性进行调用的时候，有时候属性名称可能会和方法中的参数名称相同，这时为了避免歧义，实例属性前的 self 不能够省略。

Swift 语言中的类型有值类型与引用类型之分。对于引用类型，在实例方法中对实例属性进行修改是没问题的。但是对于值类型，读者需要格外注意，使用 mutating 关键字修饰实例方法才能对属性进行修改，示例代码如下：

```
//创建一个点结构体
struct Point {
    var x:Double
    var y: Double
    //将点进行移动 因为修改了属性的值 所以需要用mutating 修饰方法
    mutating func move(x:Double,y:Double) {
        self.x+=x
        self.y+=y
    }
}
//创建点结构体实例
var point = Point(x: 3, y: 3)
//进行移动 此时位置为 x=6, y=6
```

```
point.move(x: 3, y: 3)
```

实际上，在值类型实例方法中修改值类型属性的值就相当于创建了一个新的实例，上面的代码和下面的代码在原理上是一致的：

```
//创建一个点结构体
struct Point {
    var x:Double
    var y: Double
    //将点进行移动 直接创建新的实例
    mutating func move(x:Double,y:Double) {
        self = Point(x: self.x+x, y: self.y+y)
    }
}
//创建点结构体实例
var point = Point(x: 3, y: 3)
//进行移动 此时位置为 x=6，y=6
point.move(x: 3, y: 3)
```

8.4.2　类方法

类方法是关联于整个类型的，被整个类型所共享。对比类属性，Swift 语言中的类方法也是通过 static 和 class 关键字来声明的，static 关键字声明的类方法又被称为静态方法，其不能被子类覆写，而 class 关键字声明的类方法可以被类的子类覆写。

在类方法中也可以使用 self 关键字，但此时 self 关键字不再代表实例本身，而是代表当前类。在类方法中使用 self 可以对当前类型的类属性和类方法进行调用。为 Point 结构体提供一个静态方法，示例代码如下：

```
//创建一个点结构体
struct Point {
    var x:Double
    var y: Double
    //将点进行移动 因为修改了属性的值 需要用 mutating 修饰方法
    mutating func move(x:Double,y:Double) {
        self = Point(x: self.x+x, y: self.y+y)
    }
    //提供一个静态属性
    static let name = "Point"
    static func printName(){
        //使用 self 调用静态属性
        print(self.name)
    }
}
//使用结构体名直接调用静态方法
Point.printName()
```

对于类来说，使用 class 关键字声明的类方法可以被子类覆写，示例代码如下：

```
//创建一个类作为基类
```

```
class MyClass {
    class func myFunc(){
        print("MyClass")
    }
}
class SubMyClass: MyClass {
    //对父类类方法进行覆写
    override class func myFunc(){
        print("SubMyClass")
    }
}
SubMyClass.myFunc()
```

8.5　下 标 方 法

在前面介绍过 Swift 语言中的元组，如 Set 集合和 Array 数组等数据结构，它们可以通过使用下标的方式来获取其中的元素，这种使用下标获取集合元素的方法写法简单快捷，并且令开发者在编程使用时十分高效，示例代码如下：

```
var array = [1,2,3,4,5,6,7]
//通过下标获取数组中第 3 个元素 注意下标从 0 开始
array[2]
```

那么开发者可否为自定义的数据类型也赋予这种下标访问的功能呢？答案是肯定的。Swift 语言为开发者提供了现成的方法，开发者只需要在自己定义的类型中将其实现，即可为此类型提供下标访问的功能。例如，模拟系统的 Array 数组创建一个自定义的数组类，示例代码如下：

```
class MyArray {
    var array:Array<Int>
    init(param:Int...){
        array = param
    }
    //subscript 是 Swift 语言中用于定义下标功能的方法
    subscript(index:Int)->Int{
        set{
            //默认外界设置的值会以 newValue 为名称传入 开发者也可以进行自定义
            array[index] = newValue
        }
        get{
            return array[index]
        }
    }
}
var myArray = MyArray(param: 1,2,3,4,5)
//通过下标进行访问
myArray[2]
myArray[1] = 0
```

下标使用 subscript 来定义，其与普通方法类似，参数和返回值分别作为下标和通过下标所取的值。但是 subscript 实现部分和计算属性十分相似，必须实现一个 get 代码块和一个可选的 set 代码块，get 代码块用于使用下标取值，set 代码块用于使用下标设置值。因此，subscript 结构更像是计算属性和方法的混合体。上面示例代码中演示了为自定义的类型添加下标访问的功能，实际上，下标访问并不只局限于一维下标，开发者可以根据需求实现自己的任意维度的下标访问功能。例如，将 MyArray 改造成一个二维数组，并为其添加二维下标访问的功能，示例代码如下：

```
class MyArray {
    //向数组中嵌套数组 实现二维数组
    var array:Array<Array<Int>>
    init(param:Array<Int>...){
        array = param
    }
    //subscript 是 Swift 语言中用于定义下标功能的关键字
    subscript(index1:Int,index2:Int)->Int{
        set{
            //默认外界设置的值会以 newValue 为名称传入 开发者也可以进行自定义
            array[index1] [index2] = newValue
        }
        get{
            var tmp = array[index1]
            return tmp[index2]
        }
    }
}
var myArray = MyArray(param: [1,2,3],[3,4,5],[4,5,6],[6,7,8],[7,8,9])
//通过下标进行访问
//访问结构中第 2 个数组中的第 3 个元素 返回 5
myArray[1,2]
//设置第 5 个数组中的第 3 个元素的值
myArray[4,2] = 0
```

提 示

（1）下标方法 subscript 中也可以只实现 get 代码块，此时只可以通过下标来做读取操作，不可以使用下标来做设置操作。

（2）下标方法 subscript 中参数的个数和类型开发者都可以根据需求自由定义，返回值的类型也可以自由定义，但有一点需要注意，下标的参数不可以设置默认值，也不可以设置为 inout 类型。

8.6　练习及解析

设计一个线段结构体，为其提供中心点、长度、斜率 3 个计算属性。

```
struct Line {
```

```
    //线段的两点
    var point1:(Double,Double)
    var point2:(Double,Double)
    var center:(Double,Double){
        return ((point1.0+point2.0)/2,(point1.1+point2.1)/2)
    }
    //sqrt 为开平方函数 abs 为绝对值函数
    var width:Double{
        return  sqrt(abs(point1.0-point2.0)*abs(point1.0-point2.0)+
abs(point1.1-point2.1)*abs(point1.1-point2.1))
    }
    var k:Double{
        return (point1.1-point2.1)/(point1.0-point2.0)
    }
    init(point1:(Double,Double),point2:(Double,Double)){
        self.point1 = point1
        self.point2 = point2
    }
}
var line = Line(point1: (1,1), point2: (3,3))
line.center
line.width
line.k
```

8.7　模拟面试

（1）Swift 在类中定义的属性有两种：存储属性和计算属性，它们有什么区别？

回答要点提示：

① 存储属性主要用来进行数据的存储，在内存中需要为这个属性分配相应的空间。

② 计算属性主要用来定义计算的过程，不需要空间来存储数据。

③ 计算属性与方法有些类似，它更多用来定义对象的某些状态，但是这些状态可以通过其他更加基础的状态计算而来。

核心理解内容：

理解属性的意义，能够灵活地使用存储属性和计算属性。

（2）怎么理解懒加载？

回答问题要点：

① 懒加载是编程中常用的一种优化技巧。很多时候类示例中的属性是否真正创建与用户的操作逻辑有关，例如复杂对象的某个属性可能需要从本地文件进行读取，这是一个耗时的过程，并且并非用户每次都会用到这个属性，这时就可以采用懒加载的方式，只有当使用到这个属性时才进行文件的读取。

② 在 Swift 中，属性可以声明为延迟加载。延时加载属性就属于懒加载编程的一种，在对象构造时属性并不会被赋值，只有当使用到时才对属性进行赋值。

③ 懒加载可以有效地加快对象的构造速度并且可以在一定程度上节省内存的使用。

核心理解内容：

延时加载属性是 Swift 中对象懒加载的一种实现方式，在编程中要尽量使用这种方式定义属性。

第**9**章

构造方法与析构方法

创造包括万物的萌芽，经培育了生命和思想，正如树木的开花结果。

—— 居伊·德·莫泊桑

对于构造方法，你应该不会陌生，前边章节在介绍枚举、结构体和类时，都需要对类型实例进行构造。用于完成实例构造的方法被称为构造方法。析构方法是构造方法的逆过程，一个实例要被销毁和释放的过程由析构方法来完成。在 Swift 语言中，类和结构体在构造完成前，必须完成其中存储属性的构造与初始化。在 Objective-C 语言中，初始化方法会返回一个当前类型的实例对象，而 Swift 语言则不同，Swift 语言中的构造方法没有任何返回值。

通过本章，你将学习到：

- 实例的构造过程。
- 构造方法的应用。
- 指定构造方法与便利构造方法的意义及用法。
- 构造方法的安全性检查。
- 构造方法的继承特性。
- 可失败构造方法与必要构造方法的意义与应用。
- 析构方法的意义与应用。

9.1 构造方法的设计与使用

Swift 语言中的构造方法与 Objective-C 语言中的初始化方法作用类似，熟悉 Objective-C 语言的开发者可能了解，在 Objective-C 语言中，初始化方法并没有严格的要求，开发者设计相对自由。

Swift 语言则不同，由于其安全性的特征，Swift 语言要求结构体和类必须在构造方法结束前完成其中存储属性的构造（延时存储属性除外）。因此，开发者在设计类时，往往采用两种方式来处理存储属性：

- 在类和结构体中声明存储属性时直接为其设置初始默认值。
- 在类和结构体的构造方法中对存储属性进行构造或者设置默认值。

使用 Xcode 创建一个命名为 Initialization 的 playground 文件，在其中编写如下示例代码。

```
class MyClass {
    //声明属性时直接进行赋值
    var count:Int = 0 {
        willSet{
            print("willSet")
        }
    }
    var name:String{
        didSet{
            print("didSet")
        }
    }
    //自定义构造方法
    init(){
        //必须对 name 属性进行赋值
        name = "HS"
    }
}
```

提 示

在对存储属性设置默认值或者在构造方法中对其构造时，并不会触发属性监听器，只有在构造完成后，再次对其赋值时才会触发。

在上面的示例代码中，init()方法为不带参数的构造方法，Swift 语言中所有的构造方法都需要使用 init()来标识，开发者可以通过函数重载来创建适用于各个场景的构造方法。Swift 语言官方文档建议开发者，如果一个类或结构体的大多数实例的某个属性都需要相同的值，开发者应该将其设置为这个属性的初始默认值。这样做可以很好地利用编译器的类型推断功能，减少代码冗余，使代码结构更加紧凑。

另一方面，如果某个属性在逻辑上是允许为 nil 的，开发者可以将其声明成 Optional 可选值类型，对于 Optional 类型的属性，如果在构造方法中不进行赋值，就会被默认赋值为 nil，示例代码如下：

```
class MyClass {
    //声明属性时直接进行赋值
    var count:Int = 0 {
        willSet{
            print("willSet")
        }
```

```
    }
    var name:String{
        didSet{
            print("didSet")
        }
    }
    var opt:Int?
    //自定义构造方法
    init(){
        //必须对 name 属性进行赋值
        name = "HS"
        //没有对 opt 进行赋值操作，也没有赋初始值，默认被赋值为 nil
    }
}
```

提　示

常量属性也必须在实例构造完成前被构造完成，一旦常量属性被赋值，就不能再被修改，例如下面的代码会使编译器报出错误。

```
class MyClass {
    let name:String = ""
    init(){
        //这里对常量再次赋值会使编译器报错
        name = "HS"
    }
}
```

如果类或者结构体中的所有存储属性都有初始默认值，那么如果开发者不显式地提供任何构造方法，编译器也会默认自动生成一个无参的构造方法 init()，在进行类型的实例化时，构造出来的实例所有属性的值都是默认的初始值，示例代码如下：

```
class MyClassTwo{
    var age = 25
    var name = "HS"
}
//使用默认的 init 构造方法进行实例的构造
var obj = MyClassTwo()
//将打印 age:25name:HS
print("age:\(obj.age)name:\(obj.name)")
```

和类不同的是，对于结构体，开发者可以不实现其构造方法，编译器会默认生成一个构造方法，将所有属性作为参数，示例代码如下：

```
struct MyStruct {
    var age:Int = 0
    var name:String
}
//默认生成带参的构造方法
```

```
var st = MyStruct(age: 24, name: "HS")
```

关于值类型，还有一个细节需要读者注意，如果开发者为值类型结构（例如结构体）提供了一个自定义的构造方法，那么系统默认生成的构造方法将失效，Swift 语言这样设计的初衷是为了安全性方面做考虑。防止开发者调用自定义的构造方法却误调用到系统生成的构造方法。并且，对于值类型，构造方法可以嵌套使用，示例代码如下：

```
struct MyStruct {
    var age:Int = 0
    var name:String
    init(age:Int,name:String){
        self.age = age
        self.name = name
    }
    //这个构造方法中调用其他构造方法
    init(){
        self.init(age:24,name: "HS")
    }
}
//使用无参的构造方法依然可以将 age 设置为 24、name 设置为 HS
var st = MyStruct()
print("age:\(st.age)name:\(st.name)")
```

9.2 指定构造方法与便利构造方法

对于类来说，构造方法有指定构造方法与便利构造方法之分。指定构造方法的官方名称为 Designated，便利构造方法的官方名称为 Convenience。前面示例中所用到的构造方法都是指定构造方法，指定构造方法不需要任何关键字修饰，便利构造方法需要使用 Convenience 关键字来修饰。指定构造方法是类的基础构造方法，任何类都要至少有一个指定构造方法；便利构造方法则是为了方便开发者使用，为类额外添加构造方法。需要注意，便利构造方法最终也要调用指定构造方法。关于指定构造方法与便利构造方法，Swift 语言中有这样的原则：

● 子类的指定构造方法中必须调用父类的指定构造方法。

● 便利构造方法中必须调用当前类的其他构造方法。

● 便利构造方法归根结底要调用到某个指定构造方法。

上面的 3 条原则乍看起来十分晦涩难懂，对此 Swift 语言官方文档中提供了一张示意图，如图 9-1 所示。通过图示，读者可以较为直观地理解指定构造方法与便利构造方法之间的关系。

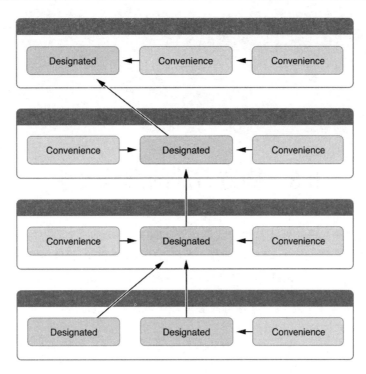

图 9-1　指定构造方法与便利构造方法的关系

下面通过代码来演示类中构造方法的 3 条原则，示例代码如下：

```
//创建一个类作为基类
class BaseClass {
    //提供一个指定构造方法
    init(){
        print("BaseClass Designated")
    }
    //提供一个便利构造方法
    //便利构造方法必须调用当前类中的其他构造方法并最终调用到指定构造方法
    convenience init(param:String){
        print("BaseClass Convenience")
        //进行指定构造方法的调用
        self.init()
    }
}
//创建一个 BaseClass 的子类
class SubClass:BaseClass{
    //覆写指定构造方法中必须调用父类的指定构造方法
    override init(){
        super.init()
    }
    //提供两个便利构造方法
    convenience init(param:String) {
        //最终调用到某个指定构造方法
        self.init()
```

```
    }
    convenience init(param:Int){
        //调用另一个便利构造方法
        self.init(param:"HS")
    }
}
var obj2 = SubClass()
//打印输出 BaseClass Designated
```

9.3　构造方法的继承关系

方法是与特定类型关联被赋予特殊意义的函数，同样，构造方法又是类中一种特殊的方法。关于构造方法的继承关系，Swift 语言中也有一套严格的原则规范，并且在继承关系中，构造方法的应用十分灵活。在开发中，读者只需要把握住如下两个原则，便可以不变应万变：

- 在继承关系中，如果子类没有覆写或者重写任何指定构造方法，则默认子类会继承父类所有的指定构造方法。
- 如果子类中提供了父类所有的指定构造方法（无论是通过继承方式还是覆写方式），则子类会默认继承父类的便利构造方法。

上面两个原则可能有些难以理解，那么简单来说，第 1 个原则实际上也说明子类如果定义了自己的指定构造方法，或者覆写了父类的某个指定构造方法，则子类不再继承父类所有的指定构造方法；第 2 个原则可以这样理解为由于所有便利构造方法最终都要调用指定构造方法，因此只要子类提供了这个便利构造方法需要调用的指定构造方法，这个便利构造方法就会被继承。

覆写父类的指定构造方法需要使用 override 关键字，和普通方法的覆写一样。但是便利构造方法并不存在覆写的概念，便利构造方法必须调用类本身的其他构造方法，因此无论子类中定义的便利构造方法与父类是否相同，其都是子类独立的构造方法。

使用代码演示构造方法的继承关系，示例代码如下：

```
//创建一个基类
class BaseCls {
    //提供两个指定构造方法
    init(){
        print("BaseCls init")
    }
    init(param:Int){
        print("BaseCls init\(param)")
    }
    //提供一个便利构造方法
    convenience init(param:String){
        //调用其他构造方法
        self.init()
    }
}
```

```
//此类中不进行任何构造方法的定义 默认会继承父类的所有构造方法
class SubClsOne:BaseCls{

}
//这个类中对父类的无参init()指定构造方法进行的覆写
class SubClsTwo: BaseCls {
    //覆写了无参的init()构造方法,则不再继承父类其他构造方法
    override init(){
        super.init()
    }
}
//这个类没有覆写父类的构造方法,但是通过函数重载的方式定义了自己的构造方法
class SubClsThree:BaseCls{
    //重载了一个新的构造方法,就不再继承父类的其他构造方法
    init(param:Bool){
        super.init()
    }
}
//这个类覆写了父类所有的指定构造方法,就会默认把父类的便利构造方法继承下来
class SubClsFour:BaseCls{
    override init(param:Int){
        super.init(param:param)
    }
    override init(){
        super.init()
    }
}
```

　　如上代码所示,BaseCls 基类中提供了两个指定构造方法和一个便利构造方法。它的第 1 个子类 SubClsOne 中没有定义任何构造方法,因此 SubClsOne 会默认继承 BaseCls 类中的所有构造方法,包括两个指定构造方法和一个便利构造方法。BaseCls 类的第 2 个子类 SubClsTwo 中覆写了父类的无参构造方法,则 SubClsTwo 类中就只有这一个构造方法,不再继承父类的其他构造方法。BaseCls 类的第 3 个子类 SubClsThree 中没有覆写父类的任何构造方法,而是重载实现了自己的构造方法,则 SubClsThree 也不再继承任何父类的构造方法。BaseCls 类的第 4 个子类 SubClsFour 中覆写了父类的所有指定构造方法,因此 SubClsFour 也会将父类的便利构造方法继承下来。

　　这样设计 Swift 语言中的构造方法,充分体现了 Swift 语言对编程安全性的注重,这样做能够将开发者对构造方法误调的概率降低到最小。

提　示

在编程中,有方法的覆写与重载两个概念,覆写和重载并不相同。覆写是子类对父类的方法重新实现,两者用了同一个方法,但是子类有了自己的功能。重载是使用已有方法相同的方法名,但通过设置不同的参数个数或参数类型来实现新的方法。

9.4 构造方法的安全性检查

本书一直在向读者强调编程安全对 Swift 语言的重要性，Swift 语言中的类在实例化完成后可以保证所有存储属性的值都是开发者明确指定的。实际上，在类的构造方法中，编译器会进行 4 项安全性检查：

- 检查 1：子类的指定构造方法中，必须完成当前类所有存储属性的构造，才能调用父类的指定构造方法。此检查可以保证：在构造完从父类继承下来的所有存储属性前，本身定义的所有存储属性也已构造完成。
- 检查 2：子类如果要自定义父类中存储属性的值，必须在调用父类的构造方法之后进行设置。此检查可以保证：子类在设置从父类继承下来的存储属性时，此属性已构造完成。
- 检查 3：如果便利构造方法中需要重新设置某些存储属性的值，必须在调用指定构造方法之后进行设置。此检查可以保证：便利构造方法中对存储属性值的设置不会被指定构造方法中的设置覆盖。
- 检查 4：子类在调用父类构造方法之前，不能使用 self 来引用属性（基类无所谓）。此检查可以保证在使用 self 关键字调用实例本身时，实例已经构造完成。

上面的 4 项检查可以保证开发者在任何情况下使用类的实例时，其中的存储属性的值都是明确确定的，符合上述 4 项检查行为的示例代码如下，读者可以根据代码进一步理解检查的意义：

```
//创建一个类作为基类
class Check {
    var property:Int
    init(param:Int){
        property = param
    }
}
//创建继承与 Check 类的子类
class SubCheck:Check{
    var subProperty:Int
    init(){
        //检查原则1：必须在调用父类的指定构造方法前，完成本身属性的赋值
        subProperty = 1
        super.init(param: 0)
        //检查原则2：如果子类要重新赋值父类继承来的属性，必须在调用父类的指定构造方法后
        property = 2
        //检查原则4：在完成父类的构造方法之后，才能使用 self 关键字
        self.subProperty = 2
    }
    convenience init(param:Int,param2:Int){
        self.init()
        //检查原则3：便利构造方法中要修改属性的值必须在调用指定构造方法之后
        subProperty = param
        property = param2
```

```
        }
}
```

9.5　可失败构造方法与必要构造方法

Swift 语言为了处理某些可能为空的值，引入了 Optional 可选值类型。对于类的构造方法，实际开发中也经常有使用到构造失败的情况。举个例子，一个构造方法可能需要一些特定情况的参数，当传递的参数不符合要求时，开发者需要让这次构造失败，这时就需要使用到 Swift 语言中可失败构造方法的相关语法。

可失败构造方法的定义十分简单，只需要使用 init?() 即可，在实现可失败构造方法时，开发者可以根据需求返回 nil。示例代码如下：

```
//创建一个类作为基类
class Check {
    var property:Int
    init(param:Int){
        property = param
    }
    init?(param:Bool){
        //使用守护语句 当 param 为 true 时才进行构造
        guard param else{
            return nil
        }
        property = 1
    }
}
//将返回 nil
var check = Check(param: false)
```

另外，开发者也可以设置某些构造方法为必要构造方法，如果一个类中的某些构造方法被指定为必要构造方法，则其子类必须实现这个构造方法（可以通过继承或者覆写的方式），必要构造方法需要使用 required 关键字进行修饰，示例代码如下：

```
//创建一个类作为基类
class Check {
    var property:Int
    //此构造方法必须被子类实现
    required init(param:Int){
        property = param
    }
    init?(param:Bool){
        //使用守护语句 当 param 为 true 时才进行构造
        guard param else{
            return nil
        }
        property = 1
```

```
        }
    }
```

关于属性的构造，还有一个小技巧，如果某些属性的构造比较复杂，开发者可以通过闭包的方式来进行属性的构造，示例代码如下：

```
//创建一个类作为基类
class Check {
    var property:Int
    //此构造方法必须被子类实现
    required init(param:Int){
        property = param
    }
    //这个属性的构造使用闭包的方式进行
    var name:Int = {
        return 6+6
    }()
}
```

由于闭包是一个代码块，因此使用闭包的方式可以将多行功能代码组合起来使用，这对于复杂类型属性的构造十分方便。注意，闭包后面的小括号()不可漏掉，失去了小括号，这个属性就会变成一个只读的计算属性，本质就发生了变化。

9.6 析构方法

析构方法与构造方法是互逆的，如果将构造方法理解为类实例的创建过程，则析构方法就是类实例的销毁过程。在实际开发中，经常需要在类实例将要销毁的时候将其中用到的资源释放掉，如关闭文件等操作都会放入析构方法中进行。构造方法使用 init()来标识，析构方法使用 deinit()来标识。实例代码如下：

```
class Temp {
    deinit{
        print("Temp 实例被销毁")
    }
}
var temp:Temp? = Temp()
//当可选类型的类实例变量被赋值为 nil 时，实例会被释放
temp=nil
```

9.7 练习与解析

设计游戏中的子弹和敌人类，假设这是一款一维直线上的射击游戏，敌人的移动速度是 10 单位/帧，子弹的飞行速度是 30 单位/帧，当子弹碰到敌人后，子弹和敌人同时销毁。

解析：

```
//设计子弹类
class Bullet{
    //提供一个属性描述子弹的位置
    var place:Int
    //提供一个类属性描述子弹的飞行速度
    static var speed:Int = 30
    //提供飞行方法描述飞行的行为
    func fly() {
        self.place += Bullet.speed
    }
    //提供一个构造方法
    init(place:Int) {
        self.place = place
    }
    //实现析构方法
    deinit {
        print("子弹命中")
    }
}
//设计敌人类
class Enemy{
    //提供一个属性描述敌人的位置
    var place:Int
    //提供一个类属性描述敌人逃逸的速度
    static var speed:Int = 10
    //提供一个方法描述敌人逃逸的行为
    func escape() {
        self.place+=Enemy.speed
    }
    //提供一个构造方法
    init(place:Int) {
        self.place=place
    }
    deinit {
        print("敌人被击中")
    }
}
//创建子弹实例与敌人实例
var bullet:Bullet? = Bullet(place: 0)
var enemy:Enemy? = Enemy(place:300)
//记录追击回合
var i=0
//命中判断
while bullet!.place<enemy!.place {
    bullet!.fly()
    enemy!.escape()
    i+=1
    print("追击\(i)回合")
```

```
}
//将敌人和子弹一起销毁
bullet=nil
enemy=nil
```

9.8 模 拟 面 试

简述 Swift 中构造方法的特点。

回答要点提示：

① 构造方法是类中比较特殊的一个方法，在构造实例时会调用。

② 在 Swift 中，构造方法不需要使用 func 关键字声明，且必须命名为 init。

③ Swift 是一种语法十分严格的语言，在构造方法执行完成之前，必须保证非 Optional 类型的存储属性赋值完成。

④ Swift 中的构造方法分为指定构造方法和便利构造方法，其中指定构造方法是基础的构造方法，便利构造方法是为了方便开发者调用的构造方法，便利构造方法最终要调用指定构造方法。

⑤ 在 Swift 中，类实例的构造可能失败，使用 init?定义的构造方法允许构造失败。

⑥ 如果某个构造方法必须被子类实现，则可以使用 required 修饰。

⑦ 与构造方法对应，Swift 中的析构方法在对象销毁前会被调用。

核心理解内容：

在 Swift 语言中，构造方法规则较多且十分灵活，是一个比较难于掌握的点，要熟记构造方法相关规则和使用方法。

第 10 章

内存管理与异常处理

尽可能少犯错误，这是人的准则；不犯错误，那是天使的梦想。尘世上的一切都是免不了错误的。错误犹如一种地心吸力。

—— 雨果

在软件开发中，开发者创建的任意一个变量、一个常量，设计的一个结构体、一个类都将在内存中占有一定的存储空间。试想一下，如果不对内存空间进行合理的管理，随着软件运行时间的增长，最终将因为内存不足而造成灾难性的后果。因此，如何合理地进行内存管理对于一种编程语言来说是至关重要的，其决定了软件的运行性能。

Swift 语言延续了 Objective-C 语言对内存管理的思路，依然采用引用计数的方式来管理实例的内存空间。理解引用计数的实质，可以帮助开发者减少编写会产生内存泄漏的代码。内存管理也是 Swift 编程语言学习中的一个难点，读者在学习本章内容时，需要多多思考并在实战演练中揣摩理解。

在编写代码时，任何开发者都不能保证其编写的代码完美无瑕。生产环境的复杂多变、数据结构的错乱与异常都会使程序的运行产生意料之外的错误。一种编程语言强大与否，很大程度上也体现在对异常情况的处理能力上。Swift 语言提供了一套十分完善的异常处理机制，开发者可以对有可能产生风险的代码进行可控的处理。

通过本章，你将学习到：

● 自动引用计数的原理。
● 会产生循环引用的场景。
● 通过弱引用与无主引用解决循环引用问题。
● 闭包中产生循环引用的解决方法。
● 对可能产生风险的代码进行异常抛出。

- 对产生的异常进行捕获和处理。
- 延时执行语句的应用。

10.1　自动引用计数

自动引用计数是 Objective-C 语言与 Swift 语言中解决内存管理问题的一种手段，其英文名为 Automatic Reference Counting，简称 ARC（以下皆用 ARC 代表自动引用计数）。

在 Swift 语言中，任何变量和常量都有作用域，普通变量和常量的作用域往往只在离其最近的大括号内。属性则特殊一些，其和具体的实例关联，和实例的生命周期保持一致。使用 Xcode 开发工具创建一个命名为 AutoReferCount 的 playground 文件，在其中编写如下代码：

```
//创建一个函数
func Test() {
    //变量 a 的作用域为整个函数内
    var a = 10
    while a>0 {
        a -= 1
        //变量 b 的作用域为 while 循环块内.出了 while 循环，变量 b 将被销毁，占用的空间将被释放
        var b = 2
    }
    if a<0 {
        //变量 c 的作用域为 if 语句块内，if 语句块结束后，变量 c 将被销毁，其占用的空间将被释放
        var c = 3
    }
}
//创建一个类
class TestClass {
    //name 属性与当前类的实例关联，其生命周期与当前类实例一致
    var name:String = "HS"
}
//创建 TestClass 实例的时候，其中属性 name 也会被构造，并为其分配内存空间
var obj:TestClass? = TestClass()
//obj 实例被销毁，其中属性也随同一起销毁，释放所占有的内存空间
obj=nil
```

一个量值脱离了其作用域，就会被销毁，其所占用的内存空间会被释放，这十分好理解。但如果某个量值在其销毁前进行了数据传递，情况又会变成怎样呢？首先，前面的章节向读者介绍过，Swift 语言中的数据传递分为两种，即值类型的数据传递和引用类型的数据传递。

对于值类型的数据传递，其采用的是完全复制的原理，因此原数据的销毁与内存的释放并不会影响新数据，新数据占用的内存会在它本身的作用域结束时释放，其过程如图 10-1 所示。

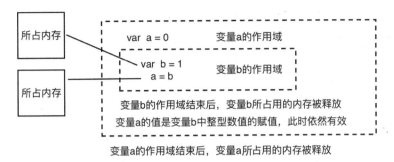

图 10-1　值类型在数据传递时的内存管理情况

使用代码来模拟图 10-1 中的过程，示例如下：

```
if true {
    var a = 0
    if true {
        var b = 1
        a = b
    }
    //此处变量 b 所占内存被释放
}
//此处变量 a 所占内存被释放
```

引用类型的数据传递复杂一些，我们知道引用类型的数据传递并不会完全复制原数据，而是通过引用的方式对原数据进行访问，因此无论一个类实例被多少个变量所承载，其真正所访问的内存都是同一个地方。引用类型的数据传递如图 10-2 所示。

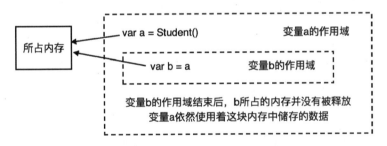

图 10-2　引用类型在数据传递时的内存管理情况

使用代码模拟图 10-2 中演示的场景，示例如下：

```
if true {
    var a = TestClass()
    if true {
        var b = a
    }
    //此处变量 b 已经不存在，但是 TestClass 实例依然占用内存，没有被释放
}
//此处变量 a 已经不存在，也没有其他变量引用 TestClass()实例，该实例将调用 deinit 方法，其
所占内存会被释放
```

通过图 10-1 与图 10-2 的演示，读者对于值类型的内存管理可能会更好理解，一个变量对应着一块内存，当变量被销毁时，内存也被释放。但对于引用类型，读者可能就会有疑惑了，对于一块数据内存，当没有任何变量引用它时，它才会被释放。反之，只要有变量在引用它，无论其变量情况如何，它都不会被释放。那么问题来了，系统是如何知道这块内存是否有其他变量在引用呢？这就用到了引用计数的内存管理技术。ARC 自动引用计数其实就是帮助开发者完成了引用计数的工作，开发者则无须再编写繁杂的引用计数代码了。

通过生活中的一个小例子就可以很好地理解引用计数原理。A 市有一座十分庞大的图书馆，并且这座图书馆十分智能，其没有人工管理员，图书馆的日常维护都是由计算机来管理。为了节约能源，这座庞大的图书馆有这样的环保功能，当图书馆中有读者时，图书馆会将走廊的灯打开；当图书馆中一个读者都没有时，图书馆走廊的灯自动关闭。其计算机的管理程序是这样设计的：当有一个读者走进图书馆时，图书馆的读者数就会加 1，当有一个读者走出图书馆时，图书馆的读者数就会减 1。这样，无须关心谁进来谁离开，也无须知道他们的先后顺序，只要图书馆的读者数大于 0 走廊的灯就开启、等于 0 走廊的灯就关闭。类比于程序中数据内存的管理，任何一个引用类型的实例都会有一个像这座图书馆中用于记录读者数的人员管理系统的标识位，只要有其他量值对其进行了引用，它的引用计数就会加 1，当一个量值解除对它的引用时，它的引用计数就会减 1。而对于这个实例所对应的内存数据，当引用计数变成 0 时，它就会被销毁释放。

引用计数的存在，可以保证变量在使用时所引用的数据依然存在，示例代码如下：

```
var cls1:TestClass?=TestClass()
//进行引用类型的值的传递
var cls2 = cls1
var cls3 = cls2
//cls2 对实例的引用取消，由于 cls1 与 cls3 的引用还在，实例所占内存依然安全
cls2 = nil
//cls1 对实例的引用取消，由于 cls3 的引用还在，实例所占内存依然安全
cls1 = nil
//cls3 对实例的引用取消，不再有变量对该实例进行引用，实例将调用 deinit 方法，所占内存被释放
cls3 = nil
```

10.2　循环引用及其解决方法

Swift 语言和 Objective-C 语言采用同样的 ARC 内存管理机制，熟悉 Objective-C 的读者应当了解，循环引用一直是初级开发者编程时的噩梦。对类实例进行不当的引用会造成内存泄漏，内存泄漏积累到一定程度就会给应用程序带来灾难性的后果。想要避免因循环引用造成的内存泄漏，首先需要理解为何会造成循环引用。先来看如下一段代码：

```
class ClassOne{
    deinit{
        print("ClassOne deinit")
    }
}
class ClassTwo{
```

```
       //ClassTwo 类中有一个 ClassOne 类的属性
       var cls:ClassOne?
       init(cls:ClassOne?){
           self.cls = cls
       }
       deinit{
           print("ClassTwo deinit")
       }
}
var obj:ClassOne? = ClassOne()
var obj2:ClassTwo? = ClassTwo(cls: obj)
//此时 ClassTwo 类中的 cls 属性依然在引用 obj 实例　因此 obj 实例所占内存没有释放
obj=nil
//此时 obj2 被释放　obj2 中的属性也都被释放　不再有谁引用 obj　obj 实例也被释放
obj2=nil
```

上面的代码并没有造成循环引用，只是示范了在一个实例内部引用另一个实例，这个过程可以用图 10-3 表示。

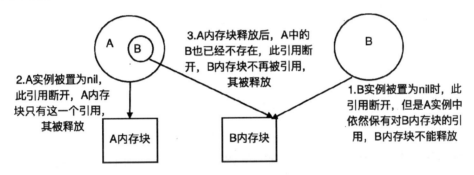

图 10-3　在一个类实例中对另一个类实例进行引用

完成如图 10-3 中的 3 个步骤后，obj 和 obj2 实例所占用内存都被释放，代码十分健康，通过析构方法的打印数据也可以证实上述过程。然而，如果 ClassOne 类中的某个属性对 ClassTwo 实例进行了引用会怎么样呢？示例代码如下：

```
//循环引用
class ClassOne{
    var cls:ClassTwo?
    deinit{
        print("ClassOne deinit")
    }
}
class ClassTwo{
    var cls:ClassOne?
    init(cls:ClassOne?){
        self.cls = cls
    }
    deinit{
        print("ClassTwo deinit")
    }
```

```
    }
var obj:ClassOne? = ClassOne()
var obj2:ClassTwo? = ClassTwo(cls: obj)
obj?.cls = obj2
obj2=nil
obj=nil
```

通过 Xcode 打印控制台的打印信息可以看出，obj 与 obj2 所占用的内存都没有被释放，代码中，开发者已经将 obj 与 obj2 都置为 nil，但其所占据的内存将无法释放，这便是循环引用最常出现的场景，上述产生循环引用的过程可以通过图 10-4 来理解。

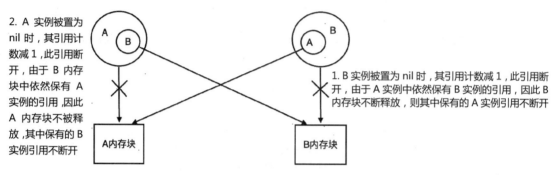

2. A 实例被置为 nil 时，其引用计数减 1，此引用断开，由于 B 内存块中依然保有 A 实例的引用，因此 A 内存块不被释放，其中保有的 B 实例引用不断开

1. B 实例被置为 nil 时，其引用计数减 1，此引用断开，由于 A 实例中依然保有 B 实例的引用，因此 B 内存块不断释放，则其中保有的 A 实例引用不断开

图 10-4　两类实例相互引用示意图

通过图 10-4 可以清楚地看出，对于两个相互引用的实例，一旦造成循环引用，则系统无法完成对其内存的释放与回收。在开发中如何避免和解决这种循环引用呢？Swift 语言中提供了弱引用关键字 weak 来处理这样的问题，weak 关键字的作用是在使用这个实例的时候并不保有此实例的引用。这样来说，普通的引用类型数据在传递时会使实例的引用计数加 1，使用 weak 关键字修饰的引用类型数据在传递时不会使引用计数加 1。将上面造成循环引用的代码改写如下：

```
//循环引用
class ClassOne{
    //进行弱引用
    weak var cls:ClassTwo?
    deinit{
        print("ClassOne deinit")
    }
}
class ClassTwo{
    var cls:ClassOne?
    init(cls:ClassOne?){
        self.cls = cls
    }
    deinit{
        print("ClassTwo deinit")
    }
}
var obj:ClassOne? = ClassOne()
var obj2:ClassTwo? = ClassTwo(cls: obj)
obj?.cls = obj2
```

```
obj2=nil
obj=nil
//打印输出控制台输出:
//ClassTwo deinit
//ClassOne deinit
```

通过 Xcode 的打印信息可以看出，obj 与 obj2 所占用的内存都被释放。这里使用图 10-5 来解释弱引用的原理。

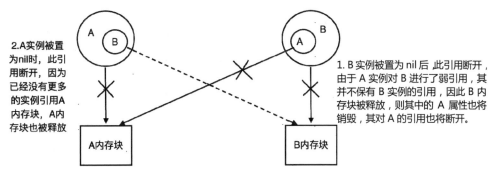

2.A实例被置为nil时，此引用断开，因为已经没有更多的实例引用A内存块，A内存块也被释放

1. B 实例被置为 nil 后 此引用断开，由于 A 实例对 B 进行了弱引用，其并不保存 B 实例的引用，因此 B 内存块被释放，则其中的 A 属性也将销毁，其对 A 的引用也将断开。

图 10-5 使用弱引用解决循环引用

通过分析可以理解，由于 obj 中对其进行的是弱引用，当 obj2 实例被置为 nil 时，此时 obj2 的数据已经被销毁，内存已经被释放，如果之后又使用到 obj 中的 obj2 属性，将会造成意想不到的错误。

弱引用还有一个特点，其只能修饰 Optional 类型的属性，被弱引用的实例释放后，这个属性会被自动设置为 nil。那么问题来了，如果开发中使用到的属性是非 Optional 值类型的，又恰巧出现了循环引用的场景，开发者该如何处理呢？其实 Swift 语言中还提供了一个关键字 unowned（无主引用）来处理非 Optional 值类型属性的循环引用问题，示例代码如下：

```swift
class ClassThree{
    //不是 Optional 值 不能进行弱引用   使用无主引用来代替
    unowned var cls:ClassFour
    init(cls:ClassFour){
        self.cls = cls
    }
    deinit{
        print("ClassFour deinit")
    }
}
class ClassFour{
    var cls:ClassThree?
    deinit{
        print("ClassThree deinit")
    }
}
var obj4:ClassFour? = ClassFour()
var obj3:ClassThree? = ClassThree(cls: obj4!)
obj4!.cls = obj3!
```

```
obj3=nil
obj4=nil
```

无主引用与弱引用的最大区别在于，无主引用总是假定属性是不为 nil 的，如果属性所引用的实例被销毁释放了，再次使用这个实例程序会直接崩溃。而弱引用则允许属性值为 nil，如果属性所引用的示例被销毁释放了，此属性会当成 Optional 值 nil 来处理，不会崩溃。两者相比，弱引用更加兼容，无主引用更加安全，开发者可以根据具体需求选择使用。弱引用与无主引用原理示意图如图 10-6 与图 10-7 所示。

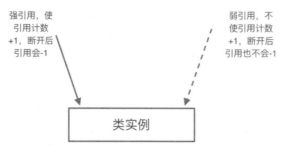

图 10-6　强引用与弱引用关系

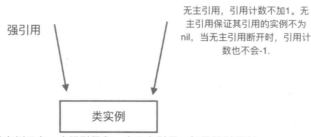

图 10-7　强引用与无主引用关系

无主引用与隐式拆包语法相结合可以使两个类中互相引用的属性都是非 Optional 值，这也是无主引用最佳的应用场景，示例代码如下：

```
class ClassThree{
    //不是 Optional 值 不能进行弱引用
    unowned var cls:ClassFour
    init(cls:ClassFour){
        self.cls = cls
    }
    deinit{
        print("ClassFour deinit")
    }
}
class ClassFour{
```

```
        //这里需要使用隐式拆包的方式
        var cls:ClassThree!
        init(){
            //在创建 cls 属性的时候将当前类实例本身作为参数传入
            //由构造方法的原则可知在 cls 属性创建完成之前，不可以使用 self 属性
            //对于隐式解析类型的属性，上述原则可以忽略。其告诉编译器，默认此属性是构造完成的
            cls = ClassThree(cls: self)
        }
        deinit{
            print("ClassThree deinit")
        }
}
var obj5:ClassFour? = ClassFour()
obj5=nil
```

10.3 闭包中的循环引用

在 10.2 节中，为读者所举的循环引用示例都是两个类实例之间的相互引用。在一个类中，如果其有属性为闭包，则也可能产生类与属性之间的互相引用。闭包是一种特殊的语法结构，在其中使用的引用类型的实例都会使引用计数加 1。因此，如果在闭包属性中使用到 self 关键字，就会对当前类实例本身进行引用计数加 1。由于此闭包又是当前类的一个属性，闭包属性无法销毁，则当前类实例也就无法销毁。反过来，当前类实例无法销毁，闭包属性也无法销毁。如此产生循环引用，将造成内存泄漏。

闭包中产生循环引用的示例代码如下：

```
class MyClassSix {
    var name:String = "HS"
    lazy var closure:()->Void = {
        //闭包中使用引用值会使引用+1
        print(self.name)
    }
    deinit{
        print("ClassSix deinit")
    }
}
var obj6:MyClassSix? = MyClassSix()
obj6?.closure
//并没有打印 deinit 方法中的信息
obj6=nil
```

为了解决这类情况产生的循环引用，Swift 语言专门为闭包结构提供了捕获列表来对闭包内使用到的变量或者实例进行弱引用或无主引用的转换。捕获列表在结构上需要紧跟在闭包的起始大括号后，使用中括号包围，修改上面的示例代码如下：

```
class MyClassSix {
    var name:String = "HS"
```

```
    lazy var closure:()->Void = {
        //使用捕获列表对闭包中使用到的 self 进行无主引用的转换
        [unowned self]()->Void in
        //闭包中使用引用值会使引用+1
        print(self.name)
    }
    deinit{
        print("ClassSix deinit")
    }
}
var obj6:MyClassSix? = MyClassSix()
obj6?.closure
//通过打印信息可以看出内存已经被释放
obj6=nil
```

提　示

如果闭包的捕获列表中需要对多个引用类型的量值进行引用转换，使用逗号进行分割即可。

10.4　异常的抛出与传递

程序代码的运行很多时候并不会完全按照程序员的设想进行，编写代码时进行可控的异常处理是十分必要的。在 Swift 语言中，所有的错误和异常都由 Error 协议来指定。例如，开发者可以编写自定义的枚举类型，使其遵守 Error 协议来描述所需求的异常类型。

使用 Xcode 开发工具创建一个命名为 ErrorDemo 的 playground 文件，在其中进行本章代码的演练。通过 Error 协议来自定义异常类型，示例代码如下：

```
//自定义的异常类型
enum MyError:Error{
    //定义 3 种程度的异常
    case DesTroyError
    case NormalError
    case SimpleError
}
print("should error")
//进行异常的抛出
throw MyError.DesTroyError
print("finish")
```

上面的示例代码自定义了一种异常类型，之后在代码中通过 throw 关键字进行了异常的抛出。需要注意，抛出的异常如果不进行捕获解决，程序会断在抛出异常的地方，如上所示将不会打印"finish"。

函数在执行时，也可能会产生异常，默认情况下，函数中产生的异常只能在函数内部解决，开发者也可以使用 throws 关键字将此函数声明为可抛异常函数，如此声明则允许开发者在函数外解决函数内部抛出的异常，创建一个可抛出异常的函数示例代码如下：

```
func MyFunc(param:Bool)throws->Void {
    if param {
        print("success")
    }else{
        throw MyError.NormalError
    }
}
```

上面所示的函数需要传入一个布尔类型的参数，当此参数为 true 时，执行正常的打印操作，当此参数为 false 时，函数将抛出异常。对于执行可抛异常的函数，Swift 语言中要使用到 try 关键字。try 关键字的作用是试图执行一个可能抛出异常的函数，其并不能捕获与处理异常，捕获与处理异常需要使用到 do-catch 结构。

10.5　异常的捕获与处理

在 10.4 节向读者提到，如果抛出了异常而不处理，程序就会断在异常抛出的地方，这并不是开发者想要的结果。开发者需要在程序出现异常时就对异常进行即时处理，以避免妨碍程序的正常运转。Swift 语言为开发者提供了 3 种异常处理的方法，即使用 do-catch 结构来捕获处理异常、将异常映射为 Optional 值、终止异常传递。

首先 do-catch 结构是 Swift 语言中处理异常的最常用方法，开发者需要将可能抛出异常的代码放入 do 结构块中，如果这部分代码中有抛出异常，则会从 catch 块中寻找对应的异常类型，如果找到对应的，就会执行此 catch 块中的异常处理代码，示例代码如下：

```
//使用 do-catch 进行异常的捕获与处理
do{
    //将可能产生异常的代码写在 do 块中
    try MyFunc(param: false)
//进行异常类型的匹配
}catch MyError.SimpleError{
    print("SimpleError")
}catch MyError.NormalError{
    print("NormalError")
}catch MyError.DesTroyError{
    print("DesTroyError")
//如果前面的异常类型都没有匹配上就会被最后这个 catch 块捕获到
}catch{
    print("otherError")
}
```

使用 do-catch 结构处理异常可以根据异常类型分别提供处理方案，保证代码的健壮与可控性。

有些时候开发者可能并不关心产生异常的类型与原因，只需要知道有没有产生异常，对于这种情况，使用 do-catch 结构会显得十分烦琐冗余。Swift 语言还提供了另一种方法，可以将异常映射为 Optional 值，如果函数正常运行，没有抛出异常，则正常返回。如果函数执行出错，抛出了异常，则会返回 Optional 值 nil。使用 try?来调用函数可以将异常映射为 Optional 值，示例代码如下：

```
var tmp = try? MyFunc(param: false)
if tmp == nil{
    print("执行失败")
}else{
    print("执行成功")
}
```

这里读者需要注意，返回值 Void 并不是 nil，Void 是空类型，nil 是 Optional 类型中的一种特殊值。由于 try?语法的存在，结合 if-let 语句，开发者可以写出十分飘逸的异常处理代码，示例如下：

```
//使用匿名标识符来接收返回值
if let _ = try? MyFunc(param: false) {
    print("success")
}else{
    print("fail")
}
```

除了上述两种处理异常的场景外，还有一种比较极端的情况：当开发者可以保证此函数一定不会抛出异常时，便可以使用 try!来强行终止异常的传递，然而这么做有一定的风险，如果这个函数真的抛出了异常，就会产生运行时错误。示例代码如下：

```
//如果此函数抛出了异常就会产生运行时错误
try! MyFunc(param: true)
```

10.6 延时执行结构

前面介绍过，延时构造语句 lazy 的作用是降低复杂类实例构造时所消耗的时间。Swift 语言中还提供了一种延时执行结构，在函数中使用延时执行结构可以保证结构中的代码块始终在函数要结束时执行。通常情况下，延时执行结构会被用来释放函数中所使用的一些资源和关闭文件操作等。

读者可能会疑惑，如果想让一部分代码在函数结束前才执行，那么直接将它放在函数的最后不就行了么？实际情况并非如此。在函数中，经常会由于特殊情况提前被 break 中断或者 return 返回；再或者，一个复杂的函数很可能会因为抛出异常而被中断。这些情况都会造成函数的结束，使用延时执行语句可以保证无论函数因为何种原因结束，在结束前都会执行延时结构块中的代码。示例代码如下：

```
func TemFunc()throws -> Void {
    defer{
        print("finish")
    }
    print("handle")
    //抛出异常
    throw MyError.DesTroyError
}
//调用此函数执行的结果为
```

```
/*
 handle
 finish
 */
try TemFunc()
```

10.7 练习与解析

编写一个函数，其功能是输入一个学生分数，打印输出分数所在的成绩等级，60 分以下为不及格，60~75 分之间为及格，76~90 分之间为良好，90 分以上为优秀。需要注意，分数的取值范围为 0~100 之间，输入范围之外的分数将抛出异常，需要打印分数无效的提示。

解析：

```
enum AchieveError:Error{
    case achieveError
}
func printAchieve(mark:Int)throws{
    if mark<0 {
        throw AchieveError.achieveError
    }else if mark<60{
        print("成绩不及格")
    }else if mark<76{
        print("成绩及格")
    }else if mark<91{
        print("成绩良好")
    }else if mark<101{
        print("成绩优秀")
    }else{
        throw AchieveError.achieveError
    }
}
//调用函数
do{
   try printAchieve(mark: 98)
}catch AchieveError.achieveError{
    print("成绩无效")
}catch{
    print("2121")
}
```

10.8 模 拟 面 试

（1）简述 Swift 中内存管理的原理。

回答要点提示：

① Swift 采用内存引用计数的方式进行内存管理。

② 所谓内存引用计数，是指每一个对象（引用类型的示例）内部都有一个计数器，当它被创建出来时，引用计数为 1，每次当有其他对象对它进行引用时，引用计数会增加，当不再对它进行引用时，计数会减少。当某个对象的引用计数降为 0 时，对象会被销毁，内存会被回收。

③ ARC 是 Xcode 编译器特有的功能，其也被称为自动引用计数，即在编写代码时开发者不再需要手动调用内存计数代码，编译器会帮我们完善。

核心理解内容：

理解引用计数的原理。

（2）什么是内存泄漏，简述开发中可能出现内存泄漏的场景。

回答要点提示：

① 内存泄漏是指一个对象不再会被使用却依然占据着内存空间，内存泄漏会随着程序运行时间的增长而积累，直到发生破坏性的错误。

② 在 Swift 语言中，闭包是十分容易产生内存泄漏的一种场景，当闭包作为类成员的属性并且在此包内使用到了类成员本身，十分容易产生循环引用。

③ 在编写代码时，要适时地使用弱引用和无主引用的方式来避免循环引用。

核心理解内容：

熟练使用弱引用与无主引用来避免循环引用。理解循环引用的原理和带来的影响。

第11章

类型转换、泛型、扩展与协议

科学最伟大的进步是由崭新的大胆的想象力所带来的。

—— 约翰·杜威

在 Objective-C 语言中，开发者通过强制转换可以强制使编译器认定实例为某一类型。这样做实际上是将所有类型安全检查都交给了开发者自己，如果强制转换后的类型与实例的真实类型不相符，程序就会产生运行时错误。在 Swift 语言中，需要使用相应关键字来对实例的类型进行检查与转换，系统会帮助开发者监控此次类型转换是否成功，这样的设计使开发者编写代码更加容易，也在代码层面增强了代码的安全性。

泛型是 Swift 语言强大的核心之一。泛型是对普通类型的一种抽象，使用泛型，开发者可以更加方便灵活地表达代码意图。Swift 语言对泛型提供了很强大的支持，熟练地使用泛型可以简化编码过程，节约开发成本，并且在一些棘手的情景中，泛型也是解决问题的关键。

Swift 语言中的扩展语法使得数据类型的构建更加灵活，开发者可以为已经存在的数据类型（如类、结构体、枚举等）添加新的属性和方法。协议是只有属性与方法的声明而没有实现的约定集合，数据类型可以通过实现协议中约定的属性和方法来遵守这个协议。扩展和协议结合使用，可以为协议中约定的属性或方法添加默认的实现。在 iOS 开发中，协议被广泛应用于事件回调中。

通过本章，你将学习到：

- 对类型进行检查与转换。
- Any 与 AnyObject 类型的应用。
- 以泛型作为参数的函数。
- 泛型在类型定义中的应用。
- 结合 where 子句来约束泛型。
- 使用扩展为已有类型添加属性和方法。

- 使用扩展使已有类型遵守协议。
- 对协议进行扩展，添加新的约定方法。
- 使用协议约定属性和方法。
- 通过扩展为协议添加默认实现。

11.1　类型检查与转换

在 Swift 语言中，数据类型的检查和转换需要使用 is 和 as 关键字。类型检查机制使得程序代码更加健壮安全。

11.1.1　Swift 语言中的类型检查

使用 Xcode 开发工具创建一个命名为 TypeCastAndGenerics 的 playground 文件，在其中进行本章代码的演示。Swift 语言中要判断某个实例是否属于某个具体类型，可以使用 is 关键字，使用 is 关键字组成的判断语句将返回一个布尔值，开发者可以根据布尔值的真或者假来判断类型检查结果是否匹配。示例代码如下：

```
var str = "HS"
//进行实例的类型检查
if str is String {
    print("str 的类型是 String")
}
```

对于有继承关系的类，类型检查有如下原则：

- 子类实例进行父类类型的检查可以检查成功。
- 父类实例进行子类类型的检查不可以检查成功。

使用代码描述上面两条原则，示例代码如下：

```
//创建一个基类
class BaseClass {

}
//创建一个子类
class MyClass: BaseClass {

}
var cls1 = BaseClass()
var cls2 = MyClass()
//使用父类实例来进行子类类型的检查 会返回 false
if cls1 is MyClass{
    print("cls1 的类型是 MyClass")
}
```

```
//使用子类实例来进行父类类型的检查 会返回 true
if cls2 is BaseClass{
    print("cls2 的类型是 BaseClass")
}
```

11.1.2　Swift 语言中的类型转换

关于类型转换，Swift 语言中使用的是 as 关键字。与类型检查相似，Swift 语言中类型的转换有着向上兼容与向下转换的原则，简单描述如下：

● 一个父类类型的集合可以接收子类类型的实例。
● 在使用第 1 条原则中父类集合中的实例时，可以将其转换为子类类型。

使用代码描述类型转换的应用，示例代码如下：

```
//自定义一个类及其子类
class MyClass: BaseClass {
    var name:String?
}
class MySubClassOne: MyClass {
    var count:Int?
}
class MySubClassTwo: MyClass {
    var isBiger:Bool?
}
//创建 3 个实例
var obj1 = MyClass()
obj1.name = "HS"
var obj2 = MySubClassOne()
obj2.count = 100
var obj3 = MySubClassTwo()
obj3.isBiger=true
//将实例存放在其公共父类类型的数组集合中
var array:[MyClass] = [obj1,obj2,obj3]
//进行遍历
for var i in 0..<array.count {
    var obj = array[i]
    if obj is MySubClassOne {
        //进行类型转换
        print((obj as! MySubClassOne).count!)
        continue
    }
    if obj is MySubClassTwo {
        //进行类型转换
        print((obj as! MySubClassTwo).isBiger!)
        continue
    }
    if obj is MyClass {
        //使用父类共有的属性
```

```
        print(obj.name!)
    }
}
```

11.2　Any 与 AnyObject 类型

在实际开发中，开发者经常会使用到一些通用类型。例如，在 iOS 的 Cocoa 框架中，NSObject
类是大部分类的一个基类，在 Objective-C 语言中，使用 id 类型来描述通用的对象类型。在某些情
况下，使用通用类型将为开发带来很大的方便。在 11.1.2 节的演示代码中，就使用了基类作为数组
的元素类型来接收不同子类的元素。其实如果数组中的元素是不同类型，并且如果这些类型并没有
一个共同的基类，那么开发者可以使用 AnyObject 来作为引用类型的通用类型。示例代码如下：

```
//创建 3 个各自独立的类
class MyClassOne {

}
class MyClassTwo {

}
class MyClassThree {

}
//进行类的实例化
var clsOne = MyClassOne()
var clsTwo = MyClassTwo()
var clsThree = MyClassThree()
//使用 AnyObject 类型的数组来接收
var clsArray:Array<AnyObject> = [clsOne,clsTwo,clsThree]
for obj in clsArray {
    //进行类型的匹配
    if obj is MyClassOne{
        print("MyClassOne")
    }else if obj is MyClassTwo{
        print("MyClassTwo")
    }else if obj is MyClassThree{
        print("MyClassThree")
    }
```

```
}
```

这里读者需要注意，AnyObject 是通用的引用类型，其并不能用来描述值类型。例如，上面的数组不可以存放结构体、枚举等类型的数据。在 Swift 语言中还提供了一种更加通用的类型 Any，它可以用来描述任意类型，包括值类型和引用类型。示例代码如下：

```
//创建 3 个各自独立的类
class MyClassOne {

}
class MyClassTwo {

}
class MyClassThree {

}
//进行类的实例化
var clsOne = MyClassOne()
var clsTwo = MyClassTwo()
var clsThree = MyClassThree()
//创建一个 Any 元素类型的数组
var anyArray:Array<Any> = [clsOne,clsTwo,clsThree,100,"HS",false,(1,1),
{()->() in print("Closures")}]
```

上面代码中的数组包含了自定义类型实例、Int 整型数据、String 字符串数据、布尔类型值数据、元组类型数据和闭包类型数据。

11.3　泛　　型

泛型是程序设计语言的一种特性，允许开发者在强类型程序设计语言中编写代码时定义一些可变部分，Swift 语言的泛型应用十分自由灵活，并且可以根据需求添加泛型约束。

11.3.1　初识泛型

简单理解，泛型通常用来表达一种未定的数据类型。举个例子，在编写函数时，如果这个函数有参数，开发者就需要明确参数的类型。如果要实现一个函数，其功能将对两个 inout 且类型相同的参数进行值的交换。这个函数的功能需求并没有要求参数具体的类型，只是要求需要类型相同，对于这类的需求，开发者不会也无法使用重载的方式将所有数据类型对应的函数都实现一遍，而泛型刚好可以解决这类问题，示例代码如下：

```
//定义泛型 T
func exchange<T>( param1: inout T, param2: inout T){
    let tmp = param1
    param1 = param2
    param2 = tmp
```

```
}
var p1 = "15"
var p2 = "40"
exchange(param1: &p1, param2: &p2)
print(p1,p2)//输出 40 15
```

如上面的代码所示，泛型可以作为函数的参数。其在语法上的表现为：在函数参数列表前使用尖括号，将要定义的泛型类型列出，其作用域为函数的参数列表与整个函数实现部分，如果要在一个函数中定义多个泛型，使用逗号进行分割即可。

泛型除了可以用于定义函数的参数类型外，在定义数据类型时，也起着十分重要的作用。分析一下 Array 和 Dictionary 结构体的实现，读者可以发现：在声明这类集合类型时，开发者可以同时设置这些集合类型中所要存放的元素的类型。我们也可以通过泛型来实现。

熟悉程序开发的都知道，栈是一种先进后出的数据结构，其对数据的操作分为入栈和出栈两种，可以通过图 11-1 来理解。

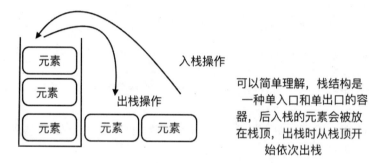

图 11-1　栈结构示意图

模仿系统集合类型的实现思路，实现一个自定义结构体类型"栈结构体"，示例代码如下：

```
//定义一个栈结构体 ItemType 为定义栈中元素类型的泛型
struct Stack<ItemType> {
    //内部有关元素类型的操作都使用 ItemType
    var items:[ItemType] = []
    mutating func push(param:ItemType) {
        self.items.append(param)
    }
    mutating func pop()->ItemType{
        return self.items.removeLast()
    }
}
//整型栈
var obj7 = Stack<Int>()
//进行入栈和出栈操作
obj7.push(param: 1)
obj7.pop()
//字符串栈
var obj8 = Stack<String>()
//进行入栈和出栈操作
obj8.push(param: "HS")
```

```
obj8.pop()
```

在 Swift 语言中，还有扩展这样一种语法，其作用是为已经存在的数据类型添加新的功能。后面章节中会有扩展的专门讲解。这里只是需要提前使用一下扩展的概念。如果对使用了泛型的数据类型进行扩展，在扩展中开发者不需要再次定义泛型，如果需要使用原数据类型定义的泛型，直接使用即可，示例代码如下：

```swift
//定义一个栈结构体 ItemType 为定义栈中元素类型的泛型
struct Stack<ItemType> {
    //内部有关元素类型的操作都使用 ItemType
    var items:[ItemType] = []
    mutating func push(param:ItemType)  {
        self.items.append(param)
    }
    mutating func pop()->ItemType{
        return self.items.removeLast()
    }
}
//为 Stack 栈类型添加一个扩展
extension Stack{
    //为其添加一个方法 这个方法将返回整体数据 直接使用泛型 ItemType 即可
    func getArray() -> [ItemType] {
        return items
    }
}
```

11.3.2　对泛型进行约束

11.3.1 节示例的泛型都是完全泛型，开发者并没有对其进行任何约束，其可以表达任何数据类型。然而有时候，开发需求的是一定约束条件的泛型。在 Swift 语言中，可以通过两种方式对泛型进行约束：一种是通过继承基类或者遵守协议来进行约束，另一种是通过 where 子句来进行约束。

使用继承的方式约束泛型的类型。约束该泛型必须为某一基类或者继承于某一基类而来的子类，示例代码如下：

```swift
//定义一个基类
class MyClass {

}
//只有 MyClass 的类或其子类才可以成为 Stack 栈中的元素
struct Stack<ItemType:MyClass> {
    var items:[ItemType] = []
    mutating func push(param:ItemType)  {
        self.items.append(param)
    }
    mutating func pop()->ItemType{
        return self.items.removeLast()
    }
}
```

使用遵守协议的方式约定泛型。协议也是 Swift 语言中的一种重要结构，在 Objective-C 中也有协议的概念，也类似于 Java 语言中的接口。协议中可以定义一些没有实现的方法或者属性，遵守这个协议的类型需要对其中定义的方法和属性进行实现。关于协议的详细内容，后面章节会有所讲解，这里提前使用协议来进行泛型约束的演示，示例代码如下：

```
protocol MyProtocol {

}
//定义一个 Stack 栈结构体 只有遵守了 MyProtocol 协议的类型才可以作为 Stack 栈中的元素
struct Stack<ItemType:MyProtocol> {
    //内部有关元素类型的操作都使用 ItemType
    var items:[ItemType] = []
    mutating func push(param:ItemType) {
        self.items.append(param)
    }
    mutating func pop()->ItemType{
        return self.items.removeLast()
    }
}
```

其实在协议中，泛型还有特殊的应用：在创建协议时，可以使用 associatedtype 关键字进行泛型类型的关联。当有数据类型实现此协议时，这个关联的泛型的具体类型才会被指定，示例代码如下：

```
//定义一个协议
protocol MyProtocol {
    //实现协议时才指定类型
    associatedtype ItemType
    //协议中约定一个 ItemType 类型的计算属性 param
    var param:ItemType {get set}
    //协议中约定一个打印方法
    func printParam(param:ItemType)->Void;
}
//定义一个遵守 MyProtocol 协议的类
class MyClassP:MyProtocol {
    //进行 param 计算属性的实现
    //由于 Swift 可以自动识别类型 这时 MyProtocol 中的 ItemType 为 Int
    var param: Int{
        get{
            return 0
        }
        set{

        }
    }
    //对打印方法进行实现 此时方法中的参数类型会被识别为 Int
    func printParam(param: Int) {
        print(param);
    }
}
```

使用 where 子句与泛型进行结合，可以为泛型添加更加严格的类型约束，示例代码如下：

```
//T 和 C 都要遵守整型协议
class MyClassTC<T,C> where T:Integer,C:Integer {
    var param1:T
    var param2:C
    init(param1:T,param2:C){
        self.param1=param1
        self.param2=param2

    }
}
var obj9 = MyClassTC(param1: 1, param2: 1)
```

11.4　扩展与协议

扩展用于对已经存在的数据类型进行新功能的追加，而协议用于约定属性与方法供遵守它的数据类型实现。在 Swift 语言中，扩展与协议结合使用可以使代码结构更加规整，开发者在编写功能逻辑时更加方便简单，也更有利于程序的扩展性。

11.4.1　使用扩展对已经存在的数据类型进行补充

熟悉 Objective-C 语言的读者知道，在 Objective-C 语言中有着类别的语法，其功能也是为已经存在的类添加新的功能。与 Swift 语言中的扩展不同的是，类别是有名称的，而扩展没有名称。Swift 语言中的扩展支持如下功能：

- 添加计算属性。
- 定义示例方法和类型方法。
- 定义新的构造方法。
- 定义下标方法。
- 定义嵌套类型。
- 使一个已有的类型遵守协议。
- 对协议进行扩展添加新的属性或方法约定。

使用 Xcode 开发工具创建一个命名为 ExtensionAndProtocol 的 playground 文件，用作本章代码的演示。在语法上，扩展使用 extension 关键字来进行定义，示例代码如下：

```
//创建一个类 有两个属性
class MyClass {
    var name:String
    var age:Int
    init(){
        name = "HS"
```

```
            age = 24
    }
}
//为 MyClass 类扩展一个计算属性
extension MyClass {
    var nameAndAge:String{
        return "\(name)"+"\(age)"
    }
}
var obj = MyClass()
//调用扩展中添加的属性
obj.nameAndAge
```

上面的代码演示了通过扩展为类新增计算属性。同样的，也可以为类型新增一个构造方法，示例代码如下：

```
extension MyClass {
    var nameAndAge:String{
        return "\(name)"+"\(age)"
    }
    convenience init(name:String,age:Int){
        self.init()
        self.name=name
        self.age=age
    }
}
//使用扩展中的构造方法
var obj2 = MyClass(name: "ZYH", age: 24)
```

也可以通过扩展添加实例方法与类方法，示例代码如下：

```
extension MyClass{
    //扩展一个实例方法
    func logName() -> String {
        print(name)
        return name
    }
    //扩展一个类方法
    class func logClassName(){
        print("MyClass")
    }
}
var obj3 = MyClass()
//调用扩展中的方法
obj3.logName()
MyClass.logClassName()
```

有一点需要注意，如果是对值类型进行扩展，可以使用 mutating 关键字来修饰方法，使得在方法内部可以直接修改当前实例本身，示例代码如下：

```
extension Int{
    //修改本身需要使用 mutating
```

```
    mutating func change() {
        self = self*self
    }
}
var count = 3
count.change()
//打印 9
print(count)
```

可以使用扩展来使某个类遵守一个协议，示例代码如下：

```
//定义一个协议
protocol MyProtocol {
    func myFunc();
}
//使用扩展使类型遵守某个协议
extension MyClass:MyProtocol{
    //必须对协议中的方法进行实现
    func myFunc() {
        print("myFunc")
    }
}
var cls = MyClass()
cls.myFunc()
```

需要注意，如果使用扩展使某个数据类型遵守了一个协议，那么在此扩展中就需要实现协议中的方法。

11.4.2　协议的特点与应用

协议是一个比较抽象的概念。语法上，协议中可以定义一些属性与方法，这些属性和方法只是声明，协议中并不能实现这些属性和方法。协议也不是一种数据类型，没有构造方法也不需要实例化。关于协议，读者可以通过现实中的一种场景来理解，以汽车生产厂商为例，他们做的更多的工作是对汽车的组装，而并不需要生产汽车上所需的所有元件。例如，汽车轮胎由专门的汽车厂商生产，引擎由专门生产引擎的厂商生产等。那么汽车生产商是如何保证所有元件的生产刚好互相匹配，可以完美地组装在一起呢？其实这里用到的也是一种协议的思想，汽车生产商只需要定义一套标准的协议，各个元件生产商根据协议中的规范来生产相应的元件，最后就可以将所有的元件完美拼装在一起。在这个过程中，汽车生产商只是作为协议的制定者，他并没有参与到具体的元件生产中，各个元件生产商也并不关心汽车的总体结构，他们只需要按照协议规范来生产元件即可。类比于软件开发，协议的指定只是约定了一系列的属性或者方法，遵守协议的数据类型来为其提供真正的实现。

在 Swift 语言中，协议使用 protocol 关键字来创建，其中可以声明属性与方法。属性在具体实现时既可以是计算属性，也可以是存储属性。示例代码如下：

```
protocol PortocolNew {
    //定义实例属性
```

```
    //可读的
    var name:String{get}
    //可读可写的
    var age:Int{set get}
    //可读的
    var nameAndAge:String{get}
    //定义静态属性
    static var className:String{get}
}
//创建一个类来遵守 Protocol 协议
class ClassNew: PortocolNew {
    //进行协议中属性的实现
    var name: String
    var age: Int
    var nameAndAge: String{
        get{
            return "\(name)"+"\(age)"
        }
    }
    static var className: String{
        get{
            return "MyClass"
        }
    }
    init(){
        name = "HS"
        age = 24
    }
}
```

读者需要注意，当协议中约定的属性是可读时，并非只读的意思，在实现中既可以是只读的也可以是可读可写的。如果协议中约定的属性为可读可写，则在实现时其必须是可读可写的。

在协议中进行方法的定义，示例代码如下：

```
//定义一个协议
protocol PortocolNewTwo {
    //声明示例方法
    func logName()
    //声明静态方法
    static func logClassName()
}
//遵守协议 进行实现
class ClassNewTwo: PortocolNewTwo {
    var name: String
    var age: Int
    init(){
        name = "HS"
        age = 24
    }
    func logName() {
```

```
        print(name)
    }
    static func logClassName() {
        print("ClassNewTwo")
    }
}
```

上面的代码演示了如何在协议中声明实例方法与静态方法。同样的，协议中也可以进行构造方法的声明。

协议中虽然没有任何属性和方法的实现，但在很多应用场景中，其在语法上和普通数据类型有着相似的结构。例如，其可以作为函数中参数的类型，其意义是此参数可以是任意遵守了此协议的数据类型，示例代码如下：

```
protocol MyPortocol {
    //定义实例属性
    var name:String{get}
    var age:Int{set get}
    var nameAndAge:String{get}
    static var className:String{get}
    func logName()
    static func logClassName()
}
//将协议类型作为参数
func test(param:MyPortocol) {
    param.logName()
}
```

协议也可以作为某一个集合的元素类型，其意义是集合中所有的元素都要遵守此协议，示例如下：

```
var array:Array<MyProtocol>
```

协议也和类拥有相同的继承语法，一个协议继承了另一个协议，它就会拥有父协议中声明的属性和方法，示例代码如下：

```
//定义一个协议
protocol PortocolNewTwo {
    //声明示例方法
    func logName()
    //声明静态方法
    static func logClassName()
}
protocol SubProcotol:PortocolNewTwo {
    //此协议中自动继承 PortocolNewTwo 协议中约定的方法
}
```

协议可以被类、结构体等数据类型遵守。如果开发者需要使某个协议只能被类遵守，可以使用 class 关键字来修饰，示例如下：

```
protocol ClassProcotol:class {
    //此协议只能被类遵守
```

```
}
```

协议中还有一个语法点需要读者注意，如果需要协议中约定的属性或者方法是可选实现的，则可以将其声明为 optional 类型的，同时，需要将整个协议用@objc 关键字修饰，示例代码如下：

```
@objc protocol ClassProcotol:class {
    //此协议方法可选实现 即遵守协议的类可以实现也可以不实现
    @objc optional func log();
}
```

提　示
由于协议可以继承，因此也可以使用 is、as!、as?等关键字进行检查与转换。

11.4.3　协议与扩展的结合

11.4.2 节向读者介绍的扩展可以为数据类型添加新的功能。事实上，通过扩展也可以为协议中约定的属性方法提供默认的实现，这种语法功能的意义将十分重大。开发者可以为某个协议提供一个扩展，在扩展中为其约定的属性方法提供一套默认的实现，这样所有遵守此协议的数据类型都获取到了扩展中的默认实现，示例代码如下：

```
@objc protocol ClassProcotol:class {
    //此协议方法可选实现 即遵守协议的类可以实现也可以不实现
    optional func log()
}
//为 ClassProtocol 中的方法提供默认实现
extension ClassProcotol{
    func log(){
        print("log")
    }
}
//遵守 ClassProtocol 协议
class ClassE: ClassProcotol {

}
var clsE = ClassE()
//直接可以调用协议中默认的实现方法
clsE.log()
```

11.5　模　拟　面　试

（1）简述泛型在实际编程中的意义。

回答要点提示：

① 泛型的"泛"是泛指的意思。在编程中，尤其是在某些集合类型中，我们常常不能明确指定其类型，比如某个数组，要存放多种类型的对象，这时候我们就需要使用泛型。

② 泛型有其灵活的一面，但是不能滥用泛型，使用泛型会丢失编译器的类型检查功能。

③ 泛型配合 as 和 is 类型转换与类型检查关键字可以在十分灵活的情况下保证代码的安全性。

核心理解内容：

能够熟练使用泛型来定义集合类型，在使用具体类型未知的数据前，要使用类型检查或转换的相关方法保证代码安全。

（2）在 Swift 中，协议是怎样的一种语法，有什么使用场景？

回答要点提示：

① 协议是用来声明属性或方法的一种语法结构，在协议中，并没有属性和方法的定义，只有声明，这些声明的属性和方法需要类来遵守协议并实现。

② 协议中声明的方法可以标记为必须实现和选择实现，必须实现的方法如果类遵守了此协议则必须实现它们，选择实现的方法可以按照需要来实现。

③ 面向协议编程是一种非常现代的编程思路，在开发项目时，我们可以先把要设计的功能接口定义为协议，之后编写具体的类来实现协议。这样的优势是无论之后类的实现怎么修改，接口协议只要确定，就不需要外界关心了，降低了耦合性。

第 **12** 章

Swift 4 特性指南

众所周知，Swift 3.0 版本是 Swift 语言发展过程中非常大的一次更新。Swift 3.0 版本在 2016 年 9 月 13 日发布，优化了接口命名、语法结构等，之后在 2016 年 10 月 27 日与 2017 年 3 月 27 日分别发布了 Swift 3.0.1 和 Swift 3.1 版本，这两个版本只是在 Swift 3.0 的基础上做了小的完善和优化。至此，Swift 语言的语法和功能基本定型。2017 年 9 月 19 日发布了 Swift 4.0 版本，其间又有过几次小的迭代，到 2018 年 9 月 17 日为止，目前最新的 Swift 版本为 4.2。从 4.0 之后的版本更新的内容对 Swift 语言本身来说并不算核心，但是我们依然有必要了解和学习一下。

本章将介绍从 Swift 4.0 到 Swift 4.2 版本中比较显著且重要的新特性。

通过本章，你将学习到：
- 内存安全检查特性
- 关联类型的约束方式
- 多行字符串的创建
- 区间运算符的更多功能
- 协议的混合方法

12.1　内存安全检查（独占访问权限）

独占访问权限是 Swift 4 中引入的一大新特性。然而大部分人都将这一特性误解了，很多开发者认为这是一种编译器的编译时特性，例如可以在数组越界时、对遍历中的数组进行删添元素时产生编译异常。其实并非如此，独占内存访问权限特性是一种编译时和运行时的安全特性，其和数组也没有任何关系，当两个变量访问同一块内存时，会产生独占内存访问限制。

新建一个命名为 AccessMemory 的 playground 文件，在其中进行本节测试代码的编写。首先，在 Swift 中对内存的访问有读访问与写访问两种，例如：

```
//写访问
var name = "jaki"
//读访问
print(name)
```

在 Swift 4 以前，程序对内存的读写访问并没有严格的控制，如果你在读内存时有写内存操作，或者写内存时有读操作并不会产生什么异常（当然，你自己要清楚读写后变量的值，以免产生逻辑歧义）。Swift 4 中则引入了独占内存访问权限的特性，如果符合如下 3 个条件，则程序会产生读写权限冲突：

（1）至少有一个变量在使用写权限。

（2）变量访问的是同一个内存地址。

（3）持续时间有重叠。

在开发中，可能会产生读写权限冲突的情况有以下 3 种。

1. inout 参数读写权限冲突

一般情况下，值类型的传参总会产生复制操作。inout 参数则使得函数内可以直接修改外部变量的值。inout 参数是最容易产生读写冲突的场景，例如：

```
var stepSize = 1
func increment(_ number: inout Int) {
    number += stepSize//crash
}
increment(&stepSize)
```

需要注意，上面的代码在 playground 中可能并不会产生异常，这是一个运行时错误，你可以创建一个完整的项目，在其中测试这段代码。

上面的代码在 Swift 3 中没有任何问题，在 Swift 4 环境中运行则会直接 crash。在函数中，inout 参数从声明开始到函数的结束，这个变量始终开启着写权限，对应上面的代码，number 参数开启着写权限，stepSize 则进行了读访问，如此则满足上面的权限冲突规则，会产生读写冲突。同样，如果对两个 inout 参数访问同一个内存地址，也会产生读写权限冲突，例如：

```
var stepSize = 1
func increment(_ number: inout Int,_ number2: inout Int) {
  var a = number+number2
}
increment(&stepSize,&stepSize)
```

2. 结构体中自修改函数的读写冲突

Swift 语言中的结构体也是一种值类型，因此其也存在读写冲突的场景，例如：

```
struct Player {
    var name: String
    var health: Int
    var energy: Int

    let maxHealth = 10
    mutating func shareHealth(_ player:inout Player) {
        health = player.health
```

```
        }
    }
var play = Player(name: "jaki", health: 10, energy: 10)
play.shareHealth(&play)//产生错误
```

shareHealth 函数中使用到的 health 是对 self 自身的读访问，而 inout 参数是写访问，会产生读写权限冲突。

3. 值类型中属性的读写访问权限冲突

在 Swift 语言中，结构体、枚举和元组中都有属性的概念。由于其都是值类型，在对不同的属性进行访问时也会产生冲突，例如：

```
class Demo {
    var playerInformation = (health: 10, energy: 20)
    func balance(_ p1 :inout Int,_ p2 :inout Int) {

    }
    func test() {
        self.balance(&playerInformation.health,
&playerInformation.energy)//crash
    }
}
let demo = Demo()
demo.test()
```

看到这里你一定会觉得这太严格了，对不同属性的访问也会产生读写冲突。实际上，在开发中大部分的这种访问都会被认为是安全的，需要满足下面 3 个条件：

（1）访问的是存储属性而不是计算属性。

（2）访问的是结构体局部变量（函数中的变量）而不是全局变量。

（3）结构体不被闭包捕获，或者只是被非逃逸的闭包捕获。

将上面的 playerInformation 变量修改成局部的，程序就可以正常运行了：

```
class Demo {

    func balance(_ p1 :inout Int,_ p2 :inout Int) {

    }
    func test() {
        var playerInformation = (health: 10, energy: 20)
        self.balance(&playerInformation.health, &playerInformation.energy)
    }
}
let demo = Demo()
demo.test()
```

其实，Swift 4 中的独占内存访问权限特性一般情况下我们都不会使用到，但是了解一下还是很有必要的。Swift 是一种安全性极高的语言，也是其设计的核心思想与方向，例如类构造方法的安全性检查特性，变量类型的安全限制特性等都是将开发者编写代码的安全交给语言特性来负责，而不是开发者的经验。这让初学者可以更少出错，语言运行时的不可控因素更少。

12.2　关联类型可以添加 where 约束子句

associatedtype 是 Swift 协议中一个很有用的关键字，其也是 Swift 泛型编程思想的一种实现。在 Swift 3 中，associatedtype 从语法上是不能追加 where 子句的，Swift 4 增强了 associatedtype 的功能，其可以使用 where 子句进行更加精准的约束，示例代码如下：

```
//容器协议
protocol Container {
    //约束 item 泛型为 Int 类型
    associatedtype Item where Item == Int
    func append(_ item: Item)
    var count: Int { get }
    subscript(i: Int) -> Item { get }
}
class MyIntArray: Container {
    //这个地方必须指定为 Int 否则会报错
    typealias Item = Int
    func append(_ item: Int) {
        self.innerArray.append(item)
    }
    var count: Int{
        get{
            return self.innerArray.count
        }
    }
    subscript(i: Int) -> Int {
        return self.innerArray[i]
    }
    var innerArray = [Int]()
}
```

12.3　增强字符串和区间运算符的功能

在 Swift 4 以前，字符串只能创建单行的。Swift 4 中引入了字面量创建多行文本的语法，例如：

```
var multiLineString = """
abcd
jaki
24
"""
print(multiLineString)
```

这种方式可以大大减少在创建字符串时人为添加换行符。

关于 String 操作的相关 API，在 Swift 4 中也有许多优化，例如字符串的下标操作与字符操作一直是 Swift 语言的硬伤，使用起来十分麻烦，在 Swift 4 中都进行了优化。取字符串的子串的方式也更加规范。

Swift 语言中的区间运算符使用起来十分方便，例如在 Swift 3 中，我们若要遍历数组的范围，则可以使用如下代码：

```
//Swift3 代码
let array = ["1","2","3"]
for item in array[0..<array.count]{
    print(item)
}
```

Swift 3 中的...运算符只是作为闭区间运算符使用，在 Swift 4 中可以用来取集合类型的边界，如字符串、数组等，例如：

```
let array = ["1","2","3"]
for item in array[0...]{
    print(item)
}
```

12.4 泛型与协议功能的增强

subscript 方法可以为 Swift 中的类添加下标访问的支持。在 Swift 4 中，subscript 方法更加强大，其不只可以支持泛型，而且可以支持 where 子句进行协议中关联类型的约束，示例如下：

```
//下标协议
protocol Sub {
    associatedtype T
    func getIndex()->T
}
//实现下标协议的一种下标类
class Index:Sub {
    init(_ index:Int) {
        self.index = index
    }
    var index:Int
    func getIndex() -> Int {
        return self.index
    }
}
class MyArray {
    var array = Array<Int>()
    func push(item:Int) {
        self.array.append(item)
    }
    //泛型 并进行约束
    subscript<T:Sub>(i:T)->Int where T.T == Int {
        return self.array[i.getIndex()]
    }
}
var a = MyArray()
a.push(item: 1)
```

```
print(a[Index(0)])
```

　　Swift 在对变量类型进行界定时，是支持使用协议的。例如，在 Swift 3 中，我们可以编写如下代码：

```
//swift3
protocol People {
    var name:String{set get}
    var age:Int{set get}
}
protocol Teach {
    func teachSwift()
}
class Teacher: People,Teach {
    var name: String = "jaki"

    var age: Int = 25

    func teachSwift() {
        print("teaching...")
    }
}
func printTeacher(p:Teacher) {
    print(p.name,p.age)
    p.teachSwift()
}
```

　　在上面的代码中，printTeacher 方法里使用 Teacher 类对参数进行了界定。实际上这种做法并不好，Teacher 类只是 Teach 协议与 People 协议的一种混合实现，在定义方法参数时，应该使用协议来进行参数的界定，可是 Teacher 类同时实现了两个协议，这在 Swift 3 版本中是无法解决的问题，在 Swift 4 中你则可以这样写：

```
protocol People {
    var name:String{set get}
    var age:Int{set get}
}
protocol Teach {
    func teachSwift()
}
class Teacher: People,Teach {
    var name: String = "jaki"

    var age: Int = 25

    func teachSwift() {
        print("teaching...")
    }
}
func printTeacher(p:Teach&People) {
    print(p.name,p.age)
    p.teachSwift()
}
```

　　& 复合可以对协议进行混合，更加贴近面向协议的编程方式。

12.5 模 拟 面 试

（1）使用 Swift 语言进行编程，简述你认为的 Swift 语言的独到之处。

回答要点提示：

① 安全性极高。所谓安全性，实际上就是语言是否容易出错，再通俗一些，即一种编程语言是依赖其自身特性防止其出错还是依赖开发者经验防止其出错。在 Swift 中，基本不会出现类型不匹配、类型被隐式转换等问题。当然，换句话说，这也使得编程者必须遵守更多的规则（或者说写更多的代码），虽然各有利弊，但对初学者来说，Swift 明显要友好很多。

② 灵活性极高。Swift 语言的灵活性具有现代编程语言的特点，尤其是其对泛型的支持，使得面向协议的编程方式在 Swift 语言上可以畅行无阻。

③ 编码体验极优。编码体验这点并不完全依赖于 Swift 语法，也多有编译器的功劳。例如，支持字符串内嵌变量来构建字符串，支持后置闭包的写法，支持元组类型，支持默认隐式拆包类型等。

核心理解内容：

从 Swift 语言第 1 个版本发布到 Swift 3 和 Swift 3.2 进行了语言内容和风格的大改，在 Swift 4 中进行的改动实际并不大而且大多是开发中可能用不到的特性。Swift 语言的设计风格与其他传统语言有着本质的区别，要在使用中体会 Swift 语言的设计之妙。

第 2 部分　iOS 开发基础

　　读者可能会觉得第一部分的语法学习枯燥无趣，在一种编程技术的学习过程中，难免会有这样的糟糕体验，不过本部分的内容一定会使你兴趣大增，精神百倍。并且，如果严格学习并掌握了本书第一部分的语法内容，那么在学习本部分以及之后的内容时一定会游刃有余。

　　本部分将向读者介绍 iOS 软件开发基础，本部分及之后的内容也是对 Swift 编程语言的实际应用。在一款移动客户端软件的开发中，有 4 项技术是必须掌握的：

　　（1）语言基础。

　　（2）界面开发技术。

　　（3）网络处理技术。

　　（4）数据处理与存储技术。

　　学习完本书第一部分的读者一定已经掌握了上面的第一项技术——语言基础。界面开发技术用于搭建最直接与用户交互的 UI 界面，一款应用程序中的一个标题、一个按钮、一个列表或输入框等这些都属界面开发的领域，读者学习本部分后，应该可以做到根据设计师给的设计图开发出对应的 UI 界面。界面是应用程序的外表，而一款应用程序的业务逻辑则离不开数据，更多情况下，数据都是通过网络进行传输与交换的，因此网络技术和数据处理技术也是开发一款完整应用程序不可缺少的部分。本部分内容将分为 5 章向读者介绍，除了基础界面开发技术、网络处理与数据处理技术外，本书也将基于实用的原则向读者介绍 iOS 程序开发中动画技术的应用，掌握动画技术可以为你的应用程序增光添彩。

第13章

UI 控件与逻辑交互（1）

真正美丽的人是不多施脂粉，不乱穿衣服。

—— 老舍

UI 是软件的外表，也是软件与用户交互的最直接方式。一款软件的成功与否，很大程度上也取决于 UI 设计是否美观大方。学习 iOS 开发，在有了扎实的编程语言基础后，我们就可以踏上 UI 界面的学习开发之路了。iOS 开发框架为开发者提供了许多原生的 UI 控件，这些控件的接口设计十分简洁优美，并且易于扩展和自定义。本章将开始逐步向读者介绍 iOS 开发中常用的 UI 控件及其使用方法。

提 示

该部分知识将使用 iOS 模拟器来进行代码效果的演示，这与在第一部分的语法学习有很大不同。边学边练、学有所得、得有所见是本部分学习的基本思路，通过程序界面的效果展示，读者可以从自己的学习成果中获得很大的鼓励与兴趣。

通过本章，你将学习到：

- iOS 项目工程的创建及项目结构。
- UILabel 标签控件的使用。
- UIButton 按钮控件的使用。
- UIImageView 图片视图的使用。
- UITextField 文本输入框控件的使用。
- UISwitch 开关控件的使用。
- UIPageControl 分页控制器控件的使用。
- UISegmentedControl 分部控制器的使用。

13.1 iOS 项目工程简介

在学习第一部分的语法时，我们一直使用 playground 来进行代码的编写与演示，playground 是非常适合初学者学习语法或进行代码演练的工具。如果要开发一个完整项目，我们就需要在项目工程中编写代码，并且在模拟器或者相关设备上进行程序的运行。

13.1.1 创建 iOS 项目工程

打开 Xcode 开发工具，在欢迎界面选择 Create a new Xcode project，创建一个 Xcode 项目工程，如图 13-1 所示。

图 13-1　创建一个 Xcode 项目工程

在弹出的选择项目模板的窗口中选择 Single View Application 模板，这个模板将会帮助开发者创建一个应用主界面，如图 13-2 所示。

图 13-2　选择工程模板

在之后的项目配置窗口中填写相关信息，如图 13-3 所示。其中 Product Name 填写项目名称，这里取名为 FirstProject。Team 需要填写开发者团队，如果读者没有配置开发者账号，这里可以不选择。Organization Name 与 Organization Identifier 用于填写公司组织的名称和编号。Bundle Identifier 是应用的唯一标识符，Xcode 会自动生成，开发者也可以在项目工程中进行修改。Language 选项选择使用的开发语言，iOS 程序开发只支持 Objective-C 与 Swift 两种语言，这里选择 Swift 语言。Devices 选项选择项目所支持的设备平台，可以选择 iPhone、iPad 和 Universal，如果选择 Universal 则表示此项目 iPhone 与 iPad 平台通用。下面的 3 个选择框用于选择是否创建 CoreData 数据管理模型、单元测试功能以及 UI 测试功能，由于本节不需要这些功能，因此读者可以不勾选。之后单击 Next 按钮进行项目工程的创建。

创建好 iOS 项目工程后，首先观察工程结构：工程最外层被分为两个文件夹，一个文件夹用于存放项目开发中的源代码文件，另一个文件夹用于存放工程编译后的可执行文件。模板创建的源代码文件有两个，分别为 AppDelegate.swift 文件与 ViewController.swift 文件。AppDelegate 文件是应用程序的入口，ViewController 文件是模板默认创建的一个视图控制器文件。如果读者运行工程，这个控制器中的内容将展现在模拟器的屏幕上。除了这两个 swift 代码文件，还有另外一些文件和文件夹：Main.storyboard 文件是可视化的界面开发文件，Assets.xcassets 是一个文件夹，用于存放项目中需要用到的图片素材文件，LaunchScreen.storyboard 是应用的启动闪屏界面，Info.plist 文件是项目的配置文件。上面所提的目录结构如图 13-4 所示。

图 13-3　填写项目配置信息

图 13-4　iOS 工程的目录结构

13.1.2　运行第一个 iOS 程序

本节将基于 13.1.1 节的工程模板来完成 iOS 设备上的第一个应用程序：Hello World。首先选择工程目录中的 Main.storyboard 文件，可以看到 Xcode 开发工具的编码区变成了 storyboard 可视化开发界面，如图 13-5 所示。

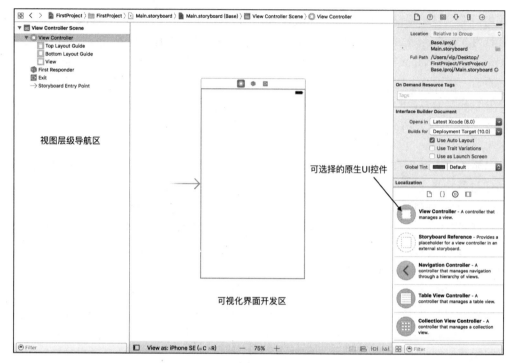

图 13-5

使用 storyboard 工具进行开发最大的好处就是所见即所得，开发者从 Xcode 开发工具右下方选取所需要的独立 UI 控件，直接将其拖曳至可视化界面开发区的视图上即可。例如，在控件列表中找到 Label 控件（标签控件），直接将其拖曳至屏幕界面的中央，双击 Label 控件可以编辑其中的文字，在其中输入 HelloWorld，如图 13-6 所示。

在 Xcode 开发工具中选择需要使用的模拟器，这里选择 iPhone SE，之后单击运行按钮（三角形按钮），如图 13-7 所示。

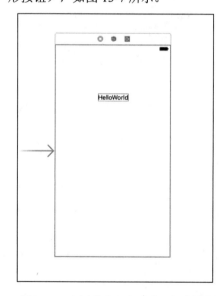

图 13-6　在屏幕中添加一个 Label 控件

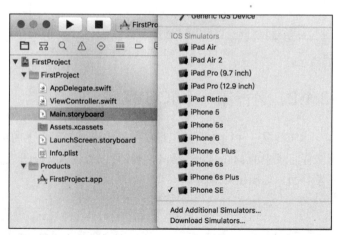

图 13-7　选择模拟器并运行工程

稍等片刻，就可以看到程序运行的效果，如图 13-8 所示。

图 13-8　模拟器运行效果

至此，一个最简单的 HelloWorld 应用程序就完成了，后面会向读者具体介绍 iOS 开发中每个独立 UI 控件的特点与应用。

13.2　标签控件——UILabel

UILabel 控件是 iOS 界面开发中最简单的文本标签显示控件，其可以灵活设置要显示文本的字体、颜色、行数、阴影等效果。

13.2.1　使用代码创建一个 UILabel 控件

iOS 界面的开发除了可以使用 storyboard 可视化工具外，也可以直接通过代码来创建。本节将使用纯代码的方法来演示 UILabel 控件的使用。首先使用 Xcode 开发工具创建一个命名为 UILabelTest 的工程，选择模板中创建好的 ViewController.swift 文件，这个文件中默认提供了两个方法：

```
override func viewDidLoad() {
    super.viewDidLoad()
}
override func didReceiveMemoryWarning() {
    super.didReceiveMemoryWarning()
}
```

通过 override 关键字可以知道，这两个方法都是覆写父类的方法，其中 viewDidLoad() 方法会在视图控制器已经加载时进行调用，didReceiveMemonryWarning() 方法会在系统收到内存警告时被调用。开发者一般会将视图控制器中控件的创建工作放入 viewDidLoad() 方法中。在

viewDidLoad()方法中编写如下代码：

```
override func viewDidLoad() {
        super.viewDidLoad()
        //创建 UILabel 控件对象
        let label = UILabel(frame: CGRect(x: 20, y: 20, width: 200, height: 30))
        //设置文本
        label.text = "我是一个普通的便签控件"
        //将其添加到当前视图上
        self.view.addSubview(label)
    }
```

上面的示例代码使用 UILabel(frame:)构造方法进行 UILabel 控件的创建，其中 frame 参数为 CGRect 类型的矩形，CGRect(x:y:width:height:)构造方法中前两个参数用于设置控件的 x 坐标与 y 坐标，后两个参数用于设置控件的宽度和高度。

提 示

在 iOS 系统坐标体系中，横向为 x 轴，纵向为 y 轴。和数学中的坐标系不同的是：iOS 系统的坐标系沿 x 轴向右为 x 轴的正方向，沿 y 轴向下为 y 轴的正方向，故坐标原点在左上角。

运行工程，效果如图 13-9 所示。

图 13-9　使用代码创建普通的 UILable 控件

13.2.2　自定义 UILable 控件的展示效果

UILabel 控件是用来显示文本的视图控件，它还给开发者提供了很多灵活丰富的接口，用于对文字进行不同风格的设置，例如字体的大小、颜色等。示例代码如下：

```
override func viewDidLoad() {
    super.viewDidLoad()
    //创建 UILabel 控件对象
```

```
let label = UILabel(frame: CGRect(x: 20, y: 20, width: 200, height: 30))
//设置文本
label.text = "我是一个普通的便签控件"
//将其添加到当前视图上
self.view.addSubview(label)

//创建自定义的 UILabel 控件对象
let label2 = UILabel(frame: CGRect(x: 20, y: 60, width: 200, height: 30))
//设置文本
label2.text = "我是一个自定义的便签控件"
//设置字体 这里设置字号为 20 并且加粗的系统字体
label2.font = UIFont.boldSystemFont(ofSize: 20)
//设置字体颜色
label2.textColor = UIColor.red
//设置阴影颜色
label2.shadowColor = UIColor.green
//设置阴影的位置偏移
label2.shadowOffset = CGSize(width: 2, height: 2)
//设置文字对齐模式
label2.textAlignment = NSTextAlignment.center
//将其添加到当前视图上
self.view.addSubview(label2)
}
```

在上面的示例代码中，textColor 属性用于设置字体的颜色；shadowColor 属性用于设置阴影的颜色；shadowOffset 用于设置阴影的偏移尺寸；textAlignment 用于设置文字的对齐方式，其需要设置为 NSTextAlignment 类型的枚举值，除了设置为 center（居中）外，还可以设置为 left、right，即居左和居右。

运行工程，模拟器效果如图 13-10 所示。

图 13-10　自定义样式的 UILabel 控件

13.2.3 定义更加丰富多彩的 UILabel 控件

UILable 控件默认只显示单行文本，开发者也可以通过设置相关属性使其显示多行文本，示例代码如下：

```
//创建长文本的UILabel控件对象
let label3 = UILabel(frame: CGRect(x: 20, y: 110, width: 200, height: 150))
//设置文本
label3.text = "我是长文本我是长文本我是长文本我是长文本我是长文本我是长文本我是长文本我是长文本我是长文本我是长文本我是长文本我是长文本我是长文本我是长文本我是长文本"
//设置显示行数
label3.numberOfLines = 7;
self.view.addSubview(label3)
```

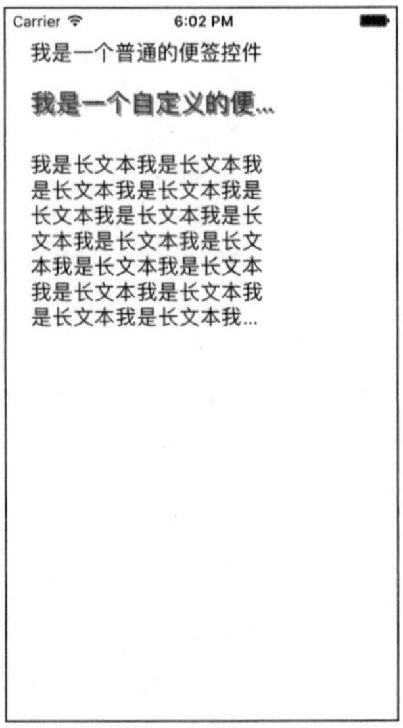

UILabel 控件的 numberOfLines 属性用于设置显示的文本行数，如果设置为 0，则代表不限制显示行数，但这并不表示 UILabel 控件的高度会自动扩展。如果文本行数总和的高度超出了控件本身的高度，文字依然会被截断。

运行工程，效果如图 13-11 所示。

上面所有的演示代码是对 UILabe 控件中所有的文本进行的统一设置，其实 UILabel 还有一个十分强大的功能，其支持对部分独立文本进行个性化的设置，示例代码如下：

图 13-11　使用 UILabel 展示多行文本

```
//创建UILabel控件对象
let label4 = UILabel(frame: CGRect(x: 20, y: 290, width: 200, height: 30))
//设置个性化文本
let attri = NSMutableAttributedString(string: "我是个性化文本")
attri.addAttributes([NSFontAttributeName:UIFont.boldSystemFont(ofSize: 20),NSForegroundColorAttributeName:UIColor.red], range: NSRange(location: 0, length: 2))
attri.addAttributes([NSFontAttributeName:UIFont.systemFont(ofSize: 13),NSForegroundColorAttributeName:UIColor.blue], range: NSRange(location: 3, length: 3))
label4.attributedText = attri;
//将其添加到当前视图上
self.view.addSubview(label4)
```

运行工程，效果如图 13-12 所示。

上面的代码中使用到了一个新的类 NSMutableAttributedString，这个类用于配置个性化字符串，其使用 addAttributes(_:,range:)方法，用于追加个性化设置，其中第 1 个参数为个性化设置字典，第 2 个参数为此个性化设置在字符串中的生效范围。关于个性化字典的使用，系统已经为我们定义好了许多属性键，开发者选择需要的属性并设置相关值即可，常用键名定义如下：

图 13-12　个性化文本

```
//设置字体 对应值为 UIFont 类型
NSFontAttributeName
//设置段落风格 对应值为 NSParagraphStyle 类型
NSParagraphStyleAttributeName
//设置文本颜色 对应值为 UIColor 类型
NSForegroundColorAttributeName
//设置背景颜色 对应值为 UIColor 类型
NSBackgroundColorAttributeName
//设置下划线风格 对应值为 NSNumber 类型
NSUnderlineStyleAttributeName
//设置阴影 对应值为 NSShadow 类型
NSShadowAttributeName
//设置超链接 对应值可以为 NSURL 或者 NSString 类型
NSLinkAttributeName
//设置下划线颜色 对应值为 UIColor 类型
NSUnderlineColorAttributeName
```

13.3　按钮控件——UIButton

按钮控件是应用程序中最基础的用户交互控件，按钮控件通常用来处理诸如界面跳转、取消、确定等逻辑操作。iOS 开发框架中为开发者提供了 UIButton 类作为最基础的按钮控件。

13.3.1　创建 UIButton 按钮控件

使用 Xcode 开发工具创建一个 Swift 语言工程，取名为 UIButtonTest。首先在 ViewController.swift 文件中的 viewDidLoad() 方法中添加如下示例代码：

```
override func viewDidLoad() {
    super.viewDidLoad()
    //创建 UIButton 实例
```

```
        let buttonOne = UIButton(type: UIButtonType.system)
        //设置按钮位置与尺寸
        buttonOne.frame = CGRect(x: 20, y: 40, width: 100, height: 30)
        //设置按钮背景色
        buttonOne.backgroundColor = UIColor.purple
        //设置按钮标题
        buttonOne.setTitle("标题", for: UIControlState())
        //设置标题文字颜色
        buttonOne.setTitleColor(UIColor.white, for: UIControlState())
        //添加到当前视图
        self.view.addSubview(buttonOne)
    }
```

运行工程，效果如图 13-13 所示。

图 13-13　创建一个普通的按钮

在上面的示例代码中，使用构造方法 **UIButton(type:)** 进行按钮实例的创建，这个方法需要传入一个按钮类型的参数，这个参数是 **UIButtonType** 枚举类型，可以使用的按钮类型枚举值如下：

```
//自定义类型
custom
//系统类型
system
//详情按钮类型
detailDisclosure
infoLight
infoDark
//添加按钮类型
contactAdd
//这个类型已经被系统类型代替
roundedRect
```

由于兼容旧版本的原因，系统虽然定义了 7 种按钮类型，但除了自定义类型，实际上只有 3 种在 UI 风格上有区别，分别为系统类型、详情类型和添加类型，它们的效果如图 13-14～图 13-16 所示。

图 13-14　system 风格　　　　　　图 13-15　详情风格　　　　　　图 13-16　添加风格

在为按钮添加标题文字时使用的是 setTitle(_: ,for:)方法，这个方法需要传入两个参数：第 1 个参数为想要设置的标题文字，第 2 个参数为显示此标题时所对应的按钮状态。

在 iOS 系统中，多数可以和用户进行交互的 UI 控件都有状态这样的概念。简单来说，状态描述的是人与控件交互时控件所处的状态。例如，控件的正常状态、控件被选中时的状态、控件被按下时的状态、控件禁用时的状态等。这些控件的状态由结构体 UIControlState 来描述，若需要获取其他状态，可以使用 UIControlState 结构体定义的静态属性，代码如下所示：

```
//控件正常状态
public static var normal: UIControlState { get }
//控件高亮状态
public static var highlighted: UIControlState { get }
//控件禁用状态
public static var disabled: UIControlState { get }
//控件被选中状态
public static var selected: UIControlState { get }
```

提　示

所谓控件的高亮状态，就是控件被按下并且手指没有抬起时的状态。

13.3.2　为按钮添加触发事件

UIButton 控件与 UILabel 控件最大的区别在于：UIButton 可以进行用户逻辑交互。从代码层面来看，用户的逻辑交互就是当用户点击某个按钮后，应用程序执行开发者设计好的一段代码。因此对于开发者来说，只要可以监听到用户的点击事件，然后调用设计好的函数即可。在 viewDidLoad()方法中添加如下代码：

```
buttonOne.addTarget(self, action: #selector(touchBegin), for:
UIControlEvents.touchUpInside)
```

addTarget(_: , action:, for:)方法用于向 UIButton 控件上添加一个触发事件，这个函数需要传入 3 个参数：第 1 个参数需要传入按钮触发时事件方法的执行者，这里传入 self 代表当前视图控制器实例本身；第 2 个参数需要传入一个方法选择器 Selector 实例，这个参数决定要执行的方法，由于方法的执行者是当前视图控制器，因此需要在 ViewController 中实现 touchBegin 方法；第 3 个参数用于设置触发事件的条件，这个参数为 UIControlEvents 类型的结构体，这个结构体定义了各种按钮触发情况，列举如下：

```
public struct UIControlEvents : OptionSet {
    //按钮被按下时触发
    public static var touchDown: UIControlEvents { get }
    //按钮被重复按下时触发 点击次数大于1
```

```
public static var touchDownRepeat: UIControlEvents { get }
//按钮按下并且在控件区域内拖曳
public static var touchDragInside: UIControlEvents { get }
//按钮按下并且在控件区域外拖曳
public static var touchDragOutside: UIControlEvents { get }
//按钮按下并且拖曳
public static var touchDragEnter: UIControlEvents { get }
//按钮拖曳结束
public static var touchDragExit: UIControlEvents { get }
//按钮按下并且在控件区域内抬起
public static var touchUpInside: UIControlEvents { get }
//按钮按下并且在控件区域外抬起
public static var touchUpOutside: UIControlEvents { get }
//按钮取消点击
public static var touchCancel: UIControlEvents { get }
}
```

在 ViewController.swift 文件中实现 touchBegin 触发方法如下：

```
func touchBegin() {
    print("用户点击了按钮")
}
```

运行工程，点击按钮，可以看到 Xcode 开发工具的调试区中出现了 touchBegin 方法中的打印数据。

13.3.3　为 UIButton 添加自定义图片

UIButton 控件也支持进行自定义图片的设置，同时开发者还可以灵活定义图片与文字的相对位置。UIButton 控件支持设置两种类型的图片：一种是将图片作为按钮的内容图片，这时图片和文字将并列显示；另一种是将图片作为按钮的背景图片，此时图片将填充整个按钮控件，文字将覆盖显示在图片上面。

要给 UIButton 控件设置图片，首先应该向工程中导入一张图片素材，这就需要使用到前面介绍的 Assets 文件夹。选中工程中的 Assets 文件夹，在其中的素材目录中单击鼠标右键，在弹出的菜单中选择 import 选项，之后可以将电脑中的图片素材导入工程中，默认支持 png 与 jpg 格式的图片素材。导入图片的过程如图 13-17 所示。

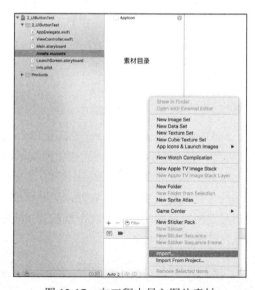

图 13-17　向工程中导入图片素材

为 UIButton 控件添加显示图片的代码示例如下：

```
//设置 UIButton 控件的内容图片
buttonOne.setImage(UIImage(named: "image"), for: UIControlState())
//设置 UIButton 控件的背景图片
buttonOne.setBackgroundImage(UIImage(named: "image"), for:
UIControlState())
```

上面示例代码中演示的两个方法分别用于设置按钮的内容图片和背景图片。需要注意，如果要自定义按钮的显示图片，需要将按钮的类型设置为 UIButtonType.custom 类型才会有效。上面两个设置图片的方法中都需要传入一个 UIImage 类型的实例，使用 UIImage(named:)方法可以构造出一个 UIImage 类的实例。这个方法需要传入的参数为工程中图片素材的文件名。上面代码的示例效果如图 13-18 与图 13-19 所示。

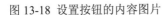

图 13-18　设置按钮的内容图片

图 13-19　设置按钮的背景图片

通过上面对 UIButton 控件标题与内容图片的设置，读者会发现这样的规律：如果没有设置内容图片，则标题会出现在按钮的中心位置；如果设置了内容图片，则标题会和内容图片并列排放，并且标题出现在右边。那么开发者可不可以根据自己的需求灵活设置按钮标题或者背景图片的位置呢？答案是肯定的。在 UIButton 类中有 titleEdgeInsets、imageEdgeInsets 和 contentEdgeInsets 3 个属性，分别用来设置按钮标题的位置偏移、内容图片的位置偏移以及按钮内容的位置偏移。contentEdgeInsets 属性实际上是将按钮标题和按钮图片当作整体来处理的。例如，如果想让按钮的标题和图片上下排列，调整代码如下：

```
//设置标题文字的位置偏移
buttonOne.titleEdgeInsets = UIEdgeInsets(top: 50, left: 0, bottom: 0, right: 20)
//设置内容图片的位置偏移
buttonOne.imageEdgeInsets = UIEdgeInsets(top: 0, left: 30, bottom: 30, right:
0)
```

UIEdgeInsets 结构体用于设置偏移量，其构造方法中的 4 个参数分别设置上、左、下、右 4 个方向的位置偏移量。此时运行工程，按钮效果如图 13-20 所示。

图 13-20　自定义按钮标题与内容图片位置

13.4　图片显示控件——UIImageView

在 iOS 开发中，UIImageView 控件专门用来负责图片的显示，其实 UIImageView 除了可以简单地显示图片外，还支持进行简单动画的开发。

13.4.1　图片类 UIImage

使用 UIImageView 控件之前，不得不提到 UIImage 类，在前边学习 UIButton 控件的章节中，为按钮设置图片时就已经使用到这个类，可以将其简单理解为 UIImage 类用于创建一个图片实例。开发者可以通过图片素材名称创建 UIImage 实例，也可以通过 Data 数据或者文件路径来创建 UIImage 实例。使用 Xcode 开发工具创建一个命名为 UIImageViewTest 的工程，在其中编写如下示例代码：

```
//通过图片素材名称创建 UIImage 实例
let image = UIImage(named: "imageName")
//通过文件路径创建 UIImage 实例
let image2 = UIImage(contentsOfFile: "filePath")
//通过 Data 数据创建 UIImage 实例
let image3 = UIImage(data: Data())
```

在上面示例的 3 个构造方法中，使用图片素材名称作为参数的构造方法最为常用。

创建了 UIImage 实例后，开发者可以通过 UIImage 类中的 size 属性获取图片的尺寸信息，示例如下：

```
//获取图片尺寸 返回 CGSize 类型的结构体
let size = image?.size
```

13.4.2　使用 UIImageView 进行图片的展示

向工程中导入一张图片素材，在 UIImageViewTest 工程中 ViewController.swift 文件的 viewDidLoad()方法中添加如下代码：

```
override func viewDidLoad() {
    super.viewDidLoad()
    let image = UIImage(named: "image")
    //创建 UIImageView 控件
    let imageView = UIImageView(image: "image")
    //设置 UIImageView 控件的位置和尺寸
    imageView.frame = CGRect(x: 30, y: 30, width: 200, height: 200)
    //将控件添加在当前视图上
    self.view.addSubview(imageView)
}
```

运行工程，效果如图 13-21 所示。

图 13-21 使用 UIImageView 展示图片

13.4.3 使用 UIImageView 播放动画

有动画相关知识的读者都知道，生活中我们看到的电视电影其实都是很多幅静态的图片快速播放所产生的效果。在编程中对动画效果的开发也是采用同样的原理，UIImageView 控件支持将一系列的图片快速切换，进而产生动画效果。

首先需要向工程中引入一系列动作连续的静态图片素材。需要注意：使用多张静态图片进行动画的创建时，导入的图片素材应命名规范并且遵循一定的规律，这样不容易出错且十分有利于代码的编写。图片命名如图 13-22 所示。

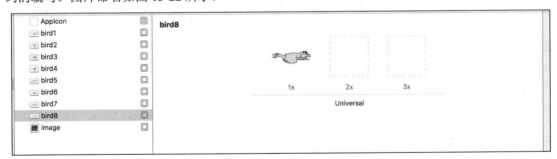

图 13-22 动画图片的命名规范

如图 13-22 所示，向工程中添加了 8 张小鸟飞行的图片，它们动作不同，且根据图片命名的顺序，小鸟飞行的动作也成连续性。在 viewDidLoad()方法中继续编写如下代码：

```
//创建一个数组 用于存放动画图片
var imageArry = Array<UIImage>()
//进行图片的循环创建
for index in 1...8{
    //使用格式化的字符串进行创建
    let birdImage = UIImage(named: "bird\(index)")
```

```
        //将创建的图片添加进数组中
        imageArry.append(birdImage!)
    }
    //创建 UIImageView
    let birdImageView = UIImageView(frame: CGRect(x: 30, y: 250, width: 200,
height: 100))
    //设置动画数组
    birdImageView.animationImages = imageArry
    //设置动画播放时长
    birdImageView.animationDuration = 3
    //设置动画播放次数
    birdImageView.animationRepeatCount = 0
    self.view.addSubview(birdImageView)
    //开始播放动画
    birdImageView.startAnimating()
```

在上面的示例代码中，UIImageView 类的 animationImages 属性用于设置要播放的动画图片的数组；animationDuration 属性设置动画播放一轮的时间长度，单位为秒；animationRepeatCount 属性用于设置动画播放次数，如果这个属性设置为 0，就会无限循环播放。配置完这些属性后，UIImageView 动画并不会自动播放，开发者需要调用 startAnimating() 方法开启播放，与这个方法相对应，开发者也可以调用 stopAnimating() 方法来停止动画的播放。运行工程，效果如图 13-23 所示，可以看到小鸟已经在屏幕上飞起来了。

图 13-23　使用 UIImageView
进行简单动画的播放

提　示

在 iOS 开发中，合理地应用动画可以使应用界面更加美观漂亮，给你的 App 增添一份活力。UIImageView 通过图片数组创建动画的方式是 iOS 动画开发中最简单的一种。iOS 系统还提供了许多关于转场动画与核心动画的编程接口，后面章节会专门向读者介绍。

13.5　文本输入框控件——UITextField

在一款应用程序中，经常会使用到表单。例如，对于有用户注册功能的应用来说，用户注册界面就需要使用表单的形式来展现，其中可能需要多个文本输入框，帮助用户进行昵称、密码、生日、电话等信息的填写。在 iOS 开发中，UITextField 控件专门用来创建文本输入框，其可以让用户输入文本信息，并且还提供了丰富的代理方法给开发者，以便进行用户交互状态的监听。UITextField 控件的设计采用了代理的设计模式，读者在学习本节时可以更深入地理解协议在实际开发中的应用。

13.5.1　创建文本输入框控件

使用 Xcode 开发工具创建一个命名为 UITextFieldTest 的工程，在 ViewController.swift 文件的 viewDidLoad()方法中编写如下示例代码：

```
override func viewDidLoad() {
    super.viewDidLoad()
    //创建 UITextField 实例 并且设置位置为尺寸
    let textField = UITextField(frame: CGRect(x: 20, y: 30, width: 200,
height: 30))
    //设置输入框边框风格
    textField.borderStyle = UITextBorderStyle.line
    //设置文字颜色
    textField.textColor = UIColor.red
    //设置文字对齐方式
    textField.textAlignment = NSTextAlignment.center
    //设置提示文字
    textField.placeholder  = "请输入姓名"
    //将输入框控件添加到当前视图上
    self.view.addSubview(textField)
}
```

在上面的示例代码中，UITextField 类中的 borderStyle 属性用于设置文本输入框的边框风格；textColor 属性用于设置文本框中输入文字的颜色；textAlignment 属性用于设置文字的对齐模式，其与 UILabel 控件设置文字的对齐模式方法一致；placeholder 属性用于设置文本输入框的提示文字。所谓提示文字，即当用户并没有向文本框中输入文字时，文本框中默认显示的一些起到提示用户作用的文字。例如，在应用程序中的密码框，在用户没有输入任何文字时，通常会显示"请输入您的密码"。

运行工程，效果如图 13-24 与图 13-25 所示。

图 13-24　正常状态下的文本输入框　　　　图 13-25　编辑状态下的文本输入框

对于 UITextField 类的 borderStyle 属性，其需要设置为一个 UITextBorderStyle 类型的枚举值，

可以选择的枚举值如下：

```
public enum UITextBorderStyle : Int {
    //无边框
    case none
    //直线边框
    case line
    //贝塞尔风格边框
    case bezel
    //圆角边框
    case roundedRect
}
```

每种风格的 UITextField 样式，如图 13-26~图 13-29 所示。

请输入姓名

请输入姓名

图 13-26　none 风格

图 13-27　line 风格

请输入姓名

请输入姓名

图 13-28　bezel 风格

图 13-29　roundedRect 风格

提　示

当文本输入框进入编辑状态后，系统会自动弹出默认的键盘。

13.5.2　为 UITextField 设置左右视图

应用程序的登录界面都会有一个账号密码输入框，在这些输入框的左侧往往会有一个小图片，这些图标从另一个角度暗示了输入框的功能。例如，用户名输入框往往使用人像做图标，密码输入框往往使用钥匙做图标。UITextField 控件可以通过设置左右视图的方式来为文本输入框添加这样的图标。首先向工程中导入一张图片作为素材，之后为 13.5.1 节创建的 UITextFiled 实例进行如下设置：

```
//创建左视图
let imageView1 = UIImageView(image: UIImage(named: "image"))
imageView1.frame = CGRect(x: 0, y: 0, width: 30, height: 30)
//创建右视图
let imageView2 = UIImageView(image: UIImage(named: "image"))
imageView2.frame = CGRect(x: 0, y: 0, width: 30, height: 30)
//设置 UITextField 控件的左右视图
textField.leftView = imageView1
textField.rightView = imageView2
//设置 UITextField 控件的左右视图显示模式
textField.leftViewMode = UITextFieldViewMode.always
```

```
textField.rightViewMode = UITextFieldViewMode.always
```

UITextField 类的 leftView 与 rightView 分别用来设置文本输入框的左视图和右视图，这两个属性必须设置为 UIView 或者 UIView 子类的实例。如上代码所示，UIImageView 类就是 UIView 的子类。除了需要设置左右视图外，还需要设置左右视图的显示模式，UITextField 类的 leftViewMode 与 rightViewMode 属性分别用来设置左右视图的显示模式，其需要设置为 UITextFieldViewMode 类型的枚举值，枚举值意义列举如下：

```
public enum UITextFieldViewMode : Int {
    //从不显示
    case never
    //只有当UITextField控件处于编辑状态下才显示
    case whileEditing
    //只有当UITextField控件不处于编辑状态时才显示
    case unlessEditing
    //任何状态下都显示
    case always
}
```

运行工程，效果如图 13-30 所示。

图 13-30　为 UITextField 控件添加左右视图

提　示

所谓 UITextField 控件的编辑状态，是指当键盘弹出、用户进行文字输入时的状态。

13.5.3　UITextField 控件的代理方法

代理是 iOS 开发中常用的一种设计模式，其实质是通过协议来完成一些方法的回调。以 UITextField 控件为例，在实际项目中，往往需要对用户输入的文字进行校验。例如，一个电话号码输入框，其往往只允许用户输入数字，并且数字的位数不能超过 11 位，因此开发者需要对输入框中的文字进行实时监听，这种监听操作就是由代理方法来提供的。

使用 UITextField 控件的代理方法通常需要 3 步，首先遵守相应协议，之后设置控件的代理，最后实现代理方法。示例如下：

为 UIViewController 添加遵守协议的代码如下：

```
class ViewController: UIViewController,UITextFieldDelegate
```

设置 UITextField 控件的代理为当前视图控制器实例，代码如下：

```
textField.delegate = self
```

之后可以在 ViewController 类中进行代理方法的实现，可以实现的代理方法都定义在 UITextFieldDelegate 协议中，其中方法的意义如下：

```
//这个方法在输入框即将进入编辑状态时被调用
func textFieldShouldBeginEditing(_ textField: UITextField) -> Bool {
    return true
}
//这个方法在输入框已经开始编辑时被调用
func textFieldDidBeginEditing(_ textField: UITextField){

}
//这个方法在输入框即将结束编辑时被调用
func textFieldShouldEndEditing(_ textField: UITextField) -> Bool{
    return true
}
//这个方法在输入框已经结束编辑时被调用
func textFieldDidEndEditing(_ textField: UITextField){

}
//这个方法在输入框中文本发生变化时被调用
func textField(_ textField: UITextField, shouldChangeCharactersIn range:
NSRange, replacementString string: String) -> Bool{
    return true
}
//这个方法在用户点击输入框中的清除按钮时被调用
func textFieldShouldClear(_ textField: UITextField) -> Bool{
    return true
}
//这个方法在用户按键盘上的 Return 按钮时被调用
func textFieldShouldReturn(_ textField: UITextField) -> Bool{
    return true
}
```

读者可以如此理解，代理方法都是由系统调用的，开发者不需要手动调用这些方法，当 UITextField 控件符合某些条件时，代理方法会被自动调用，开发者只需要实现这些代理方法，并在其中实现自己的逻辑即可。

- textFieldShouldBeginEditing(_ :)方法在 UITextField 控件即将进入编辑模式时会被调用，其中需要返回一个 Bool 类型的值作为返回值，如果返回为 true，则允许输入框进入编辑状态，否则不允许。

- 如果 textFieldShouldBeginEditing(_ :)方法返回 true，则之后会调用 textFieldDidBegin-Editing(_ :)方法，这个方法的调用标志着 UITextField 控件正式进入编辑状态。
- textFieldShouldEndEditing(_ :)方法与 textFieldShouldBeginEditing(_ :)方法相对应，其在 UITextField 控件将要结束编辑时会被调用，同样这个方法需要一个 Bool 类型的返回值，如果返回为 true，则允许结束编辑状态，否则不允许。
- textFieldDidEndEditing(_ :)方法与 textFieldShouldBeginEditing(_ :)方法相对应，其在 UITextField 结束编辑状态后会被调用。
- textField(_, shouldChangeCharactersIn:, replacementString:)方法是 UITextFieldDelegate 方法中最重要的一个回调方法，开发者对用户输入文本的监听就是通过实现这个方法来实现的。当 UITextField 控件中文字变化时都会调用这个方法，包括追加文字和删除文字。这个方法中将传递 3 个参数给开发者，其中第 1 个参数为发生文字改变的 UITextField 控件，第 2 个参数为文字发生变化的范围，第 3 个参数为变化后的字符串。这个方法也需要一个 Bool 类型的返回值，如果返回为 true，就允许此次变化，否则不允许此次变化。

- textFieldShouldClear(_:)方法在用户点击了文本输入框上的清除按钮时会被调用。如果开发者返回 true，就允许此次清除操作，否则不允许。
- textFieldShouldReturn(_ :)方法在用户按了虚拟键盘上的 Return 键时会被调用，开发者通常会在这个方法中进行结束输入框编辑状态（收键盘）的动作。

上面有提到 UITextField 控件的清除按钮，开发者可以通过设置 UITextField 类的 clearButtonMode 属性来设置清除按钮的显示模式，示例代码如下：

```
textField.clearButtonMode=UITextFieldViewMode.always
```

清除按钮显示效果如图 13-31 所示。

下面演示对文本框输入的约束，即文本框只能输入数字且不能超过 11 位：

图 13-31　展示 UITextField 控件的清除按钮

```
//这个方法在输入框中文本发生变化时被调用
    func textField(_ textField: UITextField, shouldChangeCharactersIn range:
NSRange, replacementString string: String) -> Bool{
        //如果输入框中的文字已经等于11位 则不允许再输入
        if (textField.text?.characters.count)! >= 11 {
            return false
        }
        //只有0～9之间的数字可以输入
        if (string.characters.first)! >= "0" &&
(string.characters.first)!<="9"{
            return true
        }else{
            return false
        }
```

```
    }
```

UITextField 控件一旦进入编辑状态，就不会自动结束编辑，开发者需要手动注销 UITextField 控件的第一响应来结束它的编辑状态。当 UITextField 控件的编辑状态结束后，系统也会自动将虚拟键盘收起。下面的代码演示用户按键盘上的 Return 按钮时收键盘的操作。

```
//这个方法当用户按键盘上的 Return 按钮时会被调用
func textFieldShouldReturn(_ textField: UITextField) -> Bool{
    textField.resignFirstResponder()
    return true
}
```

13.6 开关控件 UISwitch

iOS 中的 UISwitch 控件又被称为开关控件，其在 UI 上表现为固定样式的按钮形状，在逻辑上只有开与关两种状态。使用 Xcode 开发工具创建一个命名为 UISwitchTest 的测试工程。在 ViewControll.swift 文件的 viewDidLoad()方法中编写如下代码：

```
override func viewDidLoad() {
    super.viewDidLoad()
    //实例化开关控件
    let swi = UISwitch()
    //设置控件的位置
    swi.center = CGPoint(x: 100, y: 100)
    //设置开启状态的颜色
    swi.onTintColor = UIColor.green
    //设置普通状态的颜色
    swi.tintColor = UIColor.red
    //设置开关滑块的颜色
    swi.thumbTintColor = UIColor.purple
    //设置开关初始状态
    swi.isOn = true
    //添加到当前视图上
    self.view.addSubview(swi)
}
```

由于 UISwitch 控件有其本身的 UI 样式，开发者无须设置其尺寸，只需要设置其位置即可。center 属性用于设置视图控件的中心点坐标；onTintColor 属性用于设置开关控件开启状态下的风格颜色；tintColor 属性设置开关控件正常状态下的风格颜色；thumbTintColor 属性设置开关控件滑块的颜色；isOn 属性需要设置为 Bool 值，如果设置为 true，则开关控件初始状态为开，如果设置为 false，则开关控件的初始状态为关。运行工程，效果如图 13-32 与图 13-33 所示。

UISwitch 控件也可以添加用户交互事件，和 UIButoon 按钮控件不同的是，按钮控件监听的是用户手指触发的动作，而开关控件需要监听的是按钮的开关状态，示例如下：

```
//添加用户交互操作
swi.addTarget(self, action: #selector(change), for: UIControlEvents.
valueChanged)
```

在 ViewController.swift 类中实现 change 方法如下：

```
func change(swi:UISwitch) {
    //可以从传递进来的 UISwitch 控件中获取开关的状态
    print("开关状态\(swi.isOn)")
}
```

图 13-32　关闭状态的开关控件

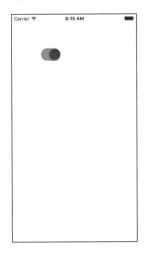

图 13-33　开启状态的开关控件

提　示

iOS 系统中的开关控件十分小巧简洁。在 iOS 7 之前，UISwitch 控件可以通过 onImage 与 offImage 两个属性来设置开关不同的状态下所显示的自定义图片。在 iOS 7 之后，为了配合系统的扁平化设计，这个功能被移除了，虽然 UISwitch 类中还有这两个属性，但是开发者再进行设置将没有任何效果。

13.7　分页控制器——UIPageControl

分页控制器通常与滑动视图结合使用，读者可以简单将其理解为页码点，应用于多页视图中，标识用户当前所在的分页位置。UIPageControl 的使用方法也十分简单，使用 Xcode 开发工具创建一个命名为 UIPageControlTest 的工程，在 ViewController.swift 文件的 viewDidLoad()方法中添加如下代码：

```
override func viewDidLoad() {
    super.viewDidLoad()
    //实例化 UIPageControl
    let pageControl = UIPageControl(frame: CGRect(x: 20, y: 100, width: 280,
height: 30))
```

```
//设置页数
pageControl.numberOfPages = 10
//设置背景色
pageControl.backgroundColor = UIColor.red
//设置页码点背景色
pageControl.pageIndicatorTintColor = UIColor.green
//设置当前选中页码点的颜色
pageControl.currentPageIndicatorTintColor = UIColor.blue
//设置当前选中的页码数
pageControl.currentPage = 3
//添加到当前视图
self.view.addSubview(pageControl)
}
```

运行工程，效果如图 13-34 所示。

用户在点击分页控制器左半部分时，选中的页码点会向左移动；点击分页控制器右半部分时，选中的页码点会向右移动。实际开发中，在轮播广告中经常会使用到这种效果。分页控制器的用户交互触发方式和 UISwitch 相似，开发者可以监听其页码值的改变，示例代码如下：

```
//添加用户交互事件
pageControl.addTarget(self, action:
#selector(change), for: UIControlEvents.valueChanged)
```

在 ViewController 类中实现 change 方法如下：

```
func change(pageControl:UIPageControl) {
    print("当前所在页码: \(pageControl.currentPage)")
}
```

图 13-34　分页控制器

如上代码所示，change 方法中会将当前分页控制器传入，开发者可以通过 currentPage 属性来获取当前选中的页码数。

13.8　分部控制器——UISegmentedControl

UISegmentedControl 控件在 UI 展现上为一组切换按钮，常用于多界面切换的场景中，用户选中 UISegmentedControl 控件中一个分部按钮后完成界面的切换。

13.8.1　创建分布控制器控件

使用 Xcode 开发工具创建一个命名为 UISegmentedControlTest 的工程，在 ViewController.swift 文件的 viewDidLoad()方法中添加如下代码：

```
override func viewDidLoad() {
    super.viewDidLoad()
    //创建分部控制器实例
```

```
            let segmentedControl = UISegmentedControl(items: ["按钮 1","按钮 2","按
钮 3","按钮 4"])
            //设置控件位置与尺寸
            segmentedControl.frame = CGRect(x: 100, y: 100, width: 200, height: 30)
            //设置控件风格颜色
            segmentedControl.tintColor = UIColor.blue
            //添加到当前视图
            self.view.addSubview(segmentedControl)

        }
```

　　在创建 UISegmentedControl 控件实例时，需要开发者传入一个
items 数组参数，这个数组的元素可以是 String 类型或者是 UIImage
类型，如果是 String 字符串，则会将其对应的按钮渲染为带文字标
题的按钮，如果是 UIImage 类型，则会将其对应的按钮渲染为带图
片背景的按钮。运行工程后，效果如图 13-35 所示。

　　需要注意，当用户点击分部控制器上的某个按钮后，默认此按
钮是一直保持选中状态的。UISegmentedControl 类中有一个名为
isMomentary 的布尔属性，这个属性默认为 false，如果开发者将其
手动设置为 true，则当用户按下按钮时，按钮会呈现选中状态，当
用户抬起手指后，按钮又会变回正常状态，不再保持选中。

　　给分部控制器添加用户交互事件的方法与 UIPageControl 一
致，通过获取 UISegmentedControl 类的 selectedSegmentIndex 属性
值来获知用户选择的按钮。示例代码如下：

图 13-35　UISegmentedControl
　　　　　　控件

```
            //添加用户交互
            segmentedControl.addTarget(self, action:
#selector(sele), for: UIControlEvents.valueChanged)
```

sele 方法实现如下：

```
        func sele(seg:UISegmentedControl) {
            print("选择了\(seg.selectedSegmentIndex)")
        }
```

13.8.2　UISegmentedControl 控件中按钮的增删改操作

　　除了在对 UISegmentedControl 类进行实例化时可以对其中的 item 进行设置，UISegmented-
Control 也支持运行中对其中的按钮进行动态更新。更新操作主要包括增、删、改。

　　如下代码可以实现向 UISegmentedControl 中插入一个新的 item：

```
            //向 SegmentedControl 中插入新的文字 item
            segmentedControl.insertSegment(withTitle: "按钮 5", at: 0, animated:
true)
            //向 SegmentedControl 中插入新的图片 item
            segmentedControl.insertSegment(with: UIImage(named: "image")?
.withRenderingMode(UIImageRenderingMode.alwaysOriginal), at: 4, animated: true)
```

如上代码所示，两种插入 item 的方法都需要传入 3 个参数：第 1 个参数决定了 item 的标题或者图片，第 2 个参数设置插入的位置，第 3 个参数设置插入的动作是否带动画效果。

运行工程，效果如图 13-36 所示。

如下方法可以删除 UISegmentedControl 控件中已有的一个 item：

```
        //删除某个位置的item
        segmentedControl.removeSegment(at: 0,
animated: true)
        //删除所有item
        segmentedControl.removeAllSegments()
```

如下方法可以修改一个已经存在的 item：

```
    //修改某个item的图片
    segmentedControl.setImage(UIImage(named:
"image")?.withRenderingMode(UIImageRenderingMode.
alwaysOriginal), forSegmentAt: 1)
    //修改某个item的标题
    segmentedControl.setTitle("new",forSegmentAt: 1)
```

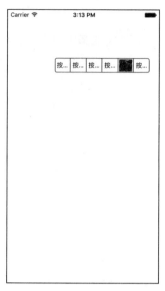

图 13-36　向 UISegmentedControl 中动态插入 item

13.8.3　关于 UISegmentedControl 控件中按钮的尺寸问题

从前面的示例中，读者也可以发现，UISegmentedControl 中所有的 item 是平均分配控件的总宽度的，无论 item 中标题的长短。将 UISegmentedControl 实例中每个 item 的标题文字设置不同的宽度，代码如下：

```
        let segmentedControl = UISegmentedControl(items: ["1","按钮","按钮按钮
","按钮按钮按钮"])
```

运行工程，效果如图 13-37 所示。

很多时候，开发者需要根据 UISegmentedControl 控件中按钮标题的长度来自定义每个按钮的宽度，有两种方式可以达到这样的需求。开发者可以手动设置每个按钮的宽度：

```
        segmentedControl.setWidth(8, forSegmentAt: 0)
        segmentedControl.setWidth(32, forSegmentAt: 1)
        segmentedControl.setWidth(85, forSegmentAt: 3)
```

运行工程，效果如图 13-38 所示。

然而这种方式并不优雅，因为很多时候开发者要获取标题文字严格的宽度是十分烦琐的。UISegmentedControl 类中提供了一个自适应宽度的方法，示例如下：

```
    segmentedControl.apportionsSegmentWidthsByContent = true
```

设置 UISegmentedControl 实例的 apportionsSegmentWidthByContent 属性为 true 后，UISegmentedControl 会自动根据其中每个 item 内容的长短自动控制每个 item 的宽度，这样使用起来十分方便。

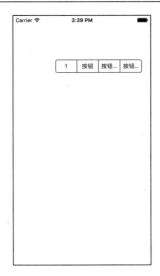 

图 13-37　UISegmentedControl 控件中每个按钮宽度均分　图 13-38　自定义按钮宽度的 UISegmentedControl

13.9　模　拟　面　试

（1）在 iOS 开发中通常用什么方式来展示一组图片动画？

回答要点提示：

① UIImageView 组件可以用来展示图片组。

② 在使用 UIImageView 进行图片展示时，要设置循环次数、图片组和动画时间。

核心理解内容：

熟练使用 UIImageView 组件进行图片素材的展示。

（2）iOS 开发中经常使用什么组件来作为按钮使用？

回答要点提示：

① UIButton 是最基础的按钮组件，可以设置当用户按下按钮、手指从按钮抬起、手指在按钮范围内外拖曳等事件的回调。

② UISegmentedControl 也是一种按钮组件，其提供一组按钮可以进行切换。

③ UISwitch 是一种特殊的按钮组件，也被称为开关组件。它有两种状态，分别表示开和关。

核心理解内容：

熟练应用各种基础的 UI 组件。

第 **14** 章

UI 控件与逻辑交互（2）

在美方面，相貌的美高于色泽的美，而秀雅合度的动作的美又高于相貌的美。

—— 培根

第 13 章向读者介绍了 iOS 开发框架中为开发者提供的一些基础的 UI 控件，本章将作为补充继续向读者讲解更多常用的系统控件，其中包括常用于亮度调节的滑块控件、用于网络提示的活动指示器控件以及进度条控件、搜索栏控件等。本章也将向读者介绍一些交互略微复杂的视图控件，例如选择器控件。通过本章的学习，读者将基本掌握 iOS 应用开发中应用于各种场景的视图控件，可以动手开发独立的应用界面。学习是一个由点到线、由线到面的过程，熟练掌握这些基础视图控件，可为综合功能应用的开发以及完整的商业应用开发打下良好的基础。

通过本章，你将学习到：

- 滑块控件 UISlider 的应用。
- 活动指示器 UIActivityIndicatorView 的应用。
- 进度条控件 UIProgressView 的应用。
- 步进器 UIStepper 的应用。
- 选择器控件 UIPickerView 的应用。
- 时间选择器 UIDatePicker 的应用
- 搜索栏控件 UISearchBar 的应用。

14.1　滑块控件 UISlider

滑块控件是 iOS 系统中一款经典的视图控件，使用它可以方便地调节一些需要连续变化的数据。一个比较经典的范例便是屏幕亮度的调节，用户可以通过滑动滑块来调节亮暗，并实时看到调节后的效果。

14.1.1　UISlider 控件的创建与设置

使用 Xcode 开发工具创建一个命名为 UISliderTest 的 Swift 工程，在 ViewController.swift 文件的 viewDidLoad()方法中添加如下测试代码：

```swift
override func viewDidLoad() {
    super.viewDidLoad()
    //对 UISlider 控件进行实例化
    let slider = UISlider(frame: CGRect(x: 20, y: 100, width: 280, height: 30))
    //设置滑块控件的最大值
    slider.maximumValue = 10
    //设置滑块控件的最小值
    slider.minimumValue = 0
    //初始化滑块控件的值
    slider.value = 5
    //设置滑块左侧进度条的颜色
    slider.minimumTrackTintColor = UIColor.red
    //设置滑块右侧进度条的颜色
    slider.maximumTrackTintColor = UIColor.green
    //设置滑块颜色
    slider.thumbTintColor = UIColor.blue
    //将滑块控件添加到当前视图
    self.view.addSubview(slider)
}
```

上面的示例代码演示了 UISlider 控件的创建与基本属性的设置。前面介绍过的视图控件中很多也有"值"这样的一个概念，例如 UISegmentedControl、UISwitch 等。UISlider 与它们最大的不同在于 UISlider 控件值的变化可以是连续的。maximumValue 属性设置滑块控件的最大值，minimumValue 属性设置滑块控件的最小值，value 属性设置滑块控件当前的值。默认情况下，滑块控件的初始值为 0，即滑块在进度条的最左端。

运行工程，效果如图 14-1 所示。

开发者可以通过拖曳滑块来改变 UISlider 控件的值。

图 14-1　UISlider 控件

14.1.2 UISlider 控件的外观自定义与用户交互

系统默认的 UISlider 控件外观十分简洁，仅由简单的线条和色块组成。除了颜色可以自由设置外，开发者也可以对其进行更深度的自定义设计，示例代码如下：

```
//设置滑块图片
slider.setThumbImage(UIImage(named: "image"), for: UIControlState())
//设置滑块左侧进度图片
slider.setMinimumTrackImage(UIImage(named: "imageS"), for:
UIControlState())
//设置滑块右侧进度图片
slider.setMaximumTrackImage(UIImage(named: "imageS"), for:
UIControlState())
```

效果如图 14-2 所示。

图 14-2　自定义 UISlider 控件样式

提　示

在设置 UISlider 控件的外观图片时，需要设置一个状态参数 UIControlState，开发者可以为不同状态下的滑块控件设置不同的图片，用户拖曳滑块时可以显示特殊的效果。

UISlider 控件的用户交互事件也是通过改变控件值来获知的，示例代码如下：

```
slider.addTarget(self, action: #selector(change), for: UIControlEvents.
valueChanged)
```

在 ViewController 类中实现触发方法 change()如下：

```
func change(slider:UISlider) {
    print(slider.value)
}
```

运行工程，拖曳 UISlider 控件的滑块，在 Xcode 开发工具的打印调试区可以看到输出的 UISlider 控件当前值。细心的读者会发现，在拖动 UISlider 控件滑块的过程中，change()方法是连续不断执行的，表现在 Xcode 开发工具打印调试区的现象即是连续不断地打印输出 UISlider 的当前值。在很多情景中，这是开发者的需求。但是，如果开发者只想在拖曳动作结束后再触发用户交互的事件，是可以通过设置 UISlider 的 isContinuous 属性做到的。示例代码如下：

```
slider.isContinuous = false
```

默认 isContinuous 属性为 true，即在滑动过程中 UISlider 控件的触发方法将不断被调用；设置 isContinuous 属性为 false，只有当用户手指离开滑块，UISlider 控件的触发方法才会被执行，并且直接获取到滑块控件停止时的值。

14.2　活动指示器 UIActivityIndicatorView

UIActivityIndicatorView 活动指示器控件还有一个更加形象的俗名——风火轮。活动指示器是 iOS 系统中自带动画的原生视图控件，其作用是提示用户某项任务正在进行中。举个常用的例子，网络类应用软件都需要联网来获取数据，在网络条件较差的情况下，网络数据的请求往往需要一定时间，为了告知用户当前请求正在进行，防止用户误操作而将应用程序关闭，通常会使用活动指示器来指示用户。UIActivityIndicatorView 控件在 UI 展现上为一个不断旋转的"风火轮"，系统提供了 3 种样式给开发者选择使用。

使用 Xcode 开发工具创建一个命名为 UIActivityIndicatorViewTest 的测试工程，在 ViewController.swift 文件的 viewDidLoad() 方法中添加如下代码：

```
override func viewDidLoad() {
    super.viewDidLoad()
    //设置当前界面的背景色
    self.view.backgroundColor = UIColor.red
    let activity = UIActivityIndicatorView(activityIndicatorStyle:
UIActivityIndicatorViewStyle.gray)
    activity.center = self.view.center;
    //开始播放
    activity.startAnimating()
    //添加到当前视图
    self.view.addSubview(activity)
}
```

活动指示器控件有白色风格，为了便于观察效果，将页面的背景颜色设置为红色。UIActivityIndicatorView 控件有其自己的 UI 尺寸，开发者只需要设置其位置即可。UIActivityIndicatorView(activityIndicatorStyle:)构造方法需要传入一个 UIActivityIndicatorViewStyle 枚举类型的风格参数，可选枚举值如下：

```
public enum UIActivityIndicatorViewStyle : Int {
    //大号白色风格
    case whiteLarge
    //白色风格
    case white
```

```
//灰色风格
case gray
}
```

运行工程，各种风格的 UIActivityIndicatorView 控件效果如图 14-3~图 14-5 所示。

UIActivityIndicatorView 类中的 startAnimating()和 stopAnimating()方法分别表示开始指示器动画和停止指示器动画。需要注意，当调用 stopAnimating()方法后，活动指示器控件会自动隐藏，这个功能是由 UIActivityIndicatorView 的 hidesWhenStopped 属性控制的。hidesWhenStopped 属性需要设置为一个 Bool 类型的值，默认为 true，当活动指示器动画停止时，活动指示器本身也将隐藏；如果设置为 false，动画停止后，活动指示器则不会隐藏。

图 14-3   whiteLarge 风格   图 14-4   white 风格   图 14-5   gray 风格

一般开发场景中，系统提供的活动指示器风格已经可以满足需求。当然 UIActivityIndicatorView 类中也提供了自定义活动指示器颜色的接口，示例如下：

```
//设置活动指示器颜色
activity.color = UIColor.green
```

提　示

UIActivityIndicatorView 是一款十分简单的 UI 控件。实际上，开发者也可以使用前面所介绍的 UIImageView 帧动画来实现更加绚丽多彩的活动指示器。

14.3   进度条控件 UIProgressView

类似听一首音乐、观看一部电影这样的需求往往需要开发者在界面上添加一个进度条控件来提示用户当前音乐或电影播放的进度。iOS 系统同样为开发者准备好了一款简洁的进度条控件 UIProgressView。

使用 Xcode 开发工具创建一个命名为 UIProgressViewTest 的工程，在 ViewController.swift 文

件的 viewDidLoad()方法中添加如下代码：

```
override func viewDidLoad() {
    super.viewDidLoad()
    //创建进度条控件实例
    let progressView = UIProgressView(progressViewStyle:
UIProgressViewStyle.default)
    //设置位置和宽度
    progressView.frame = CGRect(x: 20, y: 100, width: 280, height: 10)
    //设置当前进度
    progressView.progress = 0.5
    //设置已走过进度的进度条颜色
    progressView.progressTintColor = UIColor.green
    //设置未走过进度的进度条颜色
    progressView.trackTintColor = UIColor.red
    //添加到当前视图
    self.view.addSubview(progressView)
}
```

　　UIProgressView 控件并没有用户交互的功能，其只用来负责显示当前进度。在实际应用中，开发者需要根据事件完成的比例实时调整 UIProgressView 控件的进度值。UIProgressView 中的 progress 属性就是用来设置进度条进度的，progress 属性类型为 Float 浮点值类型，其取值范围是 0 到 1 之间，默认为 0，最大为 1。运行工程，效果如图 14-6 所示。

图 14-6　UIProgressView 进度条控件

　　同时，开发者也可以通过设置图片来对 UIProgressView 的 UI 进行自定义，示例代码如下：

```
//设置已走过进度的进度条图案
progressView.progressImage = UIImage(named: "imageH")
//设置未走过进度的进度条图案
progressView.trackImage = UIImage(named: "imageN")
```

14.4 步进器 UIStepper

前面向读者介绍的 UISlider 控件对属性值进行连续调节时十分好用，iOS 系统还提供了另一个用于调节属性值的控件 UIStepper。UIStepper 控件也叫步进器，和 UISlider 不同的是，UIStepper 取值是离散性的，其用于调节非连续性量值。

使用 Xcode 开发工具创建一个命名为 UIStepperTest 的工程，在 ViewController.swift 文件的 viewDidLoad()方法中创建 UIStepper 控件，代码如下所示：

```
override func viewDidLoad() {
    super.viewDidLoad()
    //创建 UIStepper 实例
    let stepper = UIStepper(frame: CGRect(x: 100, y: 100, width: 0, height: 0))
    //设置控件颜色
    stepper.tintColor = UIColor.red
    //设置控件的最小值
    stepper.minimumValue = 0
    //设置控件的最大值
    stepper.maximumValue = 10
    //设置控件的步长
    stepper.stepValue = 1
    //将控件添加到当前视图
    self.view.addSubview(stepper)
}
```

使用上面的代码创建 UIStepper 控件，并对其进行简单的配置。需要注意，UIStepper 控件有其自己的 UI 尺寸，开发者在构造实例时，只需要设置其位置，尺寸的设置将不起作用。UIStepper 类中的 minimumValue 和 maximumValue 属性分别用来设置 UIStepper 控件的最小值和最大值，在用户调节 UIStepper 控件时，其值将在这个取值范围内变化。UIStepper 类中还有一个十分重要的属性 stepValue，这个属性用于设置步进器的步长，即用户每次操作 UIStepper 控件的值所改变的大小，默认这个属性的值为 1。

运行工程，界面效果如图 14-7 所示。

UIStepper 控件还有 3 个十分有趣的属性：isContinuous、autorepeat 和 wraps，具体说明如下。

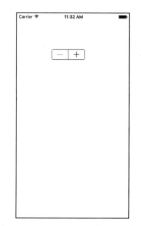

图 14-7 UIStepper 步进控制器

- isContinuous 属性用于设置当 UIStepper 控件值改变时是否都触发用户交互的事件方法。举个例子，当用户按住 UIStepper 控件上的某个按钮不放时，UIStepper 控件的值会不断发生改变。这时，如果 isContinuous 属性为 true，则用户交互触发的事件方法会不断重复执行；如果 isContinuous 属性为 false，则只有在用户抬起手指时，触发的事件方法才会执行一次。isContinuous 属性的默认值为 true。

- autorepeat 属性用于设置 UIStepper 控件的值是否自动叠加。即当用户按住 UIStepper 控件上的按钮不放时，如果 autorepeat 属性为 true，则 UIStepper 控件的值会不断发生改变。如果 autorepeat 属性为 false，则只有当用户抬起手指时，UIStepper 控件的值才会改变一次。

- wraps 属性用于设置 UIStepper 的值是否循环。即 warps 属性为 true 时，当 UIStepper 控件的值到达极限后会自动进行首尾循环。举例来说，如果 UIStepper 控件的取值范围为 0 ~ 10，那么当 UIStepper 的值变为 10 时，用户继续进行增加操作，则 UIStepper 的值会回到 0 继续递增；如果 UIStepper 的值已经为 0，而用户继续进行减少操作，则 UIStepper 的值会直接变为 10，进而继续减小。

UIStepper 控件添加用户交互方法的示例如下：

```
stepper.addTarget(self, action: #selector(click), for: UIControlEvents.
valueChanged)
```

在触发方法 click() 中，可以获取到 UIStepper 实例的 value 属性以用作逻辑操作，示例如下：

```
func click(stepper:UIStepper) {
    print("步进控制器的值\(stepper.value)")
}
```

UIStepper 控件也支持进行自定义图片的操作，所需要使用到的方法如下：

```
//设置控件背景图片
public func setBackgroundImage(_ image: UIImage?, for state: UIControlState)
//设置控件分割线图片
public func setDividerImage(_ image: UIImage?, forLeftSegmentState leftState:
UIControlState, rightSegmentState rightState: UIControlState)
//设置增加按钮图片
public func setIncrementImage(_ image: UIImage?, for state: UIControlState)
//设置减少按钮图片
public func setDecrementImage(_ image: UIImage?, for state: UIControlState)
```

提　示

细心的读者可能已经发现，在 iOS 系统中，很多可以进行 UI 交互的控件都是通过 addTarget() 方法来添加交互事件的。其实，这些控件都是继承自 UIControl 的子类，UIControl 又是 UIView 的一个子类，其专门用于有交互功能的视图控件。

14.5　选择器控件 UIPickerView

UIPickerView 选择器控件相比前面介绍的 UI 控件要复杂一些，前面向读者介绍的视图控件大多通过简单的配置就可以展现其 UI 效果，并且用户都是通过 addTarget() 方法来完成交互的。UIPickerView 则不同，其主要是通过协议来实现控件配置及用户交互的，即 UIPickerView 选择器是代理设计模式下的一款视图控件。

使用 Xcode 开发工具创建一个命名为 UIPickerViewTest 的工程，在 ViewController.swift 文件

的 viewDidLoad()方法中添加如下测试代码：

```
override func viewDidLoad() {
    super.viewDidLoad()
    //创建选择器控件实例
    let pickerView = UIPickerView(frame: CGRect(x: 20, y: 100, width: 280,
height: 200))
    //设置代理
    pickerView.delegate = self
    //设置数据源
    pickerView.dataSource = self
    //将选择器控件添加到当前视图上
    self.view.addSubview(pickerView)
}
```

上面的代码将 UIPickerView 实例的代理和数据源设置为当前控制器 ViewController 实例本身，因此，需要为 ViewController 添加遵守协议的代码，如下所示：

```
class ViewController: UIViewController,UIPickerViewDelegate,
UIPickerViewDataSource
```

遵守相关协议后，可以看到 Xcode 开发工具报出了错误，原因是没有实现协议中的方法，示例代码如下：

```
//这个协议方法需要返回选择器控件每个分组的行数
func pickerView(_ pickerView: UIPickerView, numberOfRowsInComponent
component: Int) -> Int {
    return 10
}
//这个协议方法需要返回选择器控件的分组数
func numberOfComponents(in pickerView: UIPickerView) -> Int {
    return 2
}
//这个协议方法需要返回每个分组中每行数据的标题
func pickerView(_ pickerView: UIPickerView, titleForRow row: Int,
forComponent component: Int) -> String? {
    return "第\(component+1)组第\(row)行"
}
```

实现了如上 3 个协议方法后，运行工程，效果如图 14-8 所示。

UIPickerView 在 UI 上的设计也十分美观，用户通过滑动选择器滑轮就可以实现选择器内容的切换。通过协议方法，开发者可以十分灵活地设计 UIPickerView 控件的分组数与每个分组的行数。上面代码演示的是在选择器控件中展示单一的文本数据,开发者也可以对文本的属性进行自定义设置，代码如下：

```
func pickerView(_ pickerView: UIPickerView, attributedTitleForRow row: Int,
forComponent component: Int) -> NSAttributedString? {
    //创建属性字符串
    let attri = NSMutableAttributedString(string: "第\(component+1)组第
\(row)行")
    //为属性字符串添加颜色属性
```

```
        attri.addAttributes([NSForegroundColorAttributeName:UIColor.red],
range: NSRange(location: 0, length: attri.length))
        return attri
    }
```

实现上面的方法，可以将选择器控件上面的文本修改为红色。这里需使用到
NSMutableAttributeString 类，这个类专门用来创建属性字符串，其 addAttributes()方法可以追加属
性设置，其中支持的属性有字体、文字颜色、下划线等。

如果开发中遇到的需求更加复杂，不是简单文本可以描述的，UIPickerView 控件也支持自定
义每条数据的内容视图，例如将 UIPickerView 中每条数据都以图片的方式展现，可实现如下协议
方法：

```
    func pickerView(_ pickerView: UIPickerView, viewForRow row: Int,
forComponent component: Int, reusing view: UIView?) -> UIView {
        let view = UIImageView(image: UIImage(named: "image"))
        view.frame = CGRect(x: 0, y: 0, width: 110, height: 30)
        return view
    }
```

运行工程，效果如图 14-9 所示。

 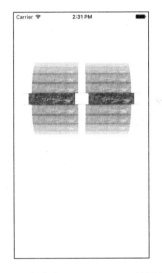

图 14-8　UIPickerView 控件　　　　　图 14-9　自定义 UIPickerView 的展现 UI

UIPickerView 控件的核心配置都是通过协议方法来实现的，同样，其用户交互的功能也是通
过协议方法来实现的。当用户滑动 UIPickerView 控件选中一条数据时，系统会调用如下协议方法，
开发者可以在其中获取用户选择的数据信息：

```
    func pickerView(_ pickerView: UIPickerView, didSelectRow row: Int,
inComponent component: Int) {
        print("用户选择了\(component)组\(row)行")
    }
```

开发者也可以自定义设置 UIPickerView 控件的行宽与行高，需要实现的协议方法如下：

```
    //设置选择器控件各个组的行宽
```

```
func pickerView(_ pickerView: UIPickerView, widthForComponent component:
Int) -> CGFloat {
    if component==0 {
        return 180
    }else{
        return 100
    }
}


//设置选择器控件的行高
func pickerView(_ pickerView: UIPickerView, rowHeightForComponent
component: Int) -> CGFloat {
    return 20
}
```

运行工程，效果如图 14-10 所示。

图 14-10 自定义 UIPickerView 控件的行宽行高

UIPickerView 类中也封装了一些属性和方法，方便开发者对选择器控件进行控制和相关信息的获取，常用属性与方法列举如下：

```
//获取 UIPickerView 控件有多少个组
public var numberOfComponents: Int { get }
//获取 UIPickerView 控件某个组有多少行
public func numberOfRows(inComponent component: Int) -> Int
//获取 UIPickerView 某个组的行尺寸
public func rowSize(forComponent component: Int) -> CGSize
//获取某个分组某行的自定义视图 可能为 nil
public func view(forRow row: Int, forComponent component: Int) -> UIView?
//重新加载 UIPickerView 控件的全部分组数据
public func reloadAllComponents()
//重新加载 UIPickerView 控件的某个分组
public func reloadComponent(_ component: Int)
//使用代码选中某个分组的某一行 可以决定是否带动画效果
```

```
public func selectRow(_ row: Int, inComponent component: Int, animated: Bool)
//获取某个分组用户选中的行
public func selectedRow(inComponent component: Int) -> Int
```

| 提　示 |

UIPickerView 在调用 reloadComponent()方法进行重新加载的时候，实际上是从头再次执行一遍协议方法。通常情况下，开发者会将 UIPickerView 上要显示的数据放入一个集合中，以便在协议方法中获取集合里的数据，当集合数据发生变化时，通过调用 reloadComponent()方法重新加载 UIPickerView 所有分组的数据，以实现界面的刷新操作。

14.6　时间选择器 UIDataPicker

在 14.5 节中向读者介绍了 UIPickerView 控件，其使用场景是当用户需要从一组或多组数据列表中选择某行数据时，例如出生日期、省市地区等。针对日期与时间，iOS 系统中提供了一个独立的 UI 控件：UIDatePicker，专门用于日期和时间的选择。

使用 Xcode 开发工具创建一个命名为 UIDatePickerTest 的工程，在 ViewController.swift 文件的 viewDidLoad()方法中添加如下测试代码：

```
override func viewDidLoad() {
    super.viewDidLoad()
    //创建 UIDatePicker 实例
    let dataPicker = UIDatePicker(frame: CGRect(x: 20, y: 100, width: 280,
height: 200))
    //设置时间选择器的模式
    dataPicker.datePickerMode = UIDatePickerMode.countDownTimer
    //将控件添加到当前视图
    self.view.addSubview(dataPicker)
}
```

上面代码创建了 UIDatePicker 实例，并且设置了时间选择器控件的模式。UIDatePickerMode 中的枚举值定义如下：

```
public enum UIDatePickerMode : Int {
    //时间模式
    case time
    //日期模式
    case date
    //日期与时间混合模式
    case dateAndTime
    //计时模式
    case countDownTimer
}
```

各种模式的 UIDatePicker 控件 UI 展现如图 14-11～图 14-14 所示。

图 14-11 日期模式下的 UIDatePicker   图 14-12 时间模式下的 UIDatePicker

图 14-13 混合模式下的 UIDatePicker   图 14-14 计时模式下的 UIDatePicker

　　UIDatePicker 控件基本可以满足开发中用户对时间选择的需求，并且 UIDatePicker 控件在创建时，将默认选中当前的系统日期和时间，开发中也可以对 UIDatePicker 进行一些简单的初始配置，常用属性与方法列举如下：

```
//设置控件的地区，不设置则默认为当前地区
public var locale: Locale?
//设置控件的时区，不设置则默认为当前时区
public var timeZone: TimeZone?
//控件的选中日期
public var date: Date
//控件所显示的最小日期
public var minimumDate: Date?
//控件所显示的最大日期
```

```
public var maximumDate: Date?
//计时模式下的控件所显示的时间差
public var countDownDuration: TimeInterval
//计时模式下的控件相邻时间的时间间隔
public var minuteInterval: Int
```

需要特别注意，虽然 UIDatePicker 在 UI 展现上和 UIPickerView 十分相似，但它并不是 UIPickerView 的子类，也不可通过协议的方式进行配置或用户交互。实际上，UIDatePicker 继承自 UIControl，其通过 addTarget() 方法来添加用户交互事件，示例代码如下：

```
datePicker.addTarget(self, action: #selector(sele), for: UIControlEvents.
valueChanged)
```

在交互方法中，开发者可以获取到用户选择的日期时间信息，示例如下：

```
func sele(datePicker:UIDatePicker) {
    //获取当前选择的日期或者时间
    let date = datePicker.date
    let time = datePicker.countDownDuration
    print(date,time)
}
```

提　示

虽然 UIDatePicker 和 UIPickerView 在 UI 展现及名称上都有相似之处，但其实现方式完全不同。

14.7　搜索栏控件 UISearchBar

前面学习过 UITextField 控件，其是一个简单的文本输入框。在实际开发中，除了简单的登录注册功能需使用到输入框外，许多应用都有搜索功能。搜索栏也是一种输入框。在 iOS 系统中，UISearchBar 类专门用于创建功能强大的搜索框控件。

14.7.1　创建 UISearchBar 控件

使用 Xcode 开发工具创建一个命名为 UISearchBarTest 的工程，在 ViewController.swift 文件的 viewDidLoad() 方法中添加如下示例代码：

```
override func viewDidLoad() {
    super.viewDidLoad()
    //进行 UISearchBar 控件的实例化
    let searchBar = UISearchBar(frame: CGRect(x: 20, y: 100, width: 280,
height: 30))
    //设置控件风格
    searchBar.searchBarStyle = UISearchBarStyle.minimal
    //将控件添加到当前视图上
```

```
                self.view.addSubview(searchBar)
    }
```

上面的代码对 UISearchBar 控件进行了创建，UISearchBar 类的 searchBarStyle 属性用于设置搜索栏控件的视图风格，其需要设置为 UISearchBarStyle 类型的枚举值。UISearchBarStyle 枚举值定义如下：

```
public enum UISearchBarStyle : UInt {
    //默认风格，与 prominent 相同
    case `default`
    //用于系统邮件、信息和联系人等应用中的搜索框风格
    case prominent
    //迷你风格，用于日历、音乐等应用中
    case minimal
}
```

搜索栏控件在 UI 展现上会比 UITextField 控件多一个搜索图标，并且在切换搜索栏输入状态时，图标位置会以动画效果进行改变。各种风格的 UISearchBar 控件效果如图 14-15~图 14-17 所示。

图 14-15　minimal 风格　　　　图 14-16　prominent 风格　　　　图 14-17　标记状态

开发者也可以对 UISearchBar 控件的 UI 样式做更加灵活的自定义，例如可以修改 UISearchBar 控件的风格颜色：

```
        //将控件的风格颜色修改为红色
        searchBar.barTintColor = UIColor.red()
```

运行工程，效果如图 14-18 所示。

同样，开发者也可以将 UISearchBar 控件的背景设置成一张图片，代码如下：

```
        //将控件背景设置为图片
        searchBar.backgroundImage = UIImage(named: "image")
```

运行工程，效果如图 14-19 所示。

图 14-18　自定义搜索栏的风格颜色　　　　　图 14-19　将搜索栏控件的背景设置为图片

对于 UITextField 控件，开发者可以设置默认提示文字 placeholder，使输入框能够显示默认的提示性文字，UISearchBar 搜索框控件同样也支持，代码如下：

```
//设置默认用户提示文字
searchBar.placeholder = "请输入要搜索的文字"
```

运行工程，效果如图 14-20 所示。

设置了用户提示文字的 UISearchBar 控件美观了很多，UISearchBar 控件还支持开发者对其设置一个抬头标题，示例代码如下：

```
//设置搜索栏标题
searchBar.prompt = "搜索"
```

运行工程，效果如图 14-21 所示。

图 14-20　为搜索框添加用户提示文字　　　　　图 14-21　为搜索栏设置抬头标题

14.7.2 UISearchBar 控件的更多功能按钮

UISearchBar 控件中为开发者封装好了一些功能按钮，帮助开发者更加方便地使用 UISearchBar 控件实现与用户的交互操作。使用时，开发者只需要设置 UISearchBar 控件的相应属性即可，支持的功能按钮有取消按钮、书库按钮和搜索结果按钮。示例代码如下：

```
//显示控件的取消按钮
searchBar.showsCancelButton = true
//显示控件的书库按钮
searchBar.showsBookmarkButton = true
//显示控件的搜索结果按钮
searchBar.showsSearchResultsButton = true
```

上述 3 种功能按钮的 UI 效果如图 14-22～图 14-24 所示。

图 14-22　搜索框控件的取消按钮　图 14-23　搜索框控件的书库按钮　图 14-24　搜索框控件的搜索结果按钮

开发者通过如下方法可以实现对功能按钮图标的自定义：

```
public func setImage(_ iconImage: UIImage?, for icon: UISearchBarIcon, state:
UIControlState)
```

setImage(_:for:state:)方法用于设置出现在 UISearchBar 中的按钮图标，其需要传入 3 个参数：第 1 个参数为设置的 UIImage 图片实例；第 2 个参数为设置图标的功能按钮；第 3 个参数为设置 UISearchBar 在显示该按钮时的状态。UISearchBarIcon 是一个枚举，其中列举了在 UISearchBar 中所出现的按钮，解释如下：

```
public enum UISearchBarIcon : Int {
    //对应搜索图标
    case search
    //对应清除按钮
    case clear
    //对应书库按钮
    case bookmark
    //对应搜索结果按钮
    case resultsList // The list lozenge icon
```

```
}
```

需要注意，清除按钮在搜索框未输入文字时默认是隐藏的，当用户向输入框中输入了文字，清除按钮会显示在搜索框右侧，点击清除按钮会默认清除掉搜索框中所有的文字。

> **提　示**
>
> 取消按钮、书库按钮和搜索结果按钮默认都只是 UI 的效果展示，并没有默认实现相应的功能，具体的用户交互逻辑需要开发者在相关协议方法中实现。

14.7.3　UISearchBar 控件的附件视图

在电子商城类应用软件中，搜索功能通常都比较强大。这类软件通常都具有分域搜索的功能。举一个简单的例子，搜索一个品牌的所有女鞋类商品，用户可以到女鞋域搜索。UISearchBar 控件提供的附件视图可以十分方便地实现分类功能的界面展示。

使用如下代码对 UISearchBar 控件的附件视图进行配置：

```
//显示控件的附件视图
searchBar.showsScopeBar = true
//设置附件视图按钮个数和标题
searchBar.scopeButtonTitles = ["女鞋","男装","男鞋","女装","童装"]
//设置默认选中的附件视图按钮
searchBar.selectedScopeButtonIndex = 0
//由于附件视图会修改搜索栏控件的 frame 因此需要重新设置
searchBar.frame = CGRect(x: 20, y: 100, width: 280, height: 150)
```

运行工程，效果如图 14-25 所示。

看到图 14-25 所示的效果，读者可能会恍然大悟，UISearchBar 控件更像是 UITextField 控件与 UISegmentedControl 控件的结合体，实际上也确实如此。复杂的控件往往是由简单控件的组合扩展而来的。

使用下面的方法可以对 UISearchBar 控件的附件视图 UI 进行自定义：

```
//设置附件视图按钮的背景图片
public func setScopeBarButtonBackgroundImage(_ backgroundImage: UIImage?, for
state: UIControlState)
//设置附件视图按钮间分割线的图片
public func setScopeBarButtonDividerImage(_ dividerImage: UIImage?,
forLeftSegmentState leftState: UIControlState, rightSegmentState rightState:
UIControlState)
//设置附件视图按钮的标题文字属性
public func scopeBarButtonTitleTextAttributes(for state: UIControlState) ->
[String : AnyObject]?
```

图 14-25 搜索栏控件的附件视图

14.7.4 UISearchBarDelegate 协议详解

本节前面介绍了很多 UISearchBar 控件界面展现相关的内容，UISearchBar 与用户的交互也比较复杂，包括用户按键盘搜索按钮时的触发方法、用户点击 UISearchBar 控件上的功能按钮时的触发方法、用户点击 UISearchBar 附件视图上按钮时的触发方法以及对用户输入搜索内容和搜索框状态的监听等。这些交互操作需要通过 UISearchBarDelegate 协议中约定的方法来完成，首先需要使 ViewController 类遵守这个协议，代码如下：

```
class ViewController: UIViewController,UISearchBarDelegate
```

然后将 UISearchBar 实例的代理设置为当前的 ViewController 实例。添加代码如下：

```
searchBar.delegate = self
```

UISearchBarDelegate 中约定的方法及意义列举如下：

```
//搜索栏将要开始编辑时调用的方法，返回 false，不允许进入编辑状态；返回 true，
//允许进入编辑状态
func searchBarShouldBeginEditing(_ searchBar: UISearchBar) -> Bool{
    return true
}
//搜索栏已经进入编辑状态时调用的方法
func searchBarTextDidBeginEditing(_ searchBar: UISearchBar) {

}
//搜索栏将要结束编辑状态时调用的方法，返回 false，不允许结束编辑状态；返回 true，
//允许结束编辑状态
func searchBarShouldEndEditing(_ searchBar: UISearchBar) -> Bool {
    return true
}
//搜索框已经结束编辑状态调用的方法
func searchBarTextDidEndEditing(_ searchBar: UISearchBar) {
```

```
    }
    //搜索框中文本发生变化时调用的方法
    func searchBar(_ searchBar: UISearchBar, textDidChange searchText:
String){

    }
    //搜索框中文本将要发生变化时调用的方法，返回 false 则此次修改无效
    func searchBar(_ searchBar: UISearchBar, shouldChangeTextIn range: NSRange,
replacementText text: String) -> Bool{
        return true
    }
    //用户按键盘 Search 按钮（搜索按钮）后触发的方法
    func searchBarSearchButtonClicked(_ searchBar: UISearchBar){

    }
    //用户点击书库按钮后触发的方法
    func searchBarBookmarkButtonClicked(_ searchBar: UISearchBar){

    }
    //用户点击取消按钮后触发的方法
    func searchBarCancelButtonClicked(_ searchBar: UISearchBar){

    }
    //用户点击搜索结果按钮后触发的方法
    func searchBarResultsListButtonClicked(_ searchBar: UISearchBar){

    }
    //用户点击搜索栏附件视图上的按钮后触发的方法
    func searchBar(_searchBar:UISearchBar, selectedScopeButtonIndexDidChange
selectedScope: Int){

    }
```

明确上述代理方法调用的时机和意义，可以灵活实现搜索框控件与用户复杂交互的交互逻辑。

提　示
UISearchBarDelegate 协议中的 searchBar(_searchBar: UISearchBar, textDidChange searchText: String)方法十分重要。在实际应用中，当用户向搜索框中输入某个关键字后，应用可以智能地将此关键字相关的搜索条件提示给用户，也可以根据输入的关键字快速分析并给出预期的搜索结果。这些功能就是通过 UISearchBarDelegate 协议方法实现的。

14.8　模　拟　面　试

在开发过程中，遇到复杂的 UI 界面，需要怎样的开发思路？

回答要点提示：

① 在 iOS 界面开发中，独立组件的使用是基础，复杂的界面由各种复杂的组件组成，复杂的组件又是由基础组件组成的。因此，在开发复杂组件时，先进行界面组成的拆分，将复杂界面拆分成独立的组件，再对组件进行拆分，将复杂组件拆分成简单组件的组合，之后分别进行开发。

② iOS 界面有两种布局方式：一种是使用严格的坐标尺寸进行绝对布局，这种布局方式非常精准却不甚灵活，适配性差；另一种是使用 Autolayout 技术进行相对布局，是一种非常灵活的布局方式，也是比较流行的。

③ 在开发复杂界面时，要灵活使用懒加载以及组件复用相关的思路来提高界面的渲染性能。

核心理解内容：

能够综合使用各种独立组件进行复杂组件的开发。

第**15**章

视图控制器与高级 UI 视图控件

管理就是把复杂的问题简单化，混乱的事情规范化。

—— 杰克·韦尔奇

本章是 iOS 平台软件开发中关于界面开发的进阶与综合。第 12 章与 13 章中介绍了很多基础的 UI 控件，这些控件是为实现某个单独的功能而设计的。本章中除了继续向读者介绍一些复杂的、需要多个控件组合使用的高级 UI 控件外，也会向读者引入视图控制器的概念。视图控制器是通过组合各种控件来展现一个完整的界面并且处理界面中业务逻辑的管理者。通过本章的学习，读者将系统地了解一款 iOS 应用程序的 UI 架构。

通过本章，你将学习到：

- 使用 UIViewController 搭建界面，并熟练进行界面的切换。
- 导航控制器 UINavigationController 的应用。
- 标签栏控制器 UITabBarController 的应用。
- 警告视图控制器 UIAlertController 的应用。
- 网页视图 UIWebView 与 WKWebKit 的应用。
- 滚动视图 UIScrollView 的应用。
- 列表视图 UITableView 的应用。
- 集合视图 UICollectionView 的应用。
- 分页视图控制器 UIPageViewControler 的应用。

15.1 应用程序的界面管理器 UIViewController

UIViewController 这个类的字面意思"视图控制器"可能不易理解,换一种说法就十分形象了。ViewController 我们可以理解为应用程序的一个界面,当应用程序在不同界面间切换时,实际上切换的也是 ViewController 实例。在 ViewController 内部,各个视图控件协同合作展现完整的 UI 界面,ViewController 统一来处理各个独立视图控件的业务逻辑。其实,前面章节中所创建的所有测试工程中,Xcode 模板都自动生成了一个 ViewController 类,其继承自 UIViewController,当读者运行工程时,在模拟器上所看到的就是这个 ViewController 所展现的界面。

15.1.1 关于 MVC 设计模式

设计模式是一种比较抽象的概念,它是一种编程思想,也是一代代前辈们总结并制定的编程规范。在一款应用程序的开发中,设计模式的选择将直接影响项目的健壮性、可扩展性与可维护性。在 iOS 应用开发中,官方推荐开发者使用 MVC 设计模式。所谓 MVC,即是 Model-View-Controller 的缩写。MVC 设计模式将一款应用程序分为 3 个层次:数据层 Model、视图层 View 和视图控制器层 ViewController。简单来理解,View 层提供视图界面的渲染,例如 12 章和 13 章所提到的独立 UI 控件都属于 View 层。Model 层为视图提供需展示的数据,在实际开发中,开发者一般会将某个视图中要填充的数据封装成 Model 对象。ViewController 层起到管理与衔接的作用,其和 Model 层的关联在于:一方面,从 Model 层拿取数据并进行整合;另一方面,将交互中产生的数据更新至 Model 层。同时,ViewController 层也会将各个独立的 View 进行组合,处理 View 层产生的用户交互事件等。

图 15-1 描述了 MVC 设计模式各层之间的功能与关系。

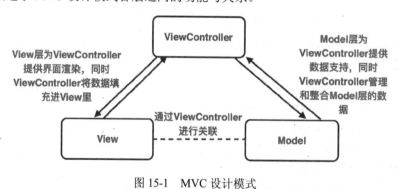

图 15-1　MVC 设计模式

> **提　示**
>
> 使用 MVC 设计模式开发的项目具有很强的扩展性。例如,开发成型后的项目在 UI 展现上有了更改,在不改变接口的情况下,只需要修改 View 层即可。同样,如果逻辑交互有了修改,开发者也不需要关心 View 层与 Model 层,在 ViewController 层中修改即可。

15.1.2　UIViewController 的生命周期

　　UIViewController 类是 UIKit 开发框架中最基础的一个视图控制器类，许多复杂的视图控制器都是继承自 UIViewController。ViewController 是视图与数据的管理者，一般情况下，开发者会将应用中每一个界面都用一个 ViewController 的实例来管理，切换不同的界面只是切换了不同的 ViewController 实例，因此可以理解为大多数应用程序都会由很多 ViewController 实例组成，如果 ViewController 实例被创建出来后没有对其生命周期进行管理，所占用的内存得不到及时的释放，随着应用程序运行时间的增长，程序将会出现严重后果。实际上，系统对 UIViewController 有着完整的生命周期管理体系，这体现在代码上可看到在 UIViewController 实例从创建到销毁的整个过程中，系统都会回调一系列的生命周期函数。本节主要向读者介绍这些生命周期函数的意义及调用的时机。

　　使用 Xcode 创建一个命名为 UIViewControllerTest 的工程，在 ViewController 类中覆写如下方法：

```swift
//加载视图时调用的方法
override func loadView() {
    super.loadView()
}
//视图加载完成时调用的方法
override func viewDidLoad() {
    super.viewDidLoad()
}
//将要布局子视图时调用的方法
override func viewWillLayoutSubviews() {
    super.viewWillLayoutSubviews()
}
//已经布局子视图时调用的方法
override func viewDidLayoutSubviews() {
    super.viewDidLayoutSubviews()
}
//界面将要展现时调用的方法
override func viewWillAppear(_ animated: Bool) {
    super.viewWillAppear(animated)
}
//界面已经展现时调用的方法
override func viewDidAppear(_ animated: Bool) {
    super.viewDidAppear(animated)
}
//界面将要消失时调用的方法
override func viewWillDisappear(_ animated: Bool) {
    super.viewWillDisappear(animated)
}
//界面已经消失时调用的方法
override func viewDidDisappear(_ animated: Bool) {
    super.viewDidDisappear(animated)
}
//析构方法
```

```
deinit {
    print("deinit")

}
//收到内存警告时调用的方法
override func didReceiveMemoryWarning() {
    super.didReceiveMemoryWarning()
}
```

需要注意，以上方法全都是覆写父类的方法。在实现时，首先要调用父类的方法，即用 super 调用。以上示例代码基本完整列举了一个 UIViewController 实例的全部生命周期方法。其中 loadView()方法会在 UIViewController 实例被创建时调用，用于其中视图的构造加载。当调用 viewDidLoad()方法时，表明视图控制器中的视图已经加载完成，因此开发者通常会在这个方法中进行自定义视图的加载。viewWillLayoutSubviews()方法和 viewDidLayoutSubviews()方法会在视图控制器对其内部的子视图进行布局时调用。viewWillAppear()与 viewDidAppear()两个方法则是当视图控制器上视图展示在屏幕上才会被调用。需要注意，在视图控制器实例被创建后，当调用了相应的视图控制器切换方法后，此时控制器上的视图才会展现在屏幕上。viewWillDisappear()方法和 viewDidDisappear()方法会在视图控制器上的视图从屏幕上消失时调用，这两个方法的调用并不一定代表视图控制器实例将会被释放。在 iOS 系统中进行视图控制器的切换时，系统会保留基层的视图控制器不被释放，只有当 deinit 析构方法被调用时，才表明视图控制器实例被完全释放了。除此之外，UIViewController 的生命周期还有一个函数 didReceiveMemoryWarning()，一般情况下，开发者不需要对这个函数做特殊处理，其只有在收到系统的内存警告时才会被调用。随着 iOS 设备内存性能的逐渐强大，这个函数的应用已经不多，如果要适配低性能的 iOS 设备，读者可以在这个函数中对无用数据进行销毁及释放操作。

15.1.3　UIViewController 之间的切换与传值

商业级的应用程序大都不止一个界面，对 UIViewController 界面的切换是一种开发中必不可少的技能。很多时候，各个界面之间并不是独立的，互相都有着或简或繁的关联。举例来说，一个新闻列表界面，当用户点击某条新闻标题后，界面会切换到对应的新闻详情页。

界面间的传值可分为两种情况：一种情况是正向传值，例如由新闻列表跳转至新闻详情页，其特点是之后的界面内容由前一个页面中的数据决定；另一种情况则是反向传值，例如在新闻列表页点击分类按钮，在弹出的新界面中选择一个分类，再回到新闻列表页时，界面将根据选择的分类重新为用户加载与其分类相关的新闻，这类传值的特点是前一个页面的内容由后一个界面的数据决定。

使用 Xcode 开发工具创建一个命名为 UIViewControllerTest2 的工程。要进行界面跳转，需要有两个 ViewController，在创建出的工程中默认已经生成了一个 ViewController 类，在 Xcode 的文件导航区单击鼠标右键，在弹出的菜单中选择 New File 选项，如图 15-2 所示。

在弹出的选择文件类型窗口中，选择 iOS 类别下的 Cocoa Touch Class 选项，如图 15-3 所示。

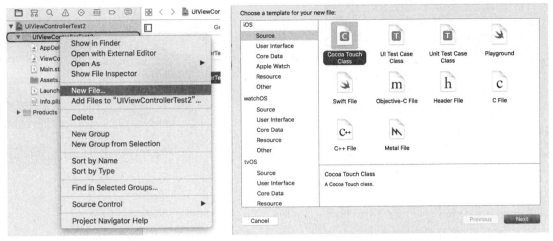

图 15-2　在工程中创建一个新的文件　　　　　图 15-3　选择 Cocoa Touch Class 文件

之后会弹出文件配置窗口，将 Subclass of 设置为 UIViewController，即新建的视图控制器为 UIViewController 的子类。这里将创建的新类取名为 ViewControllerTwo，如图 15-4 所示。需要注意，语言要选择 Swift 语言。

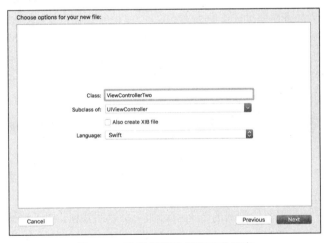

图 15-4　选择所继承类和开发语言

做完上述操作后，单击 Create 按钮进行类文件的创建，在 Xcode 工具的文件导航区可以看到多了一个新的文件 ViewControllerTwo.swift，这就是创建出的第 2 个视图控制器类。

要实现从应用程序的首页面跳转到第 2 个界面，在首页要有一个跳转按钮，打开 Main.storyboard 文件，在其中拖入一个 UIButton 按钮控件，并重命名为"跳转"，如图 15-5 所示。

前面介绍了独立的 UI 控件，你会知道 UIButton 是通过 addTarget()方法来添加用户交互事件的，这种方式适用于通过纯代码创建出的控件。如果是用 storyboard 工具拖曳的控件，开发者可以直接将该按钮的触发方法与其附着的视图控制器关联，单击 Xcode 工具右上角的模式切换按钮，将开发界面切换成双视图模式，如图 15-6 所示。

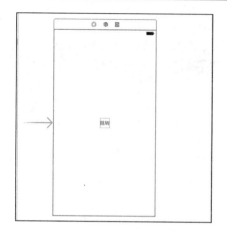

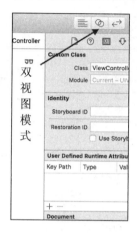

图 15-5　在界面中添加跳转按钮　　　　　　　图 15-6　切换当前开发视图为双视图模式

选择 storyboard 界面中的按钮控件，同时按住 Ctrl 键不放，将鼠标拖曳到 ViewController 类的大括号中。这时会弹出关联选项窗口，将 Connection 选择为 Action，将方法名称 Name 命名为 touch，将触发条件 Event 设置为 Touch Up Inside（默认值），设置好后，选择 Connect 即可，如图 15-7 所示。

实现生成的按钮交互事件如下：

```
@IBAction func touch(_ sender: AnyObject) {
    //跳转到第 2 个 ViewController 界面
        self.present(ViewControllerTwo(),
animated: true, completion: nil)
    }
```

图 15-7　关联按钮的触发方法

在点击事件 touch 中，使用当前视图控制器实例调用 present()方法进行视图控制器的切换，这个方法中需要传入 3 个参数：第 1 个参数为要切换的第 2 个视图控制器实例；第 2 个参数决定界面切换时是否有动画效果；第 3 个参数为一个闭包，其内容会在视图控制器切换完成后被执行。

向 ViewControllerTwo 视图控制器的页面中添加一个返回按钮，便于测试视图控制器的返回操作，在 ViewControllerTwo 类中的 viewDidLoad()方法中添加如下代码：

```
override func viewDidLoad() {
    super.viewDidLoad()
    //添加返回按钮
    self.view.backgroundColor = UIColor.red
    let button = UIButton(frame: CGRect(x: 100, y: 100, width: 100, height:
30))
        button.setTitle("返回", for: UIControlState())
        button.addTarget(self, action: #selector(ret), for: UIControlEvents.
touchUpInside)
        self.view.addSubview(button)
    }
```

实现 ret 触发方法如下：

```
    func ret() {
```

```
        self.dismiss(animated: true, completion: nil)
    }
```

UIViewController 类实例的 dismiss()方法与 present()方法相对应，其作用是使当前视图控制器的
界面消失。这个方法中需要传入两个参数：第 1 个参数决定消失过程是否带动画；第 2 个参数为一
个闭包，其会在返回完成后被执行。

在使用 present()方法和 dismiss()方法进行视图控制器的切换时，很多时候并不是单纯的界面切
换，大多都需要进行数据的传递。正向传值较为容易，开发者可以对之后视图控制器的属性进行赋
值，或者设计新的构造方法，在构造时对其属性进行初始化。

视图控制器间正向传值的第 1 种方式为通过属性传值。

在 ViewControllerTwo 类中声明一个 Optional 类型的属性，并在 viewDidLoad()方法中创建一
个文本标签来展示传递进来的值，示例如下：

```
//声明一个属性来接收传递的数据
    var data:String?
    override func viewDidLoad() {
        super.viewDidLoad()
        //添加返回按钮
        self.view.backgroundColor = UIColor.red
        let button = UIButton(frame: CGRect(x: 100, y: 100, width: 100, height: 30))
        button.setTitle("返回", for: UIControlState())
        button.addTarget(self, action: #selector(ret), for: UIControlEvents.
touchUpInside)
        self.view.addSubview(button)
        //添加一个文本标签
        let label = UILabel(frame: CGRect(x: 20, y: 200, width: 280, height: 30))
        label.text = data
        self.view.addSubview(label)
    }
```

修改 ViewController 类中视图控制器跳转代码如下：

```
@IBAction func touch(_ sender: AnyObject) {
    let viewController=ViewControllerTwo()
    viewController.data = "这是从第一个界面传
递进来的数据"
    self.present(viewController, animated:
true, completion: nil)
}
```

运行工程，点击跳转按钮进行视图控制器的切换，可以
看到第 2 个视图控制器获取了传递进来的字符串，效果如图
15-8 所示。

视图控制器间正向传值的第 2 种方式为使用构造方法传
值。

在学习关于 Swift 的构造方法时，你应知道，对于非
Optional 值类型的属性，开发者需要在类的构造方法中完成该

图 15-8　视图控制器之间的正向传值

属性的初始化工作，在 ViewControllerTwo 类中定义一个新的构造方法如下：

```
init(data:String) {
    self.data = data
    super.init(nibName: nil, bundle: nil)
}
```

使用新的构造方法对 ViewControllerTwo 类进行实例化，示例如下：

```
@IBAction func touch(_ sender: AnyObject) {
    let viewController = ViewControllerTwo(data: "这是从第一个界面传递进来的
数据")
    self.present(viewController, animated: true, completion: nil)
}
```

这种方式也可以完成视图控制器之间的正向传值。

反向传值比正向传值要复杂一些，在实际开发中通常使用协议或者闭包来完成反向传值。

视图控制器间反向传值的第 1 种方式为通过协议进行传值。

首先在 ViewController 类中声明一个 UILabel 控件，并在 viewDidLoad()方法中对其完成构造，其用于显示从后面界面传递过来的数据，示例如下：

```
var label:UILabel?
override func viewDidLoad() {
    super.viewDidLoad()
    label = UILabel(frame: CGRect(x: 20, y: 100, width: 280, height: 30))
    self.view.addSubview(label!)
}
```

在 ViewControllerTwo.swift 文件中创建一个协议，其中约定方法为视图控制器键的传值桥梁，示例如下：

```
protocol ViewControllerTwoProtocol {
    func sentData(data:String)
}
```

在 ViewControllerTwo 类中声明一个 Optional 类型的代理属性，其要遵守 ViewController-TwoProtocol 协议，示例如下：

```
var delegate:ViewControllerTwoProtocol?
```

当点击返回按钮时，进行值的传递，修改 ret()方法如下：

```
func ret() {
    delegate?.sentData(data: "第 2 个界面传递的值")
    self.dismiss(animated: true, completion: nil)
}
```

做完了如上操作，需要在 ViewController 类中同步做一些修改，首先使 ViewController 类遵守 ViewControllerTwoProtocol 协议，示例如下：

```
class ViewController: UIViewController,ViewControllerTwoProtocol
```

在创建 ViewControllerTwo 示例时，将其 delegate 属性设置为当前 ViewController 实例：

```
@IBAction func touch(_ sender: AnyObject) {
    let viewController = ViewControllerTwo(data: "这是从第一个界面传递进来的
```

数据")
```
        //设置代理
        viewController.delegate=self
        self.present(viewController, animated: true, completion: nil)
}
```

在 ViewController 类中实现协议中的传值方法如下:

```
func sentData(data: String) {
    //进行 label 的赋值
    self.label?.text = data
}
```

运行工程,当从第 2 个视图控制器返回第 1 个视图控制器时,可以看到第 1 个界面显示了第 2 个视图控制器传递回来的字符串。

视图控制器间反向传值的第 2 种方式为使用闭包进行反向传值。

通过闭包的方式来进行反向传值主要使用闭包参数来进行传值,首先在 ViewControllerTwo 类中声明一个 Optional 值类型的闭包,如下所示:

```
var closure:((String)->Void)?
```

点击返回按钮执行此闭包,并将要传递的值作为参数传入,示例如下:

```
func ret() {
    self.closure!("第 2 个界面通过闭包传递的值")
    self.dismiss(animated: true, completion: nil)
}
```

在 ViewController 中对 ViewControllerTwo 类进行实例化时,对其闭包属性进行赋值,在其实现部分获取到参数并进行使用,示例如下:

```
@IBAction func touch(_ sender: AnyObject) {
    let viewController = ViewControllerTwo(data: "这是从第一个界面传递进来的
数据")
    //对闭包进行赋值
    viewController.closure = {(data:String) in
        self.label?.text = data
    }
    self.present(viewController, animated: true, completion: nil)
}
```

从上面示例的代码可以看出,使用闭包的方式进行反向传值比使用协议更加方便。但是其缺点是不如协议结构清晰,不易于理解,在实际开发中,开发者可以根据场景选择适合的方式。

15.2　导航视图控制器 UINavigationController

导航控制器并非视图控制器,视图控制器用来综合管理当前界面中的视图,导航控制器则是一种框架结构,其内部管理的不是视图,而是视图控制器,可以将导航控制器理解为视图控制器的管理者。

15.2.1 理解导航结构

iOS 应用开发中的导航采用的是栈结构的设计模式，要理解导航，首先应熟悉栈结构的工作原理。

在学习栈结构时，需要记住一句话：先进后出，后进先出。可以将栈理解为只有一个开口的长盒子。当元素被放入栈中时，先放入的元素总是在盒子的底部，后放入的元素总是在盒子的顶部，当要将元素从盒子中取出时，需要先将顶部的元素取出，才能取出盒子底部的元素。图 15-1 很好地表达了导航栈的这种特点。

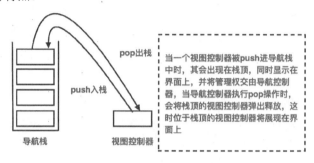

图 15-1 导航栈的工作原理

把元素压入栈结构的操作也被称为 push 操作，将元素从栈中弹出的操作也被称为 pop 操作。

15.2.2 搭建使用导航结构的项目

使用 Xcode 开发工具创建一个命名为 UINavigationControllerTest 的 Swift 工程，Xcode 模板默认创建出的工程并不是导航结构的，需要对其做一些修改。首先点开 Main.storyboard 文件，将其中的 View Controller 删除，选中界面中的 View Controller 后按键盘 Delete 键就可完成删除。之后从 Xcode 右下方控件模板中找到 Navigation Controller，将其拖入故事板中，如图 15-2 所示。

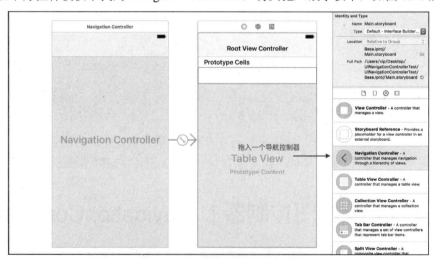

图 15-2 向界面中拖入导航控制器

此时在 Main.storyboard 中可以看到一个 Navigation Controller 和一个 Root View Controller，导

航控制器模板控件自动帮助开发者创建了一个视图控制器来作为导航控制器的根视图控制器。根据导航结构的原理可以知道，单独的导航控制器并没有任何意义，其必须对具体的视图控制器进行管理。创建了导航控制器后，需要将其设置为应用项目程序的入口，选中导航控制器，在 Xcode 右侧的元素属性设置栏中找到 Is Initial View Controller 选项并将其勾选，如图 15-3 所示。此时，运行工程，则工程将以此 Navigation Controller 的根视图控制器作为起始界面。

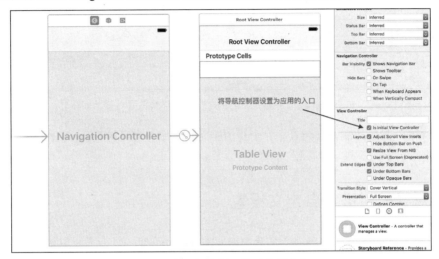

图 15-3　将导航控制器设置为程序入口

Navigation Controller 中的 Root View Controller 是 UITableViewController，需要将其与一个类进行关联，将 ViewController.swift 文件删除，新建一个继承于 UITableViewController 的类，命名为 TableViewController，如图 15-4 所示。

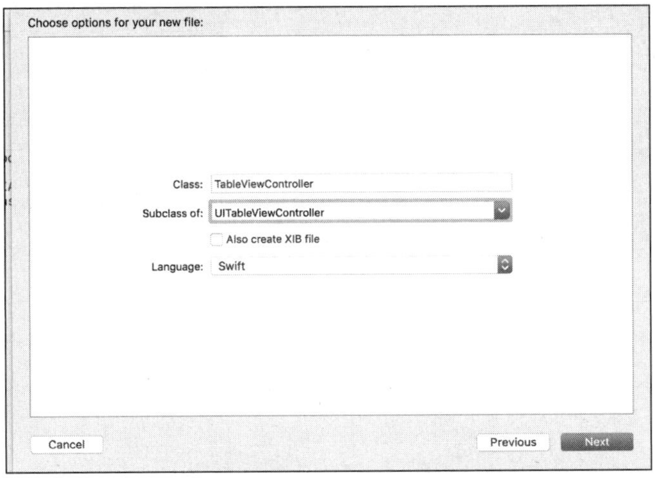

图 15-4　创建继承自 UITableViewController

UITableViewController 是表视图控制器，后面章节会对其做详细介绍。创建完 TableView-Controller 后，将其与 Main.storyboard 中的 Root View Controller 进行关联，选中 Main.storyboard 中的 Root View Controller，将其 Class 类设置为 TableViewController，如图 15-5 所示。

运行工程，效果如图 15-6 所示。

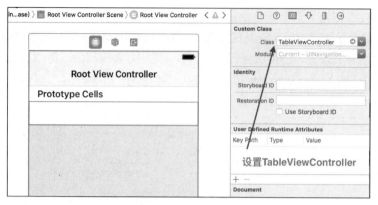 

图 15-5　将自定义的视图控制器与 storyboard 中的视图控制器关联　　图 15-6　导航控制器示例

在图 15-6 中，导航控制器会为其中每个视图控制器添加一个导航栏，导航栏上可以显示标题，也可以根据需求自定义一些功能按钮。

15.2.3　对导航栏进行自定义设置

UINavigationController 中内嵌着一个导航栏 UINavigationBar，开发者可以根据需求对其 UI 和功能进行一些自定义，例如修改导航栏的颜色、向导航栏上添加功能按钮等。紧接着上一小节中搭建的工程，在 TableViewController 类中的 viewDidLoad() 方法中添加如下代码：

```swift
override func viewDidLoad() {
    super.viewDidLoad()
    //设置导航栏颜色
    self.navigationController?.navigationBar.barTintColor = UIColor.white
    //创建导航按钮实例
    let barItem = UIBarButtonItem(barButtonSystemItem:
UIBarButtonSystemItem.done, target: self, action: #selector(click))
    self.navigationItem.leftBarButtonItem = barItem
}
```

运行工程，在导航栏左侧可以看到添加了一个功能按钮，如图 15-7 所示。

图 15-7　在导航栏上添加左侧功能按钮

> **提 示**
>
> 在结构上，导航栏上的功能按钮实际上属于当前对应的视图控制器，如果在导航中进行视图控制器的切换，则导航栏上的功能按钮也会进行相应切换。

上面的示例代码使用 leftBarButtonItem 属性来设置导航栏的左侧按钮，与其对应，rightBarButtonItem 属性用于设置导航栏上的右侧按钮。除了这两个属性，开发者也可以使用 leftBarButtonItems 和 rightBarButtonItems 属性设置一组左侧或者右侧功能按钮，开发者传入 UIBarButtonItem 的数组即可。

UIBarButtonItem 类专门用来创建导航功能按钮，开发者可以自由选择其类中提供的 5 种构造方法之一来进行 UIBarButtonItem 的实例化。构造方法代码如下：

```
//通过自定义的图片创建功能按钮
public convenience init(image: UIImage?, style: UIBarButtonItemStyle, target:
AnyObject?, action: Selector?)
//通过自定义的图片创建功能按钮 支持设置横竖屏状态下的不同图片
public convenience init(image: UIImage?, landscapeImagePhone: UIImage?, style:
UIBarButtonItemStyle, target: AnyObject?, action: Selector?)
//通过文字标题创建功能按钮
public convenience init(title: String?, style: UIBarButtonItemStyle, target:
AnyObject?, action: Selector?)
//创建系统风格 UIBarButtonItem 实例
public convenience init(barButtonSystemItem systemItem: UIBarButtonSystemItem,
target: AnyObject?, action: Selector?)
//通过自定义的视图创建功能按钮
public convenience init(customView: UIView)
```

在上面列举的构造方法中，需要在创建系统风格的 UIBarButtonItem 实例的构造方法中传入一个 UIBarButtonSystemItem 枚举类型的风格参数。系统定义好了一系列的按钮风格，枚举值列举如下：

```
public enum UIBarButtonSystemItem : Int {
    //done 文字风格
    case done
    //cancel 文字风格
    case cancel
    //edit 文字风格
    case edit
     //save 文字风格
    case save
    //添加图标风格
    case add
    //没有 UI 效果，作为布局占位使用
    case flexibleSpace
    //没有 UI 效果，作为布局占位使用
    case fixedSpace
    //整理图标风格
    case compose
    //返回图标风格
```

```
    case reply
    //行动图标风格
    case action
    //组织图标风格
    case organize
    //书库图标风格
    case bookmarks
    //搜索图标风格
    case search
    //刷新图标按钮
    case refresh
    //停止图标风格
    case stop
    //相机图标风格
    case camera
    //清除图标风格
    case trash
    //播放图标风格
    case play
    //暂停图标风格
    case pause
    //退后图标风格
    case rewind
    //前进图标风格
    case fastForward
    //undo 文字风格
    case undo
    //redo 文字风格
    case redo
}
```

在开发中，开发者可以根据实际需求选择相应功能的按钮风格，如果都无法满足风格，也可以使用自定义按钮视图的构造方法来创建 UIBarButtonItem 实例。

15.2.4 使用导航进行视图控制器的切换管理

在前边学习 UIViewController 类的相关知识时，我们可以使用 present()与 dismiss()方法来进行视图控制器的跳转与返回。如果项目采用了导航的框架结构，则视图控制器的跳转操作也将交由导航控制器来处理。首先在项目中新建一个类文件，使其继承自 UIViewController，并命名为 ViewController。在 ViewController 类的 viewDidLoad()方法中为当前视图控制器设置一个标题，并自定义其背景颜色。代码如下：

```
override func viewDidLoad() {
    super.viewDidLoad()
    self.view.backgroundColor = UIColor.white
    self.title = "第 2 个视图控制器"
}
```

在 TableViewController 中，实现导航功能按钮用户交互的触发方法 click()，在其中演示导航中的视图控制器间的切换操作，代码如下：

```
func click() {
    let viewController = ViewController()
    self.navigationController?.pushViewController(viewController,
animated: true)
}
```

运行工程，跳转后的界面如图 15-8 所示。跳转过程中，后一个界面会从屏幕右外侧向左滑入屏幕中，覆盖第一个界面。使用导航控制器进行跳转的视图控制器会默认带一个返回按钮，点击返回按钮会返回上一级界面。

UINavigationController 类实例 pushViewController()方法用于将一个新的视图控制器压入导航栈的栈顶。对于返回操作，开发者也可以使用代码来实现，其原理是将导航栈中栈顶的视图控制器弹出。在 ViewController 类的 viewDidLoad()方法中添加如下代码：

```
let item = UIBarButtonItem(title: "Pop", style:
UIBarButtonItemStyle.plain, target: self, action:
#selector(pop))
    self.navigationItem.rightBarButtonItem = item
```

在 ViewController 类中实现 pop 方法如下：

图 15-8　使用导航控制器进行视图控制器的跳转

```
func pop() {
    //返回被弹出的视图控制器
    //self.navigationController?.popViewController(animated: true)
    //使用匿名变量接受 可以消除"返回值未使用"警告
    _ = self.navigationController?.popViewController(animated: true)

}
```

运行工程，在第 2 个视图控制器中，点击导航栏上的 Pop 功能按钮与 Back 返回按钮的作用一样。

在导航控制器中，除了可以进行界面的逐级跳转与返回，也可以指定返回导航栈中的某一个 ViewControler。如果采用这种方式，就会将此 ViewController 上的所有视图控制器都弹出导航栈，方法如下：

```
//弹出到某个指定的视图控制器，这个方法将会把所有被弹出的视图控制器以数组的形式返回
public func popToViewController(_ viewController: UIViewController, animated:
Bool) -> [UIViewController]?
```

15.3　标签栏控制器 UITabBarController

导航控制器用于处理多个控制器为层级结构的情况。在实际开发中，并列结构的视图控制器

也十分常见，层级结构的界面之间往往有一些或多或少的关联，可进行交互与传值等。并列结构的视图控制器之间往往没有什么必然的联系，例如一款新闻类应用可以分为"首页""推荐""直播"和"个人中心" 4 个版块，这 4 个版块各自独立，在开发中就可以使用并列结构来处理这种情况。

在 iOS 开发中，UITabBarController 也是一种容器视图控件，其可以管理多个视图控制器，UITabBarController 进行管理的视图控制器为并列的关系。和导航类似，UITabBarController 会默认生成一个标签栏，每一个标签对应一个视图界面，并且也可以将 UINavigationController 作为并列关系的子视图控制器，实现多个导航结构的并列关系。

15.3.1　创建以 UITabBarController 为项目结构工程

使用 Xcode 开发工具创建一个命名为 UITabBarControllerTest 的 Swift 工程，首先打开 Main.storyboard 文件，将其中自动创建的 View Controller 删掉。找到视图控件模板中的 Tab Bar Controller，将其拖入界面中，此时可以看到 storyboard 界面上自动生成了一个 TabBarController 和两个 ViewController，如图 15-9 所示。TabBarController 被称为标签栏控制器，因其中管理的视图控制器都是并列的，故不存在根视图控制器的概念。创建了标签栏控制器后，将其设置为项目的入口界面，选中 TabBarController，在其属性配置中勾选 Is Initial View Controller 项。

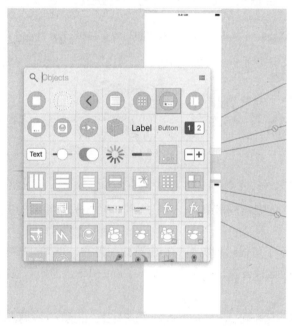

图 15-9　向 Main.storyboard 文件中拖入标签栏控制器

当向 Main.storyboard 中拖入 Tab Bar Controller 控件时，其默认生成了两个 UIViewController，模拟前边提到的新闻类应用，再向 storyboard 文件的开发界面中拖入两个 ViewController 控件，并且需要将这两个与 TabBarController 进行关联，选中界面中的 TabBarController，按住键盘上的 Ctrl 键不放，单击鼠标左键点选 TabBarController，再将鼠标分别移动到新拖入的两个 ViewController 上，松开鼠标左键后，界面会弹出一个选项菜单，点选其中的 view controllers 即可完成关联，如图 15-10 所示。

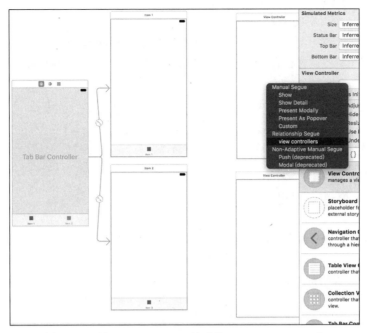

图 15-10　将 ViewController 关联进 TabBarController 中

完成关联后，可以看到，原本 TabBarController 界面下方的标签栏中只有两个标签，现在变成了 4 个，并且在 storyboard 中也用线条直观地表达出视图控制器之间的结构，如图 15-11 所示。

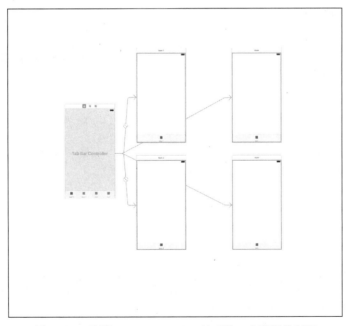

图 15-11　使用 TabBarController 管理的 4 个视图控制器

在工程中创建 3 个 UIViewController 的子类，加上模板默认创建的 ViewController 类，分别与 Main.storyboard 中的 4 个 View Controller 相对应。新创建的 3 个类分别命名为 ViewControllerTwo、ViewControllerThree 和 ViewControllerFour。将 Main.storyboard 中的 4 个 View Controller 中的 Class

属性分别设置为这 4 个对应的类名。

在使用导航控制器时，导航栏上的标题对应的是当前视图控制器的 title 属性。TabBarController 里的标签栏上的每个标签同样也有一个标题，这个标题是通过 UIViewController 类中的 tabBarItem 属性进行配置的。

在 ViewController 类的 viewDidLoad()方法中添加如下代码：

```
override func viewDidLoad() {
    super.viewDidLoad()
    //设置标签标题
    self.tabBarItem.title = "首页"
    self.view.backgroundColor = UIColor.red
}
```

在 ViewControllerTwo 类的 viewDidLoad()中添加如下代码：

```
override func viewDidLoad() {
    super.viewDidLoad()
    self.tabBarItem.title = "推荐"
    self.view.backgroundColor = UIColor.green
}
```

在 ViewControllerThree 类的 viewDidLoad()方法中添加如下代码：

```
override func viewDidLoad() {
    super.viewDidLoad()
    self.tabBarItem.title = "直播"
    self.view.backgroundColor = UIColor.blue
}
```

在 ViewControllerFour 类的 viewDidLoad()方法中添加如下代码：

```
override func viewDidLoad() {
    super.viewDidLoad()
    self.tabBarItem.title = "个人中心"
    self.view.backgroundColor = UIColor.orange
}
```

上面的代码为每个视图控制器设置了不同的背景色，便于在 TabBarController 标签切换时进行观察。运行工程，效果如图 15-12 所示。

图 15-12 UITabBarController 应用

> **提 示**
>
> 细心的读者可能会发现，当项目首启动时，TabBarController 上除了第一个标签，其余标签的标题并不是代码中所设置的那样，原因是前面的演示代码都写在 viewDidLoad()方法中，这个方法在视图控制器第一次展现在屏幕上之前是不会被调用的，只有读者点击过标签，其标题才会显示。因此在实际开发中，对标签控制器中标签标题的设置，可以在视图控制器的构造方法中进行。

上面搭建的工程以 UITabBarController 为主结构，里面放入独立的 ViewController，读者也可以结合 15.2 节学习的 UINavigationController 相关知识，将工程搭建成 UITabBarController 中嵌套 UINavigationController 的结构。在 UINavigationController 中再进行 ViewController 的管理，这也是商业应用常用的结构。

15.3.2　对 UITabBarController 中的标签进行自定义配置

开发者也可以对每个视图控制器对应的标签进行自定义设置。一般情况下，对每个标签，开发者需要配置一个标题、一个未选中状态下的图标及一个选中状态下的图标。系统默认会将选中的标签变为浅蓝色，未选中状态下的标签颜色变为浅灰色，使用 UIImage 实例方法 withRenderingMode()可以使标签显示图片原来的色彩。

向 Xcode 项目工程中引入两张图片素材，修改 ViewController 类的 viewDidLoad()方法如下：

```
override func viewDidLoad() {
    super.viewDidLoad()
    //设置标签标题
    self.tabBarItem.title = "首页"
    //设置标签图标
    self.tabBarItem.image = UIImage(named: "imageNormal")?.
withRenderingMode(UIImageRenderingMode.alwaysOriginal)
    //设置选中状态下的图标
    self.tabBarItem.selectedImage = UIImage(named: "imageSelect")?.
withRenderingMode(UIImageRenderingMode.alwaysOriginal)
    self.view.backgroundColor = UIColor.red
}
```

运行工程，效果如图 15-13 所示。

开发者除了可以对标签上的标题和图标进行自定义设置外，也可以直接使用系统定义好的一些标签样式，这些样式同时包含了标题和图标。在 ViewControllerTwo 类的 viewDidLoad()方法中添加如下示例代码：

```
override func viewDidLoad() {
    super.viewDidLoad()
    self.view.backgroundColor = UIColor.green
    //使用系统风格的标签
    let item = UITabBarItem(tabBarSystemItem: UITabBarSystemItem.favorites,
tag: 1)
    self.tabBarItem = item
}
```

运行工程，效果如图 15-14 所示。

图 15-13　自定义标签图标　　　　　　　图 15-14　使用系统风格的标签

UITabBarItem 的构造方法 UITabBarItem(tabBarSystemItem: ,tag:)的第 1 个参数需要传入一个 UITabBarSystemItem 类型的枚举值，其中列举了许多常用的标签风格，列举如下：

```swift
public enum UITabBarSystemItem : Int {
    //更多风格
    case more
    //偏爱风格
    case favorites
    //特色风格
    case featured
    //排行风格
    case topRated
    //最近风格
    case recents
    //联系人风格
    case contacts
    //历史风格
    case history
    //书库风格
    case bookmarks

    //搜索风格
    case search
    //下载风格
    case downloads
    //最近风格
    case mostRecent
    //浏览风格
    case mostViewed
}
```

很多场景下，标签控制器上的标签会兼顾未读消息数的提示功能。以个人中心为例，很多应用程序内都有消息机制，当有新的未读消息时，个人中心的标签上往往会显示一个红点及数字来提示用户有新的未读消息，系统的 UITabBarItem 也实现了这样的功能。在 ViewControllerFour 类中的 viewDidLoad()方法中修改代码如下：

```
override func viewDidLoad() {
    super.viewDidLoad()
    self.tabBarItem.title = "个人中心"
    //设置提示视图背景
    self.tabBarItem.badgeColor = UIColor.red
    //设置提示文字
    self.tabBarItem.badgeValue = "新消息"
    self.view.backgroundColor = UIColor.orange
}
```

运行工程，效果如图 15-15 所示。

图 15-15　为标签添加未读信息提示

15.3.3　标签栏上标签的溢出与排序功能

标签栏上的标签是并列横向排布的，因此读者可能会想到一个问题，如果标签栏控制器中管理的视图控制器过多，标签栏上的标签会进行怎样的排布呢？实际上，UITabBarController 有自动处理标签溢出的功能，默认标签栏上最多可以并列展示 5 个标签。如果标签数量超出 5 个，标签栏上最后一个标签会变成一个系统管理的更多样式的标签，其内部会自动创建一个以表视图控制器作为根视图控制器的导航控制器，将溢出的标签以列表的形式排列其中。

接着 15.3.2 节编写的工程，在 Tab Bar Controller 中继续添加 4 个受其管理的视图控制器，为了测试方便，也可以直接在 Main.storyboard 中对新添加的视图控制器的标签进行简单设置。选中要进行设置的 View Controller，在 Main.storyboard 文件左侧的视图导航区找到其中对应的 Item 控件，如图 15-16 所示。

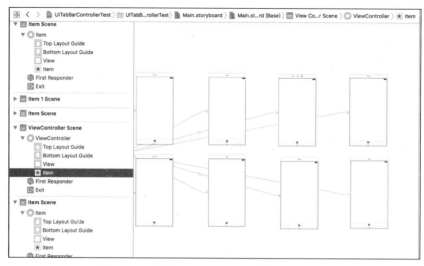

图 15-16　选中 ViewController 中的 Item 控件

此时，Xcode 工具右侧会出现 UITabBarItem 控件的设置选项，将其设置为一个系统风格样式，如图 15-17 所示。

配置完所有新添加的视图控制器后，运行工程，效果如图 15-18 所示。可以看到标签栏上自动生成了一个"更多"风格的标签。

图 15-17　对 UITabBarItem 进行设置　　图 15-18　系统为溢出标签自动生成了一个视图控制器

点击 More 标签，界面会切换到一个导航控制器，其根视图控制器是表视图控制器，它将所有溢出的标签进行了排列，如图 15-19 所示。当用户选择相应标签时，界面会以导航 push 的方式跳转到具体视图控制器。

从图 15-19 中可以发现，系统创建的这个视图控制器自带一个导航栏右侧按钮 Edit，用户点击这个按钮后，TabBarController 会进入编辑模式，这次界面上会弹出一个新的视图控制器，这个控制器会将标签栏上所有的标签平铺列举，用户可以通过拖曳将它们重新排列，改变标签的顺序，如图 15-20 所示。对应的，导航栏右侧按钮也会变为 Done，排列完成后，用户点击 Done 按钮即可完成标签栏上标签的重新排布。

图 15-19 导航控制器统一对溢出标签对应的
视图控制器进行管理

图 15-20 对标签栏上的标签进行重新排布

15.4 警告视图控制器的应用

警告视图控制器是 iOS 开发中一种特殊的视图控制器，UIAlertController 实例的创建和正常的
UIViewController 有很大差异。首先从功能上讲，其并不是为了管理和组合视图，其作用更像是一
个独立的视图控件；从 UI 展现上讲，UIAlertController 有两种表现形式，分别是警告框弹窗和上
拉抽屉弹窗。警告视图控制器被应用在需要用户进行选项选择或操作确认的需求场景中。

15.4.1 认识 UIAlertAction 类

学习 UIAlertController 控制器，首先要了解的便是 UIAlertAction 类。首先，UIAlertController 的
主要作用是创建弹窗，弹窗展现后，上面都会提供一些按钮或者其他用户交互控件给用户进行操作。
用户的操作行为可以理解为 Action，因此，UIAlertAction 的作用是处理用户交互行为。

UIAlertAction 类只有一个构造方法，在构造方法中，开发者需要完成对 UIAlertAction 实例的
标题、风格以及用户交互回调方法的设置。示例代码如下：

```
let action = UIAlertAction(title: "按钮一", style: UIAlertActionStyle.default)
{ (action) in
    print("用户点击了按钮一")
    }
```

这个构造方法有 3 个参数，只是上面的代码采用了后置闭包的写法，读者可能会有些不习
惯，在本书讲解闭包的章节有过介绍，熟练掌握 Swift 语言的特点后，这种写法就会十分自然。
UIAlertAction 类的构造方法中第 1 个参数需要传递一个字符串值，其会作为标题显示在弹窗的用

户交互按钮上；第 2 个参数设置此交互按钮的显示风格，需要设置为 UIAlertActionStyle 类型的枚举值；第 3 个参数为一个闭包，在此闭包中，开发者可以写入用户点击此按钮后执行的代码。UIAlertActionStyle 枚举值及意义列举如下：

```
public enum UIAlertActionStyle : Int {
    //默认风格
    case `default`
    //取消按钮风格
    case cancel
    //消极按钮风格
    case destructive
}
```

UIAlertAction 类的设计十分简洁，除了构造方法中进行设置的属性外，UIAlertAction 类中还有一个 isEnabled 的布尔类型属性，这个属性可以控制此交互按钮的状态是否为可用。

15.4.2 使用 UIAlertController 创建警告框弹窗

UIAlertController 的功能之一便是快捷创建警告框弹窗，在 iOS 系统中，这种弹窗十分常见。如果读者使用 iPhone 手机，就会经常遇到警告弹框。例如从 AppStore 下载软件时，系统会弹出警告框告知用户输入 AppleID 和密码；当安装完新应用程序第一次打开时，系统会弹出警告框告知用户此应用程序要获取某些权限等。下面就使用 UIAlertController 创建一个警告框弹窗。

使用 Xcode 开发工具创建一个命名为 UIAlertControllerTest 的工程，为了方便演示，首先在界面上创建一个按钮控件。打开 Main.storyboard 文件，向其中的 View Controller 中拖入一个 Button 控件，设置其标题为"弹出警告框"，如图 15-21 所示。

将此按钮的触发方法与 ViewController 类进行关联，实现按钮的用户交互方法如下：

图 15-21　向界面中添加一个按钮

```
@IBAction func popAlert(_ sender: AnyObject) {
    let alertController = UIAlertController(title:
"我是警告框弹窗", message:
"这里填写内容", preferredStyle: .alert)
    let alertAction1 = UIAlertAction(title: "确定", style: .default, handler: nil)
    let alertAction2 = UIAlertAction(title: "取消", style: .cancel, handler: nil)
    alertController.addAction(alertAction1)
    alertController.addAction(alertAction2)
    self.present(alertController, animated: true, completion: nil)
}
```

上面示例代码中创建了一个 UIAlertController 实例并向其中加入了两个交互按钮 UIAlertAction，运行工程，点击"弹出警告框"按钮，可以看到当前界面上弹出了警告框弹窗，如

图 15-22 所示，当用户点击任何一个按钮后，弹窗将自动消失。

　　UIAlertAction 就是一个封装了 UI 和交互方法的类，当警告框弹窗中的按钮个数超出两个时，按钮的排列方式将由水平排列变为竖直排列，如图 15-23 所示。

图 15-22　警告框弹窗　　　　　　　　　　图 15-23　竖直排列按钮的警告框弹窗

　　除了展现简单的警告标题和警告信息外，开发者还可以在警告框上设置一个文本输入框，这个特点可以帮助开发者方便地开发登录框控件，将 popAlert() 方法中的代码修改如下：

```swift
@IBAction func popAlert(_ sender: AnyObject) {
    let alertController = UIAlertController(title: "我是警告框弹窗", message: "这里填写内容", preferredStyle: .alert)
    let alertAction1 = UIAlertAction(title: "登录", style: .default) { (action) in
        print(alertController.textFields?.first?.text ?? "未输入文字")
    }
    let alertAction2 = UIAlertAction(title: "取消", style: .cancel, handler: nil)

    alertController.addAction(alertAction1)
    alertController.addAction(alertAction2)
    alertController.addTextField { (textField) in
        //在闭包中可以对 UITextField 进行配置
        textField.placeholder = "请输入用户名"
    }
    alertController.addTextField { (textField) in
        textField.placeholder = "请输入密码"
        //密码模式
        textField.isSecureTextEntry = true
    }
    self .present(alertController, animated: true, completion: nil)
}
```

运行工程，效果如图 15-24 所示。

图 15-24　向警告框弹窗中添加文本输入框

提　示
UIAlertController 类中的 addTextField()方法只能在警告控制器的风格为 alert 时才可以使用，抽屉弹窗是不可以添加文本输入框的，否则运行时将产生错误，造成程序崩溃。

15.4.3　使用 UIAlertController 创建抽屉弹窗

在 Main.storyboard 文件中的 View Controller 里拖入一个按钮控件，将其用户交互方法与 ViewController 进行关联，实现如下：

```
@IBAction func popSheet(_ sender: AnyObject) {
    //使用弹窗风格的警告控制器
    let alertController = UIAlertController(title: "我是抽屉弹窗", message:
"这里填写内容", preferredStyle: .actionSheet)
    let alertAction1 = UIAlertAction(title: "确定", style: .default)
{ (action) in

print(alertController.textFields?.first?.text ?? "未输入文
字")

    }
    let alertAction2 = UIAlertAction(title: "取消",
style: .cancel, handler: nil)

    alertController.addAction(alertAction1)
    alertController.addAction(alertAction2)
    self.present(alertController, animated: true,
completion: nil)
    }
```

运行工程，效果如图 15-25 所示。

actionSheet 风格的 UIAlertController 会以上拉抽屉的方式展现。

图 15-25　抽屉弹窗

15.5　网页视图的应用

在商业级的应用程序中，通常会使用嵌入网页的方式来开发某些经常变的、灵活的和实时性要求高的界面。例如，电商类应用软件常会推出一些优惠专题，专题页的设计和样式会配合内容显示不同的风格，这种需求就比较适合嵌入网页。

在 iOS 8 之前，在应用中嵌入网页会使用到 UIWebView 这个类，UIWebView 也是继承自 UIView 的视图类，因此，其主要作用是将 HTML 文本渲染成网页界面或者通过一个网页链接来渲染界面。随着应用程序对网页与原生界面交互要求的加大，UIWebView 越来越难以满足开发者的需求，因此在 iOS 8 之后，系统引入了 UIWebKit 框架，其大大增强了网页与原生的交互能力，对开发者来说，在进行嵌入网页相关功能的开发的同时也更加结构化。

15.5.1　网页视图 UIWebView

UIWebView 控件可以通过一个网址 URL 来进行网页视图的渲染，也可以加载本地的 HTML文件。使用 Xcode 开发工具创建一个命名为 UIWebViewTest的工程。由于 iOS 9 之后和 Xcode 7 之后的版本默认网络请求将使用 Https 协议类型，若要支持 Http 协议，需要在 Info.plist文件中配置相关参数。Info.plist 文件用于对工程进行一些功能配置，使用 Xcode 创建任何一个工程时都会默认生成一个Info.plist 配置文件，如图 15-26 所示。

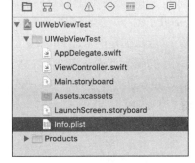

向 Info.plist 文件中添加一个配置项 App Transport SecuritySettings，向其中添加一个 Boolean 类型的键 Allow ArbitaryLoads，设置为 YES，这个键的作用是允许项目支持 Http 类型的网络请求。

图 15-26　工程 plist 配置文件

在 ViewController.swift 文件的 viewDidLoad()方法中编写如下代码：

```
override func viewDidLoad() {
    super.viewDidLoad()
    //创建 WebView 视图
    let webView = UIWebView(frame: self.view.bounds)
    //创建网页 url
    let url = URL(string: "http://www.baidu.com")
    //创建请求
    let request = URLRequest(url: url!)
    //加载网页
    webView.loadRequest(request)
    self.view.addSubview(webView)
}
```

在上面的示例代码中，URL 类用于对网页链接进行实例化，URLRequest 类将通过 URL 生成一个请求对象，使用 UIWebView 类实例的 loadRequest()方法来加载这个请求对象。完成上面的代码后，运行工程，可以看到界面上显示了百度网站的首页，点击相应按钮，支持网页的跳转，如图 15-27 所示。

除了使用 loadRequest()进行网页的加载外，UIWebView 中还额外提供了两个方法来进行视图的渲染，代码如下：

```
//这个方法可以直接加载 HTML 格式的字符并进行视图渲染
public func loadHTMLString(_ string: String,
baseURL: URL?)
//这个方法可以加载自定义格式的数据
public func load(_ data: Data, mimeType MIMEType:
String, textEncodingName: String, baseURL: URL)
```

图 15-27　使用 UIWebView 加载网页

上面两个方法中都需要传入一个 baseURL 参数，这个参数需要传入一个 URL 地址，这个地址指定了 Html 文本中引入的素材的地址。

在使用浏览器进行网页浏览时，可以很容易发现浏览器都有这样一个功能：当用户点击当前网页中的某个链接跳转到新的网页后，用户可以通过点击退后按钮回到前一个网页。同样，在返回到前一个网页后，用户也可以点击前进按钮再次回到后一个网页，其实在浏览器中通常对访问的网页都做了缓存处理，可以方便地进行前进与后退操作。在 UIWebView 中，同样也提供了这样的功能。修改所创建的 UIWebView 的尺寸，在界面的底部添加一个工具条，在工具条上添加前进与后退两个按钮。首先，将 UIWebView 实例及工具栏的按钮设置为 ViewController 类的属性，并使 ViewController 遵守 UIWebViewDelegate 协议，代码如下所示：

遵守协议：

```
class ViewController: UIViewController,UIWebViewDelegate{
```

网页及按钮属性：

```
var webView:UIWebView?
var buttonGoBack:UIButton!
var buttonGoForward:UIButton!
```

viewDidLoad()中的实现：

```
override func viewDidLoad() {
    super.viewDidLoad()
    //创建 WebView 视图
    webView = UIWebView(frame:CGRect(x: 0, y: 0, width: self.view.frame.
size.width, height: self.view.frame.size.height-30))
    //创建网页 url
    let url = URL(string: "http://www.baidu.com")
    //创建请求
    let request = URLRequest(url: url!)
    //加载网页
```

```
        webView!.loadRequest(request)
        webView?.delegate = self
        self.view.addSubview(webView!)
        //创建工具条
        let toolView = UIView(frame: CGRect(x: 0, y: self.view.frame.size.
height-30, width: self.view.frame.size.width, height: 30))
        toolView.backgroundColor = UIColor.purple()
        self.view.addSubview(toolView)
        //添加两个功能按钮
        buttonGoBack = UIButton(frame: CGRect(x: 30, y: 0, width: 70, height: 30))
        buttonGoBack.setTitle("后退", for: UIControlState())
        buttonGoBack.setTitleColor(UIColor.lightGray, for: .disabled)
        buttonGoBack.addTarget(self, action: #selector(goBack), for:
UIControlEvents.touchUpInside)

        buttonGoForward = UIButton(frame: CGRect(x: 130, y: 0, width: 70, height:
30))
        buttonGoForward.addTarget(self, action: #selector(goForward), for:
UIControlEvents.touchUpInside)
        buttonGoForward.setTitle("前进", for: UIControlState())
        buttonGoForward.setTitleColor(UIColor.lightGray, for: .disabled)
        toolView.addSubview(buttonGoBack)
        toolView.addSubview(buttonGoForward)        }
```

实现两个按钮的触发方法如下：

```
    func goBack() {
        webView!.goBack()
    }


    func goForward() {
        webView!.goForward()
    }
```

网页加载完成时实现的方法如下：

```
    func webViewDidFinishLoad(_ webView: UIWebView) {
        buttonGoBack.isEnabled = webView.canGoBack
        buttonGoForward.isEnabled = webView.
canGoForward
    }
```

图 15-28　UIWebView 的后退
与前进功能

UIWebView 类实例的 canGoBack()方法与 canGoForward()方法用于检查网页视图当前是否可以进行后退或者前进操作，使用这两个布尔值，可以在网页加载完成时对后退按钮及前进按钮的可用性进行设置，当不可以后退或前进时，按钮呈现灰度状态，增强用户的交互体验。

运行工程，效果如图 15-28 所示。

上面的效果就是通过 UIWebView 中的 UIWebViewDelegate 协议来实现的，这个协议中的相关方法可以帮助开发者对 UIWebView 的活动过程进行监听，列举如下：

```
public protocol UIWebViewDelegate : NSObjectProtocol {
    当视图将要开始加载 URL 请求时被调用 返回 fasle 则禁止此次加载
    optional public func webView(_ webView: UIWebView, shouldStartLoadWith
request: URLRequest, navigationType: UIWebViewNavigationType) -> Bool
    //当视图已经开始加载 URL 请求时被调用
    optional public func webViewDidStartLoad(_ webView: UIWebView)
    //视图加载完成时被调用
    optional public func webViewDidFinishLoad(_ webView: UIWebView)
    //视图加载失败时被调用
    optional public func webView(_ webView: UIWebView, didFailLoadWithError
error: NSError?)
    }
```

在上面的代理方法中，webView(_ ,shouldStartLoadWith: ,navigationType:)方法十分重要，通过这个方法开发者可以截获 UIWebView 将要加载的 URL 请求，可以进行请求参数的重设，也可以拦截此请求，禁止其加载，从而进行自己的业务逻辑处理。

15.5.2 认识 WebKit 框架

对于简单的网页嵌入需求，使用 UIWebView 已经足够，但是对于更加复杂的需求，例如在网页与原生交互十分频繁的场景中，UIWebView 处理起来就有些力不从心。iOS8 之后，系统引入了 WebKit 框架，将应用中嵌入网页的相关接口提取整合成了一个完整的框架，WebKit 框架中添加了一些原生与 JavaScript 交互的方法，并且 WebKit 框架中采用导航栈的模型进行网页的跳转管理，开发者可以更加容易地控制和管理网页的渲染。

WebKit 框架中设计的类很多，框架的设计非常面向对象化，也非常模块化，这也更有利于开发者代码的结构化。图 15-29 中描述了 WebKit 框架中所涉及的重要类及其相互之间的关系。

图 15-29　WebKit 框架结构图

　　WebKit 框架中最核心的类应该属于 WKWebView 类，这个类专门用来进行网页视图的渲染，其需要通过 WKWebViewConfiguration 类来进行配置。WKWebViewConfiguration 类中主要包含 3 个模块：WKPreferences 用于进行自定义的偏好配置，WKProcesssPool 类用于进程池的配置，WKUserContentController 类也是一个核心类，其主要用来做 native 与 JavaScript 的交互管理。关于 WKUserContentController，其又需要两个类的协作，WKUserScript 类用于通过原生代码向网页注入 JavaScript 代码，WKScriptMessageHandler 类用于处理 JavaScript 代码调用的原生方法。

　　除了前面提到的这些类外，开发者可以通过 WKNavigationDelegate 协议监听网页的活动，WKNavigationAction 类是某个活动的实例化对象，WKUIDelegate 协议用于处理 JavaScript 代码中的一些弹出框事件，WKBackForwardList 类用于栈结构的管理，WKBackForwardListItem 类是每个网页节点的实例化对象。

15.5.3　使用 WKWebViewConfiguration 对网页视图进行配置

　　15.5.2 节整体向读者介绍了 WebKit 框架的结构和组成，整体分析清楚这个框架并不是一件容易的事。读者可以采取由点到线、由线到面的学习过程来掌握 WebKit 框架。首先 WebKit 框架中网页的展示和渲染是通过 WKWebView 来完成的，因此，可以从 WKWebView 入手学习，WKWebView 的配置所依赖的类又是 WKWebViewConfiguration 类，因此最先要学习的是如何通过 WKUserContentController 对网页视图进行配置，并了解通过配置可以完成怎样的功能。

　　使用 Xcode 开发工具创建一个命名为 WebKitTwst 的工程，要支持 Http 协议的网络请求，根据前面介绍的过程向 Info.plist 文件中添加相应键值。首先在 ViewController.swift 文件中引入 WebKit 框架，如下所示：

```
import WebKit
```

在 ViewController 类中添加如下代码，使界面加载出百度网站首页。

```
//声明 WKWebView 属性
var wkView:WKWebView?
override func viewDidLoad() {
    super.viewDidLoad()
    //创建网页配置
    let configuration = WKWebViewConfiguration()
    //对网页视图进行实例化
    wkView=WKWebView(frame:self.view.frame,configuration: configuration)
    self.view.addSubview(wkView!)
    let url = URL(string: "http://www.baidu.com")
    let request = URLRequest(url: url!)
    wkView!.load(request)

}
```

运行工程，可以看到使用 WKWebView 将百度首页加载了出来。

可以使用 WKProcessPool 类为 WKWebView 实例配置一个进程池，示例如下：

```
//创建网页配置
let configuration = WKWebViewConfiguration()
```

```
//配置进程池
let processPool = WKProcessPool()
configuration.processPool = processPool
```

开发者一般不需要对进程池进行配置，配置为同一进程池中的 WKWebView 实例会共享一些资源，进程池在需要使用多个 WKWebView 实例时会使用到。

对 WKWebView 实例进行自定义的偏好配置示例如下：

```
//偏好配置
let prefrence = WKPreferences()
//设置网页界面的最小字号
prefrence.minimumFontSize = 0
//设置是否支持 JavaScript 脚本 默认为 true
prefrence.javaScriptEnabled = true
//设置是否允许不经过用户交互由 JacaScript 代码自动打开窗口
prefrence.javaScriptCanOpenWindowsAutomatically = true
configuration.preferences = preference
```

在上面的示例代码中，可将 WKPreferences 类实例的 javaScriptCanOpenWindowsAutomaticlly 属性简单理解为是否允许自动弹出网页。

使用 WKUserContentController 类来进行原生与 JavaScript 交互相关配置，示例代码如下：

```
//进行原生与 JavaScript 交互配置
let userContentController = WKUserContentController()
//设置代理并且注册要被 JavaScript 代码调用的原生方法名称
userContentController.add(self, name: "nativeFunc")
//向网页中注入一段 JavaScript 代码
let javaScriptString = "function
userFunc(){window.webkit.messageHandlers.nativeFunc.postMessage({\"班级\":\"珲少
学堂\"})};userFunc()"
let userScript = WKUserScript(source: javaScriptString,
injectionTime: .atDocumentStart, forMainFrameOnly: false)
//进行注入
userContentController.addUserScript(userScript)
configuration.userContentController = userContentController
```

WKUserContentController 实例调用 add(_: ,name:)方法用于设置 JavaScript 方法回调的代理和要监听的方法名。上面的代码可以理解为，在 WebKit 中注册了 nativeFunc 方法的监听，当 JavaScript 代码对 nativeFunc 进行调用时，就会通知到 WKScriptMessageHandler 协议中约定的方法，开发者可进行后续的逻辑处理。WKUserContentController 实例调用 addUserScript()方法用于向网页中注入 JavaScript 代码，其中注入的 JavaScript 代码是封装入 WKUserScript 的对象，WKUserScript 类的构造方法 WKUserScript(source: ,injecttTime: ,forMainFrameOnly:)第 1 个参数为注入的 JavaScript 代码字符串，第 2 个参数设置注入的时机，第 3 个参数设置是否只在主界面注入，关于可注入时机定义在如下枚举中：

```
public enum WKUserScriptInjectionTime : Int {
    //在文档首部进行注入
    case atDocumentStart
    //在文档尾部进行注入
```

```
        case atDocumentEnd
    }
```

上面示例代码中注入的 JavaScript 代码如下：

```
function userFunc()
{
    window.webkit.messageHandlers.nativeFunc.postMessage({\"班级\":\"珲少学堂
\"})
};
userFunc()
```

这段 JavaScript 代码的含义是创建一个函数 userFunc()，函数中向 nativeFunc 方法发送一个字典消息，字典中的键为"班级"、值为"珲少学堂"，之后调用 userFunc()方法。因此可以理解为，这里手动向 JavaScript 注入了代码，代码的功能是与原生 nativeFunc 方法进行通信。

为 ViewController 类添加如下协议：

```
class ViewController: UIViewController,WKScriptMessageHandler
```

实现协议中的方法如下：

```
    func userContentController(_ userContentController:
WKUserContentController, didReceive message: WKScriptMessage) {
        print(message.body,message.name)
    }
```

当 JavaScript 代码向 WebKit 中注册的交互方法发送消息后，系统会调用这个协议方法，这个方法会传入一个 WKScriptMessage 类型的 message 参数，其中封装了传递的消息内容。WKScriptMessage 类中提供的重要属性如下：

```
public class WKScriptMessage : NSObject {
    //消息体 对应上面传递的字典
    @NSCopying public var body: AnyObject { get }
    //此消息的网页视图来源
    weak public var webView: WKWebView? { get }
    //传递消息的方法名
    public var name: String { get }
}
```

开发者也可以使用原生代码来调用网页中的 JavaScript 方法，使用 WKWebView 类中的如下方法：

```
    public func evaluateJavaScript(_ javaScriptString: String, completionHandler:
((AnyObject?, NSError?) -> Swift.Void)? = nil)
```

提　示

JavaScript 是一种网页脚本语言，其能够为网页增加动态功能，添加交互逻辑。

15.5.4　WKWebView 中的重要属性和方法解析

WKWebView 明显比 UIWebView 要强大许多，其中除了支持 UIWebView 中所有的方法外，

还扩展添加了更多强大实用的功能。关于网页的前进和后退操作，WKWebView 中提供了
backForwardList 属性：

```
public var backForwardList: WKBackForwardList { get }
```

WKBackForwardList 类中存储了网页跳转中的各个网页节点，其中的属性列举如下：

```
//当前的网页节点
public var currentItem: WKBackForwardListItem? { get }
//前进一个的网页节点
public var backItem: WKBackForwardListItem? { get }
//后退一个的网页节点
public var forwardItem: WKBackForwardListItem? { get }
//某个索引对应的网页节点
public func item(at index: Int) -> WKBackForwardListItem?
//所有后退的网页节点组成的数组
public var backList: [WKBackForwardListItem] { get }
//所有前进的网页节点组成的数组
public var forwardList: [WKBackForwardListItem] { get }
```

通过 WKBackForwardList 类，开发者可以方便地获取到在整个网页跳转过程中缓存的任意一
个网页节点。WKWebView 类实例调用如下方法可以跳转到任意一个网页节点：

```
public func go(to item: WKBackForwardListItem) -> WKNavigation?
```

WKWebKit 类中还有一个十分重要的属性是 estimatedProgress 属性，这个属性是一个 Double
类型的值，其代表了网页加载的进度。在许多浏览器中都会有一个网页加载进度条，用户可以通
过进度条得知当前网页的加载状态。在实际开发中，配合 UIProgressView 进度条控件与 KVO 技
术，就可以实现网页加载进度条功能。在 ViewController 类中添加 UIProgressView 属性如下：

```
var progressView:UIProgressView?
```

在 ViewController 类的 viewDidLoad()方法中添加如下代码：

```
        //创建进度条控件
        progressView = UIProgressView(frame: CGRect(x: 0, y: 0, width:
self.view.frame.size.width, height: 10))
        progressView?.progressTintColor = UIColor.green()
        progressView?.progress = 0
        self.view.addSubview(progressView!)
        //对 WKWebView 实例的 estimatedProgress 属性进行监听
        wkView?.addObserver(self, forKeyPath: "estimatedProgress",
options:NSKeyValueObservingOptions.new, context: nil)
```

在 ViewController 类中实现如下方法：

```
    override func observeValue(forKeyPath keyPath: String?, of object: Any?,
change: [NSKeyValueChangeKey : Any]?, context: UnsafeMutableRawPointer?) {
        if keyPath == "estimatedProgress" {
            progressView?.progress = Float(wkView!.estimatedProgress)
        }
    }
```

提　示

KVO（Key-Value-Observe，键值监听）是 iOS 开发中一种常用的属性监听技术，通过设置监听者来监听某个类的某个属性，当属性值发生改变时就会通知监听者。在回调的通知方法中，开发者可以获取到所监听的属性值的相关信息。

15.5.5　关于 WKUIDelegate 协议

WKUIDelegate 协议也是处理 JavaScript 与原生代码交互的一个重要协议，其中主要定义了一些与网页警告框有关的回调方法。重要方法列举如下：

```
//当网页视图被创建时会调用
optional public func webView(_ webView: WKWebView, createWebViewWith
configuration: WKWebViewConfiguration, for navigationAction: WKNavigationAction,
windowFeatures: WKWindowFeatures) -> WKWebView?
//当网页视图被关闭时会调用
optional public func webViewDidClose(_ webView: WKWebView)
//JavaScript 代码弹出 alert() 警告框时会调用的原生方法
//开发者处理完成逻辑后，需要调用 completionHandler() 闭包进行返回
optional public func webView(_ webView: WKWebView,
runJavaScriptAlertPanelWithMessage message: String, initiatedByFrame frame:
WKFrameInfo, completionHandler: () -> Swift.Void)
//JavaScript 代码弹出 confirm() 确认框的时候会调用的原生方法。开发者处理完成逻辑后，需要调用
//completionHandler() 闭包，这个闭包中需要传入一个 Bool 类型的参数将用户选择的结果返回
optional public func webView(_ webView: WKWebView,
runJavaScriptConfirmPanelWithMessage message: String, initiatedByFrame frame:
WKFrameInfo, completionHandler: (Bool) -> Swift.Void)
//JavaScript 的 prompt 事件回调的原生方法。prompt 会在网页中弹出输入框，开发者处理完交
互
//逻辑后，需要调用 completionHandler() 闭包将用户输入的信息回传
optional public func webView(_ webView: WKWebView,
runJavaScriptTextInputPanelWithPrompt prompt: String, defaultText: String?,
initiatedByFrame frame: WKFrameInfo, completionHandler: (String?) -> Swift.Void)
```

提　示

WebKit 框架是 iOS 开发框架中一个比较复杂的框架，也是难点与进阶点。读者在学习的时候注意整体把握，在实战练习中多多理解体会。

15.6　滚动视图 UIScrollView 的应用

移动设备的尺寸有限，通常情况下，当应用的某个界面要显示的内容超出设备屏幕的时候，开发者都会使用滚动视图来处理。例如，前边向读者介绍的网页视图 WebView，其实质也是滚动

视图，用户可以上下滑动屏幕进行网页的浏览。

iOS 系统中的滚动视图由 UIScrollView 类来实现，其也是更多复杂界面开发的基础，如后面会向读者介绍的列表视图 UITableView、集合视图 UICollectionView 以及翻页视图控制器 UIPageViewController 等都是基于 UIScrollView 扩展而来的高级视图控件。因此，本节的内容既是基础，也是 iOS 开发学习者掌握更多高级 UI 视图控件的必经之路。

15.6.1 创建 UIScrollView 滚动视图

读者可以将 UIScrollView 理解为一块大的画布，我们可以向其中放入任意尺寸的一组视图。使用 Xcode 开发工具创建一个命名为 UIScrollViewText 的工程，在 ViewController 类的 viewDidLoad()方法中添加如下代码：

```
override func viewDidLoad() {
    super.viewDidLoad()
    //进行 UIScrollView 的实例化
    let scrollView = UIScrollView(frame: self.view.frame)
    //将滚动视图添加到当前界面
    self.view.addSubview(scrollView)
    //创建两个内容视图
    let subView1 = UIView(frame: self.view.frame)
    subView1.backgroundColor = UIColor.red
    let subView2 = UIView(frame: CGRect(x: self.view.frame.size.width, y:
0, width: self.view.frame.size.width, height: self.view.frame.size.height))
    subView2.backgroundColor = UIColor.blue
    //将内容视图添加进 UIScrollView 视图中
    scrollView.addSubview(subView1)
    scrollView.addSubview(subView2)
    //设置 UIScrollView 实例的尺寸
    scrollView.contentSize = CGSize(width: self.view.frame.size.width*2,
height: self.view.frame.size.height)
}
```

在上面的示例代码中，创建了一个尺寸和当前视图控制器界面尺寸相同的 UIScrollView 视图。需要注意的是，向 UIScrollView 示例中添加的子视图的尺寸已经超出了当前界面的边界，所以需要设置 UIScrollView 的 contentSize 属性来控制滚动视图的可滚动范围，从属性名（内容尺寸）就可以理解，其用来设置 UIScrollView 滚动视图的内容区域尺寸，如果内容区域的尺寸超出了 UIScrollView 实例本身的尺寸大小，则当前 UIScrollView 实例就可以进行滑动来适应其内容区域的尺寸。

运行工程，左右滑动屏幕，效果如图 15-30 所示。

如果将 UIScrollView 实例的 contentSize 属性高度设置为大于 UIScrollView 本身的高度，滚动视图则会支持纵向的滚动。

在进行滚动视图的滑动操作时，细心的读者可以发现，当用户将滚动视图滑动到边缘时，其实还可以继续拖曳一段距离，而当用户手

图 15-30　UIScrollView 演示

指离开屏幕后，滚动视图会产生回弹效果。这种阻尼回弹效果是由 UIScrollView 类的 bounces 属性决定的，其需要设置为一个 Bool 值，默认为 true，即支持回弹效果，如果设置为 false 则不支持。还有一个细节，当滚动视图的 contentSize 比其本身的尺寸小时，则默认是不产生阻尼回弹效果的，如果开发者需要，可以进行如下设置：

```
//设置始终开启竖直方向的回弹效果
scrollView.alwaysBounceVertical = true
//设置始终开启水平方向的回弹效果
scrollView.alwaysBounceHorizontal = true
```

当用户在对滚动视图进行滑动时，可以看到在右侧或者下侧会出现一个滚动条，开发者可以通过如下属性来设置此滚动条是否显示：

```
//显示竖直方向的滚动条
scrollView.showsVerticalScrollIndicator = true
//显示水平方向的滚动条
scrollView.showsHorizontalScrollIndicator = false
```

在 iOS 平台上，许多常见的应用程序都有图片轮播视图控件，可以作为图片查看器或者轮播广告位，其一般是通过 UIScrollView 来实现的，除了可以滚动查看外，这种轮播器还有一个功能，即自动定位分页。所谓自动定位分页，是指当用户图片滑动轮播器在两个图片之间停下时，如果用户抬起手指，轮播器会自动根据图片显示出的部分尺寸大小自动定位，使轮播器完整显示某一张图片。UIScrollView 类中提供了 isPagingEnabled 属性，用来设置是否开启这种定位分页效果：

```
//开启自动定位分页效果
scrollView.isPagingEnabled = true
```

15.6.2　UIScrollViewDelegate 协议介绍

有时候，开发者需要对 UIScrollView 滑动过程中的状态进行监听，以便完成一些特殊的需求。UIScrollViewDelegate 协议中约定的许多方法会在 UIScrollView 整个活动中有序被调用。首先，在 ViewController 类中添加遵守 UIScrollViewDelegate 协议：

```
class ViewController: UIViewController,UIScrollViewDelegate
```

设置 UIScrollView 实例的代理为当前视图控制器本身，例如：

```
//设置代理
scrollView.delegate = self
```

UIScrollViewDelegate 协议中的重要方法及意义列举如下：

```
//当滚动视图滚动时系统自动调用
optional public func scrollViewDidScroll(_ scrollView: UIScrollView)
//当滚动视图缩放时系统自动调用
optional public func scrollViewDidZoom(_ scrollView: UIScrollView)
//当滚动视图将要开始拖曳时被系统自动调用
optional public func scrollViewWillBeginDragging(_ scrollView: UIScrollView)
//当滚动视图将要结束拖曳时被系统自动调用
```

```
optional public func scrollViewWillEndDragging(_ scrollView: UIScrollView,
withVelocity velocity:CGPoint,targetContentOffset:UnsafeMutablePointer<CGPoint>)
    //当滚动视图已经结束拖曳时被系统自动调用
    optional public func scrollViewDidEndDragging(_ scrollView: UIScrollView,
willDecelerate decelerate: Bool)
    //当滚动视图将要开始减速时被系统自动调用
    optional public func scrollViewWillBeginDecelerating(_ scrollView:
UIScrollView)
    //当滚动视图已经结束减速时被系统自动调用
    optional public func scrollViewDidEndDecelerating(_ scrollView: UIScrollView)
    //当滚动视图将要结束滚动动画时被系统自动调用
    optional public func scrollViewDidEndScrollingAnimation(_ scrollView:
UIScrollView)
    //通过返回值配置滚动视图中进行缩放操作的子视图
    optional public func viewForZooming(in scrollView: UIScrollView) -> UIView?
    //当滚动视图将要开始缩放操作时被系统自动调用
    optional public func scrollViewWillBeginZooming(_ scrollView: UIScrollView,
with view: UIView?)
    //当滚动视图已经结束缩放时被系统自动调用
    optional public func scrollViewDidEndZooming(_ scrollView: UIScrollView, with
view: UIView?, atScale scale: CGFloat)
    //通过返回值设置是否允许点击状态栏直接返回顶部
    optional public func scrollViewShouldScrollToTop(_ scrollView: UIScrollView)
-> Bool
    //当滚动视图通过用户点击状态栏滚动到顶部后会被调用
    optional public func scrollViewDidScrollToTop(_ scrollView: UIScrollView)
```

关于滚动视图的缩放操作，下一小节会做详细介绍。

提 示

所谓状态栏，是指 iPhone 手机上显示电量与时间的顶部栏。当 UIScrollView 支持竖直方向的滚动时，点击这个状态栏可以使滚动视图直接返回顶部。

15.6.3　UIScrollView 的缩放操作

UIScrollView 十分强大，其还支持用户对其内部的子视图进行缩放操作，这种场景在相册和许多游戏中十分常见，用户可以通过双指的捏合与扩张手势来对滚动视图中的内容进行缩小或放大。在 15.6.2 节中，读者已经知道 UIScrollViewDelegate 中有定义方法让开发者设置要进行缩放的视图。向前面创建的工程中引入一张图片素材,在 ViewController 类中添加一个 UIImageView 类型的属性：

```
var imageView:UIImageView?
```

修改 viewDidLoad()方法中的代码如下：

```
override func viewDidLoad() {
    super.viewDidLoad()
    //进行 UIScrollView 的实例化
    let scrollView = UIScrollView(frame: self.view.frame)
```

```
//将滚动视图添加到当前界面
self.view.addSubview(scrollView)
//设置代理
scrollView.delegate = self
imageView = UIImageView(image: UIImage(named: "image"))
imageView?.frame = self.view.frame
scrollView.addSubview(imageView!)
scrollView.contentSize = self.view.frame.size

//设置缩放限度
scrollView.minimumZoomScale = 0.5
scrollView.maximumZoomScale = 2
}
```

实现协议方法如下：

```
func viewForZooming(in scrollView: UIScrollView) -> UIView? {
    return imageView!
}
```

运行工程，在屏幕上进行捏合与扩张操作，可以看到图片视图的缩放，如图 15-31～图 15-33 所示。

图 15-31　正常状态　　　　　　图 15-32　放大状态　　　　　　图 15-33　缩小状态

提　示

在模拟器上也可以模拟双指的捏合与扩张手势，按住键盘的 option 键不放，便会在屏幕上出现两个手指点，然后按住鼠标左键进行捏合与扩张手势的模拟。

15.7　列表视图 UITableView 的应用

列表视图在 iOS 应用程序中十分常见，例如电商类应用中的商品列表、资讯类应用中的新闻列表、阅读类应用中的文章列表等。在开发中，UITableView 视图控件用来进行有关列表视图的相关功能开发。UITableView 是一个较为复杂的视图控件，其主要以列表的方式展示一组或多组数据，其数据的填充和界面的渲染都是通过相关的协议方法来实现的。

15.7.1 创建 UITableView 列表

UITableView 类继承自 UIScrollView 类。因此，UITableView 其实也是滚动视图，不过 UITableView 只支持竖直方向的滚动，并且其内部的子视图是多条数据载体 UITableViewCell。UITableViewCell 类用于创建 UITableView 中每条数据具体对应的视图。使用 Xcode 开发工具创建一个命名为 UITableViewTest 的工程。首先，在 ViewController 类中添加一个数组属性，作为列表中填充数据的数据源：

```
var dataArray:Array<String>?
```

为 ViewController 类添加遵守相关协议：

```
class ViewController: UIViewController,UITableViewDelegate,
UITableViewDataSource
```

在 viewDidLoad()方法中添加如下代码：

```
override func viewDidLoad() {
    super.viewDidLoad()
    //对数据源进行初始化
    dataArray = ["第一行","第二行","第三行","第四行","第五行"]
    //创建 UITableView 实例
    let tableView = UITableView(frame: self.view.frame, style: .plain)
    //注册 cell
    tableView.register(NSClassFromString("UITableViewCell"),
forCellReuseIdentifier: "TableViewCellId")
    self.view.addSubview(tableView)
    //设置数据源与代理
    tableView.delegate = self
    tableView.dataSource = self
}
```

在上面的示例代码中，UITableView 的构造方法需要传入两个参数：第 1 个参数为控件的位置和尺寸，第 2 个参数为 UITableView 控件的风格，其枚举值如下：

```
public enum UITableViewStyle : Int {
    //扁平化风格
    case plain
    //分组的风格
    case grouped
}
```

UITableView 支持列表的分区，当 UITableView 的风格为 grouped 时，每个分区会出现一定间距。UITableView 类中的 register(_: ,forCellReuseIdentifier:)用于进行数据载体 Cell 的注册，其进行注册的 Cell 类需要在对应协议方法中返回。其第一个参数需传入 Class 类型的数据，第二个参数为一个字符串类型的 ID 值，通过 ID 值可以获取到注册的 Cell 类对应的实例。

要使用 UITableView 控件，必须要实现的两个协议方法如下：

```
//设置列表有多少行
func tableView(_ tableView: UITableView, numberOfRowsInSection section:
Int) -> Int {
    return dataArray!.count
}
//设置每行数据的数据载体 Cell 视图
func tableView(_ tableView: UITableView, cellForRowAt indexPath: IndexPath)
-> UITableViewCell {
    //根据注册的 Cell 类 Id 值获取到载体 Cell
    let cell = tableView.dequeueReusableCell(withIdentifier:
"TableViewCellId", for: indexPath)
    //进行标题的设置
    cell.textLabel?.text = dataArray?[indexPath.row]
    return cell
}
```

上面两个方法是 UITableView 要展示必须实现的两个方法，用来设置列表的行数和每一行的具体 UI 展现。运行工程，效果如图 15-34 所示。

实现如下的协议方法可以设置 UITableView 的分区数，如果将 UITableView 的风格设置为 grouped，就可以明显看出列表数据被分为两组，如图 15-35 所示。

```
//设置列表的分区数
func numberOfSections(in tableView: UITableView) -> Int {
    return 2
}
```

UITableView 也支持对每个分区的头部和尾部设置一个标题，协议方法实现如下：

```
//设置分区头部标题
func tableView(_ tableView: UITableView, titleForHeaderInSection section:
Int) -> String? {
    return "我是分区头部"
}
//设置分区尾部标题
func tableView(_ tableView: UITableView, titleForFooterInSection section:
Int) -> String? {
    return "我是分区尾部"
}
```

运行工程，效果如图 15-36 所示。

图 15-34　UITableView 列表视图　　图 15-35　grouped 风格的　　图 15-36　设置分区头尾标题
　　　　　　　　　　　　　　　　　　UITableView 列表

同样，开发者也可以将 UITableView 的分区头部或者尾部设置为一个自定义的视图，需要通过如下协议方法来实现：

```
//设置分区的头部视图
func tableView(_ tableView: UITableView, viewForHeaderInSection section: Int) -> UIView? {
    let view = UIView(frame: CGRect(x: 0, y: 0, width: self.view.frame.size.width, height: 120))
    view.backgroundColor = UIColor.red
    return view
}
//设置分区的尾部视图
func tableView(_ tableView: UITableView, viewForFooterInSection section: Int) -> UIView? {
    let view = UIView(frame: CGRect(x: 0, y: 0, width: self.view.frame.size.width, height: 50))
    view.backgroundColor = UIColor.green
    return view
}
//设置分区头部视图高度
func tableView(_ tableView: UITableView, heightForHeaderInSection section: Int) -> CGFloat {
    return 120
}
//设置分区的尾部视图高度
func tableView(_ tableView: UITableView, heightForFooterInSection section: Int) -> CGFloat {
    return 50
}
```

运行工程，效果如图 15-37 所示。

图 15-37　自定义 UITableView 头尾视图

UITableViewDelegate 协议与 UITableViewDataSource 协议中其他重要方法及意义列举如下：

```
//当 Cell 将要展示出来时被调用
optional public func tableView(_ tableView: UITableView, willDisplay cell:
UITableViewCell, forRowAt indexPath: IndexPath)
//当头视图将要展示出来时被调用
optional public func tableView(_ tableView: UITableView, willDisplayHeaderView
view: UIView, forSection section: Int)
//当尾视图将要展示出来时被调用
optional public func tableView(_ tableView: UITableView, willDisplayFooterView
view: UIView, forSection section: Int)
//当 Cell 已经被展示出来时被调用
optional public func tableView(_ tableView: UITableView, didEndDisplaying cell:
UITableViewCell, forRowAt indexPath: IndexPath)
//当头视图已经被展示出来时被调用
optional public func tableView(_ tableView: UITableView,
didEndDisplayingHeaderView view: UIView, forSection section: Int)
//当尾视图已经被展示出来时被调用
optional public func tableView(_ tableView: UITableView,
didEndDisplayingFooterView view: UIView, forSection section: Int)
//设置 Cell 高度
optional public func tableView(_ tableView: UITableView, heightForRowAt
indexPath: IndexPath) -> CGFloat
//用户将要选中某一行时被调用
optional public func tableView(_ tableView: UITableView, willSelectRowAt
indexPath: IndexPath) -> IndexPath?
//用户将要取消选中某一行时被调用
optional public func tableView(_ tableView: UITableView, willDeselectRowAt
indexPath: IndexPath) -> IndexPath?
//用户已经选中某一行时被调用
optional public func tableView(_ tableView: UITableView, didSelectRowAt
indexPath: IndexPath)
//用户已经取消选中某一行时被调用
```

```
optional public func tableView(_ tableView: UITableView, didDeselectRowAt
indexPath: IndexPath)
```

15.7.2　进行数据载体 UITableViewCell 的自定义

系统提供的数据载体类 UITableViewCell 十分简单，使用它处理一些简单的数据展示十分方便。更多情况下，开发者需要自定义一个数据载体来进行复杂界面的开发，UITableViewCell 类结合 XIB 文件，可以十分方便快捷地开发出自定义数据载体 UITableViewCell。

模拟开发购物类应用的商品列表页，先来分析商品列表的每条数据载体，一般由商品缩略图、商品名称、商品简介和价格组成。首先在工程中创建一个类作为数据模型类，使其继承自 NSObject 类，并命名为 Product。在 Product 类中定义如下属性：

```
class Product: NSObject {
    //表示商品名称
    var name:String?
    //表示商品价格
    var price:String?
    //表示商品缩略图
    var imageName:String?
    //表示商品简介
    var subTitle:String?
}
```

创建一个新的类，使其继承自 UITableViewCell，并命名为 ProductTableViewCell。注意，在创建时要勾选 Also create XIB file 选项，如图 15-38 所示。

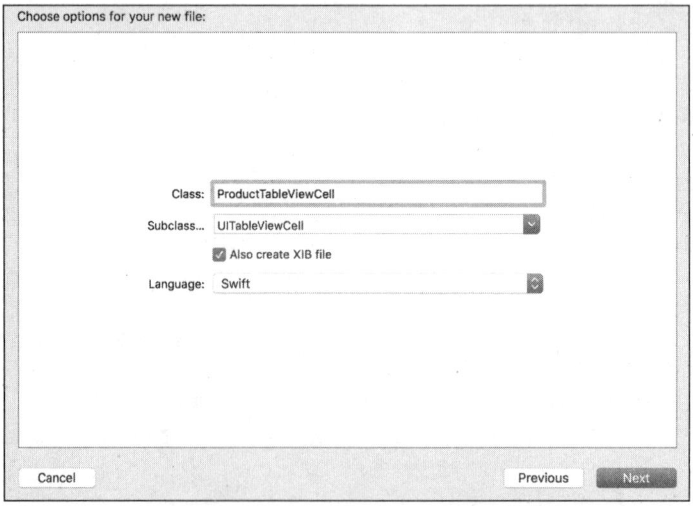

图 15-38　创建关联 XIB 文件的视图类

XIB 文件中会自动创建一个 Cell 视图并且与 ProductTableViewCell 类进行了关联，开发者可以在其中拖入其他控件进行 Cell 的布局开发。向 XIB 文件中拖入一个 UIImageView 控件与 3 个 UILabel 控件，具体排布如图 15-39 所示。

图 15-39　在 XIB 文件中进行 Cell 布局

将 XIB 文件 Cell 上添加的子视图与 ProductTableViewCell 类进行关联，XIB 文件中的视图关联方式与 storyboard 文件一致，选择要关联的视图，按住键盘 Ctrl 键不放，将其拖入对应的类中，即可完成关联。关联后，自动生成的代码如下：

```
@IBOutlet weak var price: UILabel!
@IBOutlet weak var proDetail: UILabel!
@IBOutlet weak var proTitle: UILabel!
@IBOutlet weak var iconView: UIImageView!
```

完成了数据模型和数据载体 Cell 的开发，在 ViewController 中直接使用即可。首先将数据源数组类型修改如下：

```
var dataArray:Array<Product>?
```

将 viewDidLoad()方法中的代码修改如下：

```
override func viewDidLoad() {
    super.viewDidLoad()
    //创建测试产品
    let pro1 = Product()
    pro1.imageName = "productImage"
    pro1.name = "杜康酒 1500ml 罐装"
    pro1.subTitle = " 何以解忧，唯有杜康。纯粮食酿造，国庆大酬宾。"
    pro1.price = "59元"
    let pro2 = Product()
    pro2.imageName = "productImage"
    pro2.name = "杜康酒 1500ml 罐装"
    pro2.subTitle = " 何以解忧，唯有杜康。纯粮食酿造，国庆大酬宾。"
    pro2.price = "59元"
    //对数据源进行初始化
    dataArray = [pro1,pro2]
    //创建 UITableView 实例
    let tableView = UITableView(frame: self.view.frame, style: .grouped)
    //注册 cell
    tableView.register(UINib.init(nibName: "ProductTableViewCell", bundle:
nil), forCellReuseIdentifier: "TableViewCellId")
    self.view.addSubview(tableView)
    //设置数据源与代理
    tableView.delegate = self
```

```
        tableView.dataSource = self
    }
```

在上面的代码中，有一点需要注意，因为自定义的 Cell 是通过 XIB 文件创建的，所以在注册
Cell 时不再是注册一个类，而是注册一个 UINib 类的对象。UINib 对象用来描述 XIB 的某个文件。
同样，在 XIB 文件中也需要对 Cell 视图的 Identifier 进行设置，需要和此方法注册的 Identifier 一致。
打开 XIB 文件，选中 Cell 视图，在右侧的工具栏中找到 Identifier 选项，将其设置为
"TableViewCellId"，如图 15-40 所示。

实现或修改协议中的两个方法如下：

```
        //设置每行数据的数据载体 Cell 视图
        func tableView(_ tableView: UITableView, cellForRowAt indexPath: IndexPath)
-> UITableViewCell {
            //获取到载体 Cell
            let cell:ProductTableViewCell = tableView.dequeueReusableCell
(withIdentifier: "TableViewCellId", for: indexPath) as! ProductTableViewCell
            let model = dataArray![indexPath.row]
            //使用数据模型中的信息对 cell 进行设置
            cell.iconView.image = UIImage(named: model.imageName!)
            cell.proTitle.text = model.name
            cell.proDetail.text = model.subTitle
            cell.price.text = model.price
            return cell
    }
    //设置每一行的高度
        func tableView(_ tableView: UITableView, heightForRowAt indexPath:
IndexPath) -> CGFloat {
            return 153
    }
```

运行工程，效果如图 15-41 所示。

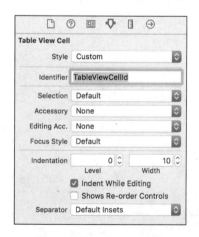

图 15-40　设置 Cell 的 Identifier

图 15-41　自定义的商品列表

15.7.3　UITableView 的编辑模式

对于列表，其除了用于展示信息外，常常还伴随着增、删、改的功能。例如，对于一个用户的收藏列表，用户可能经常会增加新的数据，或者移动、删除数据等。UITableView 类为开发者封装好了一系列增、删、改的接口，可以方便地进行调用以达到所需的效果。

首先，UITableView 实例的编辑状态由 isEditing 属性决定，将前边所编写的工程中的 tableView 编辑模式打开，代码如下：

```
tableView.isEditing = true
```

此时运行工程，可以看到如果开发者不进行任何设置，则 UITableView 默认的编辑模式是删除模式，在每个数据载体 Cell 的右侧会出现一个删除按钮，当用户点击这个删除按钮后，Cell 会向左滑动，如图 15-42 所示。

当然，如果此时读者点击这个 Delete 按钮，并不会产生效果，点击按钮的触发方法需要开发者通过协议方法来实现。除了删除模式，UITableView 还可以支持插入模式，实现协议方法如下：

```
//返回每行 Cell 的编辑模式
public func tableView(_ tableView: UITableView, editingStyleForRowAt
indexPath: IndexPath) -> UITableViewCellEditingStyle{
    if indexPath.row==0 {
        return .insert
    }else{
        return .delete
    }

}
//设置显示的交互按钮的文字
func tableView(_ tableView: UITableView,
titleForDeleteConfirmationButtonForRowAt indexPath: IndexPath) -> String?{
    if indexPath.row==0 {
        return "插入"
    }else{
        return "删除"
    }
}
//点击交互按钮后回调的方法
public func tableView(_ tableView: UITableView, commit editingStyle:
UITableViewCellEditingStyle, forRowAt indexPath: IndexPath){
    //根据编辑模式做不同的逻辑处理
    if editingStyle==UITableViewCellEditingStyle.delete {
        print("点击了删除按钮")
```

```
        }else{
            print("点击了插入按钮")
        }
    }
```

运行工程，效果如图 15-43 所示。

图 15-42　UITableView 默认的编辑模式　　　　图 15-43　自定义 Cell 交互模式

　　正常情况下，当用户点击插入按钮或者删除按钮时，要在当前列表中插入或者删除一条数据。开发者要实现插入、删除操作，要分成两步：首先应该对数据源进行修改，前面分析过，关于 UITableView 的行数设置，每行具体的数据载体 Cell 都是通过数据源中的数据来设置的，因此如果要修改列表，首先应该修改数据源；修改了数据源后，界面并不会立刻发生变化，只有在 UITableView 进行刷新操作时，才会根据数据源更新界面。所以，开发者还需要插入或者删除一个数据载体 Cell，示例代码如下：

```
    //点击交互按钮后回调的方法
    public func tableView(_ tableView: UITableView, commit editingStyle:
UITableViewCellEditingStyle, forRowAt indexPath: IndexPath){
        //根据编辑模式做不同的逻辑处理
        if editingStyle==UITableViewCellEditingStyle.delete {
            print("点击了删除按钮")
            //先删除数据源中此条数据
            dataArray?.remove(at: indexPath.row)
            //再从界面上删除此条 Cell
            tableView.deleteRows(at: [indexPath], with:
UITableViewRowAnimation.left)
        }else{
            //先向数据源中插入一条数据
            let pro1 = Product()
            pro1.imageName = "productImage"
            pro1.name = "杜康酒 1500ml 罐装"
            pro1.subTitle = "  何以解忧，唯有杜康。纯粮食酿造，国庆大酬宾。"
            pro1.price = "60 元"
            dataArray?.insert(pro1, at: indexPath.row)
            //再向界面中插入一条 Cell
```

```
            tableView.insertRows(at: [indexPath], with:
UITableViewRowAnimation.fade)
            print("点击了插入按钮")
        }
    }
```

在上面的示例代码中，UITableView 类实例的删除 Cell 方法 deleteRows(at: ,with:)和插入 Cell 方法 insertRows(at: ,with:)都需要传入两个参数。第 1 个参数是元素类型为 IndexPath 的数组，其代表要删除或者插入的分区行，支持多行同时操作；第 2 个参数为动画效果参数，设置这个参数可以在删除或者插入时附带动画效果。动画参数枚举意义如下：

```
public enum UITableViewRowAnimation : Int {
    //渐隐渐现
    case fade
    //右侧进入或移出
    case right
    //左侧进入或移出
    case left
    //上侧进入或移出
    case top
    //下侧进入或移出
    case bottom
    //无动画
    case none
    //从中间开始动画
    case middle
    //自动选择动画
    case automatic
}
```

除了增与删，系统的 UITableView 还有一个十分强大的编辑功能——"改"。开发者也可以实现对数据的排序操作。协议方法实现如下：

```
    func tableView(_ tableView: UITableView,
moveRowAt sourceIndexPath: IndexPath, to
destinationIndexPath: IndexPath){
        //修改数据源
        let tmp = dataArray![sourceIndexPath.row]
        let tmp2 =
dataArray![destinationIndexPath.row]
        dataArray![sourceIndexPath.row] = tmp2
        dataArray![destinationIndexPath.row] = tmp
    }
```

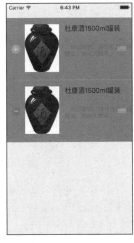

图 15-44 可移动排序的 Cell

实现了上面的协议方法后运行工程，可以看到当 UITableView 处于编辑模式时，每个 Cell 的右边都会出现一个拖动按钮，如图 15-44 所示，按住并拖动按钮，可以对 Cell 进行拖曳排序操作。当拖曳结束后，会执行上面的协议方法。在这个方法中会将两个所要交换位置 Cell 的 IndexPath 传入，分别为 sourceIndexPath 与

destinationIndexPath。需要注意，界面上的交换操作只是 Cell 的交换，其数据源顺序并没有产生任何变化。故开发者需要手动对数据源中的这两个元素交换位置。

提 示
上面的演示中，为了便于观察移动按钮，将 Cell 的背景颜色修改为灰色，实际上移动操作并不会改变 Cell 的背景颜色。

15.7.4　为 UITableView 添加索引栏

UITableView 还有一个十分强大的功能，即添加索引栏。索引栏是什么呢？举一个小例子就清楚了。在 iOS 系统联系人应用中，联系人展示界面采用的也是 UITableView 列表，并且这个列表将所有联系人按照姓名首字母进行了分类和排序。在列表右侧会出现一个索引栏，索引栏上将所有字母进行了排序，当用户点击索引栏上某个字母后，UITableView 列表就会将这个字母对应的联系人分组展示出来。系统联系人界面如图 15-45 所示。

首先将前边的工程修改为普通的列表，通过循环的方式向数据源中插入 4 条数据，代码如下：

图 15-45　系统的联系人应用界面

```
dataArray = Array<String>()
for _ in 0...3 {
    dataArray?.append("联系人")
}
```

创建一个字符串数组属性，用来存放每个分区的头部标题：

```
var titleArray:[String]?
```

并将其初始化：

```
titleArray = ["#","A","B","C","D","E","F","G","H","更多"]
```

接着实现下面 4 个协议方法：

```
//设置列表的分区数
func numberOfSections(in tableView: UITableView) -> Int {
    return 10
}
//设置索引栏标题
func sectionIndexTitles(for tableView: UITableView) -> [String]? {
    return titleArray!
}
//设置分区头部标题
func tableView(_ tableView: UITableView, titleForHeaderInSection section:
Int) -> String? {
    return titleArray![section]
}
//这个方法将索引栏上的文字与具体的分区进行绑定
```

```
        func tableView(_ tableView: UITableView,
sectionForSectionIndexTitle title: String, at index: Int)
-> Int {
            return index
        }
```

一般情况下，索引栏上的标题顺序与列表中的分区顺序是一一对应的，开发者不需要对 tableView(_ ; sectionForSectionIndexTitle: ,at :)方法做特殊处理，直接返回传递进来的 index 即可。此时运行工程，效果如图 15-46 所示，通过手指点击或者在索引栏上滑动，就可以切换 UITableView 列表中显示的分区了。

图 15-46　为 UITableView
列表添加索引栏

提　示

UITableView 列表视图控件在 iOS 开发中的应用十分广泛，不只可以用来创建每条数据载体完全一致的列表，也可以用来创建不同种类的模板载体列表。在注册 Cell 的时候，开发者可以注册多种 Cell，通过使用不同的 Identifier，并在返回 Cell 的协议方法中根据不同的 Identifier 来获取对应模板的 Cell。

15.8　集合视图 UICollectionView 的应用

UICollectionView 是比 UITableView 更加强大的列表视图，其也被称为集合视图。UICollectionView 与 UITableView 相比有更大的灵活性，但在使用的时候也更加复杂一些。UICollectionView 的优势列举如下：

（1）UICollectionView 支持水平和垂直两种方向的布局。
（2）UICollectionView 通过 layout 层相关类来进行界面的布局配置。
（3）相比于 UITableView 中的数据载体 Cell，UICollectionView 中的数据载体 Item 尺寸位置设置更加灵活。
（4）通过相关布局协议方法，可以动态设置每个数据载体的尺寸。

15.8.1　使用 UICollectionView 实现简单的九宫格布局

九宫格布局也是应用程序界面布局中常用的一种布局模型，某些并列关系的功能组成的功能列表采用九宫格这种平铺式布局方式十分适宜。使用 UICollectionView 控件，开发者可以十分方便地创建九宫格布局。

使用 Xcode 创建一个命名为 UICollectionViewText 的工程。在 ViewController 类 viewDidLoad()
方法中添加如下代码：

```
override func viewDidLoad() {
    super.viewDidLoad()
    //创建集合视图布局类
    let layout = UICollectionViewFlowLayout()
    //设置布局方向为竖直方向
    layout.scrollDirection = .vertical
    //设置每个数据载体的尺寸
    layout.itemSize = CGSize(width: 100, height: 100)
    //创建集合视图
    let collectionView = UICollectionView(frame: self.view.frame,
collectionViewLayout: layout)
    //设置代理与数据源
    collectionView.delegate = self
    collectionView.dataSource = self
    //注册数据载体类
    collectionView.register(NSClassFromString("UICollectionViewCell"),
forCellWithReuseIdentifier: "itemId")
    self.view.addSubview(collectionView)
}
```

在上面的示例代码中，UICollectionViewFlowLayout 是系统封装好的一个 UICollectionView 布
局类，专门用来进行流式布局，其中 scrollDirection 属性用来设置集合视图的滚动方向，枚举如下：

```
public enum UICollectionViewScrollDirection : Int {
    //竖直方向布局
    case vertical
    //水平方向布局
    case horizontal
}
```

提 示

水平方向是指 UICollectionView 在进行数据载体的排布时，按竖直方向排布，排满后折
回第 2 列继续排布，数据载体如果超出 UICollectionView 尺寸，则可以进行水平滚动。
竖直方向是指 UICollectionView 在进行数据载体的排布时按水平方向排布，排满后折回
第 2 行继续排布，数据载体如果超出 UICollectionView 尺寸，则可以进行竖直方向滚动。

为 ViewController 类添加遵守相关协议如下：

```
class ViewController: UIViewController,UICollectionViewDelegate,
UICollectionViewDataSource
```

和 UITableView 类似，实现协议方法如下：

```
//返回分区个数
func numberOfSections(in collectionView: UICollectionView) -> Int {
    return 1
}
```

```
//返回每个分区的 item 个数
func collectionView(_ collectionView: UICollectionView,
numberOfItemsInSection section: Int) -> Int {
    return 10
}
//返回每个分区具体的数据载体 item
func collectionView(_ collectionView: UICollectionView, cellForItemAt
indexPath: IndexPath) -> UICollectionViewCell {
    let cell = collectionView.dequeueReusableCell(withReuseIdentifier:
"itemId", for: indexPath)
    cell.backgroundColor = UIColor.red
    return cell
}
```

此时运行工程，可以看到界面上已经出现了九宫格样式的布局，如图 15-47 所示。如果将布局方向改为竖直布局，则效果如图 15-48 所示。

图 15-47　竖直布局的九宫格

图 15-48　水平布局的九宫格

正常情况下，UICollectionView 中的每个数据载体都需要进行用户交互，UICollectionView 的用户交互在如下协议方法中处理：

```
func collectionView(_ collectionView: UICollectionView, didSelectItemAt
indexPath: IndexPath) {
    print("第\(indexPath.row)个 Item 被点击")
}
```

15.8.2　使用 FlowLayout 进行更加灵活的九宫格布局

通过 15.8.1 节的介绍，你已经很轻松地完成了一个正常的九宫格布局，但是如此中规中矩的布局方式有时候并不能完全满足开发者的需求。比如，如果需要进行排版的九宫格中每个数据载体 Item 的尺寸不完全相同，这时就需要开发者通过实现如下协议方法来动态设置每个数据载体 Item 的尺寸：

```
//动态设置每个 Item 的尺寸
func collectionView(_ collectionView: UICollectionView, layout
```

```
collectionViewLayout: UICollectionViewLayout, sizeForItemAt indexPath: IndexPath)
-> CGSize {
        if indexPath.row%2 == 0 {
            return CGSize(width: 50, height: 50)
        }else{
            return CGSize(width: 100, height: 100)
        }
    }
```

需要注意，collectionView(_: ,layout: ,sizeForItemAt:)协议方法定义在 UICollectionViewDelegateFlowLayout 协议中，这个协议是 UICollectionViewDelegate 的子协议，因此在实现这个方法之前，读者需要将 ViewController 所遵守的 UICollectionViewDelegate 协议修改为 UICollectionViewDelegateFlowLayout 协议。

运行工程，效果如图 15-49 所示。

再来分析一下 UICollectionViewFlowLayout 类，其是官方已经封装好的专门用来进行流式布局的布局配置类。开发者常用的配置属性如下：

```
//设置最小行间距
layout.minimumLineSpacing = 30
//设置最小列间距
layout.minimumInteritemSpacing = 100
//设置头视图尺寸
layout.headerReferenceSize = CGSize(width: self.view.frame.size.width,
height: 100)
//设置尾视图尺寸
layout.footerReferenceSize = CGSize(width: self.view.frame.size.width,
height: 100)
//设置分区边距
layout.sectionInset = UIEdgeInsets(top: 10, left: 10, bottom: 10, right: 10)
```

其中，minimumLineSpacing 属性和 minimumInteritemSpacing 属性分别用来设置布局中最小的行间距与列间距，UICollectionView 在进行布局时会优先满足设置的最小间距。sectionInset 属性可以简单理解为布局区域与四周的边距，例如，默认情况下是从 UICollectionView 视图的左上角开始布局的，如果设置了边距，会从边距处开始布局。

运行工程，效果如图 15-50 所示。

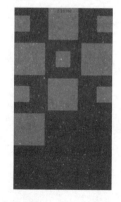 

图 15-49　动态设置 UICollectionView 中的 Item 尺寸　　图 15-50　自定义间距与边距的 UICollectionView

开发者同样也可以通过 UICollectionViewDelegateFlowLayout 协议来对上面所提到的属性进行动态配置。所谓动态配置，是指不同分区配置为不同的值，协议方法列举如下：

```
//动态配置每个数据载体 Item 的尺寸大小
public func collectionView(_ collectionView: UICollectionView, layout
collectionViewLayout: UICollectionViewLayout, sizeForItemAt indexPath: IndexPath)
-> CGSize
//动态配置每个分区的边距
collectionView(_ collectionView: UICollectionView, layout collectionViewLayout:
UICollectionViewLayout, insetForSectionAt section: Int) -> UIEdgeInsets
//动态配置每个分区的最小行间距
public func collectionView(_ collectionView: UICollectionView, layout
collectionViewLayout: UICollectionViewLayout, minimumLineSpacingForSectionAt
section: Int) -> CGFloat
//动态配置每个分区的最小列间距
public func collectionView(_ collectionView: UICollectionView, layout
collectionViewLayout: UICollectionViewLayout,
minimumInteritemSpacingForSectionAt section: Int) -> CGFloat
//动态配置每个分区的头视图尺寸
public func collectionView(_ collectionView: UICollectionView, layout
collectionViewLayout: UICollectionViewLayout, referenceSizeForHeaderInSection
section: Int) -> CGSize
//动态配置每个分区的尾视图尺寸
public func collectionView(_ collectionView: UICollectionView, layout
collectionViewLayout: UICollectionViewLayout, referenceSizeForFooterInSection
section: Int) -> CGSize
```

15.8.3　实现炫酷的瀑布流布局

瀑布流布局在一些时尚的应用程序中十分常见，当用户已经习惯了中规中矩的布局界面后，一种不规则无规律的瀑布流式布局往往会使用户眼前一亮。瀑布流布局应用比较广泛的场景包括图片浏览页面、商品列表界面等。

通过前边对 UICollectionView 和 UICollectionViewFlowLayout 的介绍，我们了解到：以九宫格的方式排列，局部和宏观上对布局进行自定义使用时，UICollectionViewFlowLayout 布局十分方便。但是如果要实现瀑布流布局，即列表中排列紧凑，每个数据载体 Item 宽度相同而高度随机，系统的 UICollectionViewFlowLayout 类就有些力不从心了。通常情况下，开发者会通过继承 UICollectionViewFlowLayout 类实现自定义的布局类来完成瀑布流布局的需求。

在工程中创建一个新的类，使其继承于 UICollectionViewFlowLayout 类，命名为 WaterFallLayout。把它作为瀑布流布局类。首先，UICollectionViewFlowLayout 在进行界面布局时，会根据开发者的相关配置计算出每个数据载体 Item 的布局信息，这个布局信息实际上是由 UICollectionViewLayout-Attributes 类来进行描述的。因此开发者要实现自定义的布局模型，实际上需要自定义每个数据载体 Item 对应的 UICollectionViewLayoutAttributes。在 WaterFallLayout 类中定义如下属性：

```
//封装一个属性 用于设置 item 个数
let itemCount:Int
//添加一个数组属性 存放每个 Item 的布局信息
```

```
var attributeArray:Array<UICollectionViewLayoutAttributes>?
```

为 WaterFallLayout 类添加一个自定义的构造方法如下：

```
//实现必要的构造方法
required init?(coder aDecoder: NSCoder) {
    itemCount=0
    super.init(coder:aDecoder)
}
//自定义一个构造方法
init(itemCount:Int){
    self.itemCount = itemCount
    super.init()
}
```

在 UICollectionViewFlowLayout 类进行布局配置前，会先调用 prepare()方法进行布局准备工作，开发者可以在这个方法中进行自定义布局的配置。在 WaterFallLayout 类中覆写此方法，代码如下所示：

```
//这个方法用来准备布局 开发者在其中进行自定义布局设置
override func prepare() {
    //调用父类的准备方法
    super.prepare()
    //设置为竖直布局
    self.scrollDirection = .vertical
    //初始化数组
    attributeArray = Array<UICollectionViewLayoutAttributes>()
    //先计算每个 Item 的宽度，默认 2 列布局
    let WIDTH =
(UIScreen.main.bounds.size.width-self.minimumInteritemSpacing)/2
    //定义一个元组表示每一列的动态高度
    var queueHeight:(one:Int,two:Int) = (0,0)
    //进行循环设置
    for index in 0..<self.itemCount {
        //设置 IndexPath，默认设置 1 个分区
        let indexPath = IndexPath(item: index, section: 0)
        //创建布局属性类
        let attris = UICollectionViewLayoutAttributes(forCellWith: indexPath)
        //随机一个高度，40～190 之间
        let height:Int = Int(arc4random()%150+40)
        //哪一列高度小就把它放在哪一列下面
        //标记放在哪一列
        var queue = 0
        if queueHeight.one <= queueHeight.two {
            queueHeight.one += (height+Int(self.minimumInteritemSpacing))
            queue=0
        }else{
            queueHeight.two += (height+Int(self.minimumInteritemSpacing))
            queue=1
        }
        //设置 Item 位置
```

```
        let tmpH = queue == 0 ? queueHeight.one-height : queueHeight.two-height
        attris.frame = CGRect(x: (self.minimumInteritemSpacing+WIDTH)*
CGFloat(queue), y: CGFloat(tmpH), width: WIDTH, height: CGFloat(height))
        //添加到数组中
        attributeArray?.append(attris)
    }
    //以最大一列的高度作为计算每个 Item 平均高度的中间值，这样可以保证滑动范围正确
    if queueHeight.one<=queueHeight.two {
        self.itemSize = CGSize(width: WIDTH, height:
CGFloat(queueHeight.two*2/self.itemCount)-self.minimumLineSpacing)
    }else{
        self.itemSize = CGSize(width: WIDTH, height:
CGFloat(queueHeight.one*2/self.itemCount)-self.minimumLineSpacing)
    }
}
```

如上代码所示，prepare()方法中对每个数据载体 Item 的位置都进行了重新配置。除了上面的方法外，还需要覆写如下方法，即 UICollectionViewFlowLayout 开始布局时拿到的 Item 的布局信息数组：

```
    //实现这个方法 将设置好的存放每个 Item 布局信息的数组返回
    override func layoutAttributesForElements(in rect: CGRect) ->
[UICollectionViewLayoutAttributes]? {
        return attributeArray
    }
```

完成了这些，瀑布流布局类就已经设计完成了，修改 ViewController 类的 viewDidLoad()方法如下：

```
    override func viewDidLoad() {
        super.viewDidLoad()
        //创建瀑布流视图布局类
        let layout = WaterFallLayout(itemCount: 30)
        //创建集合视图
        let collectionView = UICollectionView(frame: self.view.frame,
collectionViewLayout: layout)
        //设置代理与数据源
        collectionView.delegate = self
        collectionView.dataSource = self
        //注册数据载体类
        collectionView.register(NSClassFromString("UICollectionViewCell"),
forCellWithReuseIdentifier: "itemId")
        self.view.addSubview(collectionView)
    }
```

将 ViewController 类中额外的协议方法注释掉，只实现如下两个协议方法：

```
    //返回每个分区的 item 个数
    func collectionView(_ collectionView: UICollectionView,
numberOfItemsInSection section: Int) -> Int {
        return 30
```

```
    }
    //返回每个分区具体的数据载体item
    func collectionView(_ collectionView:
UICollectionView, cellForItemAt indexPath: IndexPath)
-> UICollectionViewCell {
        let cell = collectionView.
dequeueReusableCell(withReuseIdentifier: "itemId",
for: indexPath)
        //设置一个随机的颜色
        cell.backgroundColor = UIColor(red:
CGFloat(arc4random()%255)/255, green: CGFloat
(arc4random()%255)/255, blue: CGFloat
(arc4random()%255)/255, alpha: 1)
        return cell
    }
```

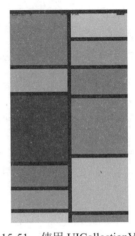

图 15-51　使用 UICollectionView
实现的瀑布流布局

运行工程,可以看到界面上显示出了参差不齐的瀑布流布局,
如图 15-51 所示。

提　示

自定义 UICollectionViewLayout 还可以实现更多炫酷的布局效果,例如 3D 球形布局、圆
环布局等。其思路都是对 UICollectionViewLayoutAttributes 类中的相关数据进行运算与配
置,本书中不再做更深入的探讨,读者有兴趣可以根据本节的设计思路和过程进行实现。

15.9　分页控制器 UIPageViewController 的应用

前面介绍了滚动视图 UIScrollView,还有分页控制器 UIPageControl,很多开发场景下,这两
个控件都是结合使用的,例如常用的轮播广告位、新手引导等。UIPageViewController 类可以理解
为 UIScrollView 与 UIPageControl 的结合,其中封装了视图与页码的联动等逻辑。除此之外,读者
如果使用过阅读类应用程序就一定会发现,很多阅读类软件在用户进行翻页操作时,会模拟书页的
翻页效果,使用 UIPageViewController 也很容易实现书页的翻页特效。

15.9.1　创建一个 UIPageViewController 工程

Xcode 开发工具提供了创建 UIPageVIewController 为模板的工程,对于学习 UIPageView-
Controller 的初学者来说,通过学习这个模板可以十分快速地掌握 UIPageViewController 的工作流
程与使用技巧。

首先使用 Xocde 开发工具创建一个命名为 UIPageViewControllerTest 的工程,创建时需要注意,
本次学习我们可以直接选择 Page-Based Application 模板,如图 15-52 所示。

图 15-52　创建 Page-Based Application 工程

创建好工程后，首先来观察一下工程的文件结构，如图 15-53 所示。可以发现，除了常规的一些文件外，RootViewController 类、DataViewController 类和 ModelController 类都是读者需要关注的重点。

RootViewController 类是根视图控制器类，读者依然可以将其理解为程序的入口。DataViewController 类可以简单理解为数据视图控制器类，分页视图控制器的作用是进行多个页面之间的切换操作，实际上每个页面都是一个完整的视图控制器，DataViewController 就是创建这些视图控制器的类。ModelController 可以理解为数据管理类，其作用

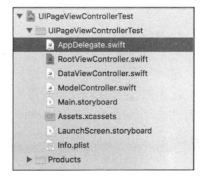

图 15-53　项目的文件结构

是将 RootViewController 类与 DataViewController 类关联起来，为 RootViewController 提供数据支持。

先来看 RootViewController 类，其遵守了 UIPageViewControllerDelegate 协议，并且其中定义了一个 UIPageViewController 类型的属性和一个 ModelController 类型的属性。其 viewDidLoad()方法实现如下：

```
override func viewDidLoad() {
    super.viewDidLoad()
    //对分页视图控制器进行构造
    //第一个参数为分页视图控制器的风格
    /*可选的风格如下：
     public enum UIPageViewControllerTransitionStyle : Int {
     case pageCurl   翻页风格
     case scroll     滚动风格
     }
    */
    //第二个参数为分页视图控制器的切换方向 支持水平和竖直两种方向
    self.pageViewController = UIPageViewController
```

```
(transitionStyle: .pageCurl, navigationOrientation: .horizontal, options: nil)
        //设置代理为当前类实例本身
        self.pageViewController!.delegate = self
        //创建一个起始的视图控制器
        let startingViewController: DataViewController =
self.modelController.viewControllerAtIndex(0, storyboard: self.storyboard!)!
        //将起始视图控制器添加到 UIPageViewController 的视图控制器组中
        let viewControllers = [startingViewController]
        self.pageViewController!.setViewControllers(viewControllers,
direction: .forward, animated: false, completion: {done in })
        //设置数据源提供者为 ModelController 对象
        self.pageViewController!.dataSource = self.modelController
        //将分页视图控制器的 View 添加到当前视图上
        self.addChildViewController(self.pageViewController!)
        self.view.addSubview(self.pageViewController!.view)
        //设置分页视图控制器的视图尺寸
        var pageViewRect = self.view.bounds
        if UIDevice.current.userInterfaceIdiom == .pad {
            pageViewRect = pageViewRect.insetBy(dx: 40.0, dy: 40.0)
        }
        self.pageViewController!.view.frame = pageViewRect
        self.pageViewController!.didMove(toParentViewController: self)
    }
```

上面的代码大部分都注释得比较清晰，但是读者对 modelCotroller 属性可能有些困惑，这个属性没有被构造，为什么在 viewDidLoad()方法中就直接使用了呢？实际上，这里采用的是一种懒加载的构造方法，即 modelController 实际上是一个计算属性，其中实现了一个 get 代码块：

```
    //计算属性 其中实现了 get 方法块
    var modelController: ModelController {
        if _modelController == nil {
            _modelController = ModelController()
        }
        return _modelController!
    }
```

懒加载的作用是当使用到这个属性时才对这个属性进行构造并返回。系统的 UIPageViewController 示例模板将数据源的相关操作抽离到了 ModelController 类中，可以看到它继承自 NSObject 类，并遵守了 UIPageViewControllerDataSource 协议。ModelController 类中定义了一个字符串数组属性，用于存放月份数据，其中定义的方法如下：

```
    //构造方法
    override init() {
        super.init()
        let dateFormatter = DateFormatter()
        //获取到月份数据
        pageData = dateFormatter.monthSymbols
    }
    //获取月份对应的视图控制器
    func viewControllerAtIndex(_ index: Int, storyboard: UIStoryboard) ->
DataViewController? {
```

```
        //安全校验
        if (self.pageData.count == 0) || (index >= self.pageData.count) {
            return nil
        }
        //创建视图控制器
        let dataViewController = storyboard.instantiateViewController
(withIdentifier: "DataViewController") as! DataViewController
        //设置视图控制器的标题
        dataViewController.dataObject = self.pageData[index]
        return dataViewController
    }
    //获取某个视图控制器在数组中的位置
    func indexOfViewController(_ viewController: DataViewController) -> Int {
        return pageData.index(of: viewController.dataObject) ?? NSNotFound
    }
```

ModelController 类遵守了 UIPageViewControllerDataSource 协议，其中实现的协议方法代表的释义如下：

```
    //这个协议方法会在用户向前翻页时调用 这里需要把将要展示的视图控制器返回
    //如果返回 nil 则不能够再向前翻页
    func pageViewController(_ pageViewController: UIPageViewController,
viewControllerBefore viewController: UIViewController) -> UIViewController? {
        var index = self.indexOfViewController(viewController as!
DataViewController)
        if (index == 0) || (index == NSNotFound) {
            return nil
        }

        index -= 1
        return self.viewControllerAtIndex(index, storyboard:
viewController.storyboard!)
    }
    //这个协议方法会在用户向后翻页时调用 这里需要把将要展示的视图控制器返回
    //如果返回 nil 则不能够在向后翻页
    func pageViewController(_ pageViewController: UIPageViewController,
viewControllerAfter viewController: UIViewController) -> UIViewController? {
        var index = self.indexOfViewController(viewController as!
DataViewController)
        if index == NSNotFound {
            return nil
        }

        index += 1
        if index == self.pageData.count {
            return nil
        }
        return self.viewControllerAtIndex(index, storyboard:
viewController.storyboard!)
    }
```

至于 DataViewController 类，只是一个普通的视图控制器，这里不再做过多解释，用一个 UILabel 控件来显示标题。

运行工程，进行左右滑动，效果如图 15-54 所示。

系统生成的模板使用的是翻页风格的 UIPageViewController，读者可以将其修改为滚动视图风格，代码如下：

```
self.pageViewController = UIPageViewController(transitionStyle: .scroll,
navigationOrientation: .horizontal, options: nil)
```

在 ModelController 类中还需要额外实现两个协议方法：

```
//设置页码数
func presentationCount(for pageViewController: UIPageViewController) -> Int{
    return pageData.count
}
//设置初始选中的页码点
func presentationIndex(for pageViewController: UIPageViewController) -> Int{
    return 0
}
```

再次运行工程，滚动视图风格的 UIPageViewController 效果如图 15-55 所示。

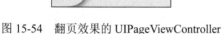
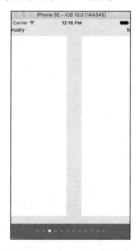

图 15-54　翻页效果的 UIPageViewController　　　图 15-55　滚动视图风格的 UIPageViewController

15.9.2　关于 UIPageViewControllerDelegate 的更多应用

UIPageViewControllerDelegate 中约定了一些监听 UIPageViewController 状态的方法，列举如下：

```
//当UIPageViewController将要切换视图时调用
public func pageViewController(_ pageViewController: UIPageViewController,
willTransitionTo pendingViewControllers: [UIViewController])
    //当UIPageViewController已经切换视图完成时调用
    public func pageViewController(_ pageViewController: UIPageViewController,
didFinishAnimating finished: Bool, previousViewControllers: [UIViewController],
```

```
transitionCompleted completed: Bool)
    //这个方法用于设置不同屏幕方向的书脊位置
    public func pageViewController(_ pageViewController: UIPageViewController,
spineLocationFor orientation: UIInterfaceOrientation) ->
UIPageViewControllerSpineLocation
    //设置 UIPageViewController 所支持的屏幕方向
    public func pageViewControllerSupportedInterfaceOrientations(_
pageViewController: UIPageViewController) -> UIInterfaceOrientationMask
    //设置切换后优先选择的屏幕方向
    public func pageViewControllerPreferredInterfaceOrientationForPresentation(_
pageViewController: UIPageViewController) -> UIInterfaceOrientation
```

对于书脊的概念，针对于翻页风格的 UIPageViewController，当用户从右边翻向左边时，书脊就在最左边，反之在最右边。开发者也可以将其设置在界面中间，如此 UIPageViewController 就有些类似于日常生活中的日历，其翻页动画为从下向上翻页，示例代码如下：

```
    //屏幕方向改变时调用
    func pageViewController(_ pageViewController: UIPageViewController,
spineLocationFor orientation: UIInterfaceOrientation) ->
UIPageViewControllerSpineLocation {
        //如果当前设备是 iPhone 且屏幕方向为垂直方向 返回书脊为左侧或上侧
        if (orientation == .portrait) || (orientation == .portraitUpsideDown)
|| (UIDevice.current.userInterfaceIdiom == .phone) {
            let currentViewController =
self.pageViewController!.viewControllers![0]
            let viewControllers = [currentViewController]
            self.pageViewController!.setViewControllers(viewControllers,
direction: .forward, animated: true, completion: {done in })
            self.pageViewController!.isDoubleSided = false
            return .min
        }
        //如果不是 iPhone 且设备的方向为水平方向
        let currentViewController = self.pageViewController!.
viewControllers![0] as! DataViewController
        var viewControllers: [UIViewController]
        //获取当前所在的页号
        let indexOfCurrentViewController = self.modelController.
indexOfViewController(currentViewController)
        //如果为偶数
        if (indexOfCurrentViewController == 0) || (indexOfCurrentViewController
% 2 == 0) {
            let nextViewController = self.modelController. pageViewController
(self.pageViewController!, viewControllerAfter: currentViewController)
        //添加下一个视图控制器
        viewControllers = [currentViewController, nextViewController!]
        //如果是奇数
    } else {
        //添加上一个视图控制器
        let previousViewController = self.modelController.
pageViewController(self.pageViewController!, viewControllerBefore:
```

```
currentViewController)
            viewControllers = [previousViewController!, currentViewController]
        }
        self.pageViewController!.setViewControllers(viewControllers,
direction: .forward, animated: true, completion: {done in })
        //返回书脊在中间
        return .mid
    }
```

需要注意，如果设置 UIPageViewController 的书脊在中间，则实际上界面上同时显示两个视图控制器，因此需要在初始化时为 UIPageViewController 添加两个视图控制器。UIPageViewControllerSpineLocation 枚举用来描述书脊位置，定义如下：

```
public enum UIPageViewControllerSpineLocation : Int {
    //无书脊 应用于滚动视图风格的 UIPageViewController
    case none
    //书脊在左侧或上侧
    case min
    //书脊在中间
    case mid
    //书脊在右侧或下侧
    case max // Requires one view controller.
}
```

书脊具体是在左侧、右侧或者上侧、下侧是由 UIPageViewController 的切换方向决定的：如果是水平方向切换，则 min 指的是左侧、max 指的是右侧；如果是竖直方向切换，则 min 指的是上侧、max 指的是下侧。

使用 Pad 模拟器运行工程，将模拟器水平放置，可以看到书脊出现在中间的效果如图 15-56 所示。

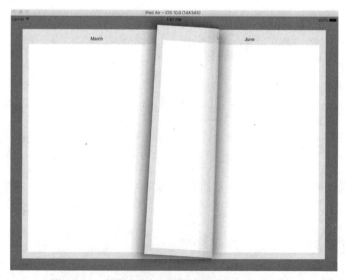

图 15-56　书脊在中间时的 UIPageViewController

提　示

要对模拟器进行屏幕方向的切换操作，只需要按住键盘上的 command 键不放，再点击键盘上的左移或右移按钮，即可进行模拟器屏幕方向的切换。当然，也可以使用模拟器菜单里 Hardware 选项中的 Rotate Left 与 Rotate Right 选项来进行屏幕方向切换，如图 15-57 所示。

图 15-57　进行模拟器屏幕放置方向的切换

15.10　模 拟 面 试

（1）简述 MVC 开发模式的思路。

回答要点提示：

① 在 MVC 中，M 是指 Model，即数据模型；V 是指 View，即视图；C 是指 Controller，即控制器。

② MVC 是软件开发中数据与视图分离的一种开发模式。在这种模式下，将数据层 M 与视图层 V 进行了分离，在 Controller 中对数据进行处理并对视图进行渲染。

③ MVC 模式的优势在于对于频繁的视图层的修改不会影响数据层，也可能不会影响控制器层，加快了产品的迭代速度。

④ 在 iOS 开发中，继承于 UIViewController 的类通常作为视图控制器使用，继承于 UIView 的类通常属于视图层，Model 层需要开发者根据需要自己封装，通常继承于 NSObject 类。

核心理解内容：

在做商业应用的开发时，深入对 MVC 模式的理解十分重要。在编写代码之前，首先需要设计每一层的结构和相关类的作用。通常，View 层的类是通用性最强的，应该提供统一的接口，可以多个场景复用。Controller 层的类通用稍差，通常情况下某些通用性极强的界面可以封装成 Controller。Model 类几乎没有可复用性，其定义取决于接口设计。

（2）UIViewController 的生命周期是什么？

回答要点提示：

① UIViewController 的声明周期是指一系列生命周期方法，例如初始化方法、加载完成方法、将要显示方法、已经显示方法、将要消失方法、已经消失方法、销毁方法等。

② 不同的生命周期方法通常用来处理不同的逻辑，例如关于视图控制器初始化相关的代码可以放在初始化方法中，界面渲染的相关代码可以放入视图控制器加载完成方法中，数据的拉取与删除分别放在将要显示与将要消失的方法中，相关资源释放的代码放入视图控制器的销毁方法中。

核心理解内容：

熟悉视图控制器每个生命周期函数的作用。

（3）常用的视图控制器的传值方法有哪些？

回答要点提示：

① 传值是视图控制器间交互的一种重要方式，在实际开发中，经常会遇到后一个界面的内容取决于用户在前一个界面的选择，这时就需要使用到传值。

② 在 iOS 开发中，传值非常灵活，常用的有 3 种：直接属性传值，代理传值，闭包传值。

③ 直接属性传值常用来进行正向传值，当一个视图控制器被初始化出来后，可以直接使用这个实例对它的某个属性进行赋值来实现传值。

④ 代理传值既可以正向传值也可以反向传值，正常传值通过代理函数的返回值来传递，反向传值通过代理函数的参数传递。

⑤ 闭包是一种更加灵活的传值方式，但是在使用闭包时，一定要额外注意不要产生循环引用。

核心理解内容：

传值是指在不同控制器间传递和共享数据，需要熟练掌握开发中常用的各种传值方式。

（4）在使用 UITableView 时，有什么需要注意的性能问题吗？

回答要点提示：

① 在实际开发中，列表视图是最常用的一种视图控件，商品列表、聊天信息列表、通讯录等界面都是使用 UITableView 开发的。

② 在构建列表界面时，要注意使用 ID 来对 UITableViewCell 进行复用，优化内存使用。

③ 对于复杂的列表视图，如果每行的高度不同，则可以将高度计算后进行缓存，避免多次重复计算造成的性能开销。

④ UITableView 本身十分强大，灵活使用其分区、分区头尾、列表头尾、索引和编辑模式等可以构建复杂的界面。

核心理解内容：

深入理解 UIScrollView 与 UITableView 的应用，熟悉其提供的各种接口的功能。

第16章

动画与界面布局技术

静止便是死亡,只有运动才能敲开永生的大门。

—— 拉宾德拉纳特·泰戈尔

动画是一道应用程序与用户交互的重要桥梁,尤其是在移动设备上,恰到好处地应用动画可以大大增强应用对用户的吸引力。因此,在 iOS 应用开发中,动画开发技术是一项必不可少的技能。

在早些版本的 iOS 系统中,由于设备类型较少,屏幕尺寸较为单一,开发者往往会采用绝对布局的方式进行界面开发。如今,随着 iOS 设备种类的增多,设备的屏幕尺寸也越来越多样化,依然采用绝对布局的方式进行界面开发往往需要开发者做大量的适配工作,时间成本高且效率低。iOS 6.0 之后,系统推出了 Autolayout 自动布局技术,将布局思路由从前的绝对转换到相对,通过约束与自适应,开发者用一套代码就可以在不同尺寸的设备上动态地自动布局,极大地提高了开发效率。

本章将向读者介绍 iOS 系统动画的开发技术和 Autolayout 自动布局技术。

通过本章,你将学习到:

- UIView 层动画的应用。
- 通过 GIF 文件播放动画。
- CoreAnimation 核心动画的应用。
- 炫酷的粒子效果。
- 使用 storyboard 或 xib 文件进行 Autolayout 布局。
- 使用代码进行 Autolayout 布局。
- 使用第三方框架 SnapKit 进行 Autolayout 布局。
- 将 Autolayout 布局与动画结合使用。

16.1　使用 UIView 层动画实现属性渐变效果

UIView 层动画技术是 iOS 动画开发中比较上层的 API，其封装性较强。在使用时，开发者只需要调用 UIView 的类方法，将需要进行的动画操作作为闭包参数传入即可。UIView 层动画主要用于视图控件的属性过渡或视图切换，例如位置的移动、尺寸的渐变、透明度的渐变、背景色的渐变以及两个视图间的切换过渡动画等。

16.1.1　UIView 层的属性过渡动画

所谓属性过渡动画，是指当视图控件的某些属性发生改变时，将改变过程以渐变的动画效果展现出来。使用 Xocde 开发工具创建一个命名为 UIViewAnimation 的工程。首先在 ViewController 类中添加一个 UIView 视图属性，将这个视图作为执行动画的载体，代码如下：

```
var animationView:UIView?
```

在 viewDidLoad()方法中对 animationView 属性进行初始化操作，代码如下：

```
override func viewDidLoad() {
    super.viewDidLoad()
    //初始化视图
    animationView = UIView(frame: CGRect(x: 100, y: 100, width: 100, height:
100))
    //设置背景色
    animationView?.backgroundColor = UIColor.red
    //将其添加到当前界面视图上
    self.view.addSubview(animationView!)
}
```

为了便于看到动画执行的效果，在 ViewController 类中实现如下方法：

```
override func touchesBegan(_ touches: Set<UITouch>, with event: UIEvent?)
{
}
```

touchesBegan(_ :, with:)方法在用户点击视图控制器的界面时会被调用，我们可以将动画执行的代码编写在这个方法中。当用户点击设备屏幕时，就会执行动画，这对于测试动画效果十分方便。

UIView 类中封装的属性过渡动画方法主要有 4 个，其中最简单的实现方式如下：

```
override func touchesBegan(_ touches: Set<UITouch>, with event: UIEvent?)
{
    //这里采用了后置闭包的写法
    UIView.animate(withDuration: 1) {
        self.animationView?.backgroundColor = UIColor.blue
    }
}
```

上面示例代码中使用了 UIView 中的 animate(withDuration: , animations:)方法。它需要两个参数：第 1 个参数为动画要执行的时长，第 2 个参数为要执行动画的过渡属性闭包。在这个闭包中，开发者需将要展示过渡动画的属性修改代码编写进去。如上述代码所示，animationView 的初始背景色为红色，在闭包中将其背景色修改为蓝色，当执行动画时，animationView 视图的背景色会在 1 秒内由红色过渡到蓝色。

UIView 类中定义了另一个属性过渡动画方法，其可以让开发者在动画完成之后继续执行一些操作，通过这个方法，开发者可以十分方便地实现动画的嵌套执行，示例如下：

```
override func touchesBegan(_ touches: Set<UITouch>,with event: UIEvent?) {
    UIView.animate(withDuration: 1, animations: {
        //在1s内 animationView 的背景色由红色过渡到蓝色
        self.animationView?.backgroundColor = UIColor.blue
    }) { (finish) in
        //这个闭包会在上一层动画执行完成后调用
        UIView.animate(withDuration: 2, animations: {
            //在2s内 animationView 的中心点由(150,150)移动到(150,300)
            self.animationView?.center = CGPoint(x: 150, y: 300)
        })
    }

}
```

运行工程并点击屏幕，可以看到 animationView 首先执行了背景色的过渡动画，之后进行了位置平移动画。通过这个方法，开发者可以十分容易地实现组合动画效果。

UIView 层的第三个属性过渡动画方法除可以完成以上功能外，还可以进行动画参数与延时的配置，示例如下：

```
override func touchesBegan(_ touches: Set<UITouch>, with event: UIEvent?) {
    UIView.animate(withDuration: 1, delay: 2, options:
[UIViewAnimationOptions.repeat], animations: {
        self.animationView?.backgroundColor = UIColor.blue
    }, completion: nil)
}
```

上面示例代码的意义是，设置动画的执行时间为 1 秒，延时 2 秒后开始执行，将动画设置为循环执行，即当第一次动画执行结束后，会马上从原始状态开始执行第二次动画。UIView 层动画的 options 参数可以配置为一个数组，其中可以定义多个参数配置。UIViewAnimationOptions 为一个结构体，其中定义了许多动画配置参数的静态属性，列举如下：

```
public struct UIViewAnimationOptions : OptionSet {

    //这部分设置动画基础属性
    //设置子视图随父视图展示动画
    public static var layoutSubviews: UIViewAnimationOptions { get }
    //设置动画在执行时允许用户与其交互
    public static var allowUserInteraction: UIViewAnimationOptions { get }
    //设置允许动画在执行时执行新的动画
    public static var beginFromCurrentState: UIViewAnimationOptions { get }
    //设置动画循环执行
```

```
    public static var `repeat`: UIViewAnimationOptions { get }
    //设置动画逆向执行
    public static var autoreverse: UIViewAnimationOptions { get }
    //设置强制使用内层动画的执行时间值
    public static var overrideInheritedDuration: UIViewAnimationOptions { get }
    //设置强制使用内层动画的变速效果
    public static var overrideInheritedCurve: UIViewAnimationOptions { get }
    //设置动画视图实时刷新
    public static var allowAnimatedContent: UIViewAnimationOptions { get }
    //设置视图在切换时隐藏 而不是移除
    public static var showHideTransitionViews: UIViewAnimationOptions { get }
    //不使用任何动画参数配置
    public static var overrideInheritedOptions: UIViewAnimationOptions { get }

    //这部分设置动画执行的变速效果
    //淡入淡出效果
    public static var curveEaseInOut: UIViewAnimationOptions { get }
    //淡入效果
    public static var curveEaseIn: UIViewAnimationOptions { get }
    //淡出效果
    public static var curveEaseOut: UIViewAnimationOptions { get }
    //线性匀速执行
    public static var curveLinear: UIViewAnimationOptions { get }

    //这部分设置视图转场效果
    //从左侧切入
    public static var transitionFlipFromLeft: UIViewAnimationOptions { get }
    //从右侧切入
    public static var transitionFlipFromRight: UIViewAnimationOptions { get }
    //从上到下立体翻入
    public static var transitionCurlUp: UIViewAnimationOptions { get }
    //从下到上立体翻入
    public static var transitionCurlDown: UIViewAnimationOptions { get }
    //溶解效果
    public static var transitionCrossDissolve: UIViewAnimationOptions { get }
    //从上侧切入
    public static var transitionFlipFromTop: UIViewAnimationOptions { get }
    //从下侧切入
    public static var transitionFlipFromBottom: UIViewAnimationOptions { get }
}
```

UIView 层的属性过渡动画十分强大，其基本可以满足一般应用开发中的所有过渡效果，上面的代码只演示了背景色与位置的过渡动画，UIView 层属性过渡动画支持的所有属性如下：

- frame: 对视图位置和尺寸的修改进行过渡动画。
- bounds: 对视图的尺寸修改进行过渡动画。
- center: 对视图的中心位置修改进行过渡动画。
- transform: 对视图的形态变化进行过渡动画。
- alpha: 对视图的透明度修改进行过渡动画。

- backgroundColor：对视图的背景色修改进行过渡动画。
- contentStretch：对视图的内容拉伸方式修改进行过渡动画。

其中 contentStretch 属性动画不太常用，只有在 UIImageView 控件中可能会用到，其他属性动画都十分常见。

在 iOS 7.0 版本之后，UIView 类中添加了创建阻尼动画的方法，有了这个方法，开发者可以方便地创建出类似弹簧效果的炫酷动画，示例如下：

```
override func touchesBegan(_ touches: Set<UITouch>, with event: UIEvent?) {
    UIView.animate(withDuration: 2, delay: 0, usingSpringWithDamping: 0.5,
initialSpringVelocity: 0.5, options: [], animations: {
        self.animationView?.center = CGPoint(x: 150, y: 350)
        }, completion: nil)
}
```

animate(withDuration:, delay:, usingSpringWithDamping:, initialSpringVelocity:, options:, animations:, completion:)方法中有两个参数比较特殊，usingSpringWithDamping 参数设置阻尼系数，其取值范围为 0～1 之间，1 表示无弹回效果，0 表示剧烈回弹效果；initialSpringVelocity 参数设置初始速度，取值范围也是 0～1 之间。

16.1.2　UIView 层的转场动画

16.1.1 节为读者介绍了 UIView 层的属性过渡动画，本节将继续为读者介绍 UIView 层转场动画的应用。属性过渡动画通常用于视图属性的改变而视图本身没有切换的场景，而转场动画通常用于视图间切换的场景，或者视图本身没有切换但视图上整体内容进行了切换的场景，这会给用户以视图切换效果的错觉。

使用 Xcode 开发工具创建一个命名为 UIViewTransAnimation 的工程。同样，在 ViewController 类中创建一个 UIView 类型的属性，用于动画演示的载体视图，代码如下：

```
var animationView:UIView?
```

在 viewDidLoad()方法中添加如下初始化代码：

```
override func viewDidLoad() {
    super.viewDidLoad()
    //创建视图
    animationView = UIView(frame: CGRect(x: 20, y: 100, width: 280, height: 300))
    animationView?.backgroundColor = UIColor.red
    self.view.addSubview(animationView!)
}
```

实现 touchesBegan()测试方法如下：

```
override func touchesBegan(_ touches: Set<UITouch>, with event: UIEvent?){
    UIView.transition(with: animationView!, duration: 3,
options: .transitionCurlUp, animations: {
            //这里可以进行视图上内容的重构
        }, completion: nil)
}
```

UIView 类的 transition(_ : ,duration : ,options : ,animations : ,completion :)方法用于重构视图,其中第 1 个参数为要展现动画的视图;第 2 个参数设置动画执行的时间;第 3 个参数设置动画的转场效果;第 4 个参数是一个闭包,其可以编写转场后要执行的代码,一般与视图的修改有关;最后一个参数为动画完成后的回调闭包。这个方法并不会切换掉原视图,只是在原视图上做了一个动画效果而已,开发者可以将视图要改变的部分代码写在 animations 闭包中。当然,如果 animations 闭包中什么都不写,视图依然会执行转场动画,只是转场后的视图与原视图表现一致。运行工程,点击设备屏幕,可以观察到转场动画效果如图 16-1 所示。

transition(_ : ,duration : ,options : ,animations : ,completion :)方法在做阅读类软件时作用很大,很多情况下,用户对书籍的翻页操作并没有真正切换视图控制器,也没有切换视图,只是将当前视图上展示的内容进行了更换,这种场景使用转场动画将十分方便。

UIView 类中还提供了另外一个用于真正切换视图的转场动画方法,示例如下:

```
override func touchesBegan(_ touches: Set<UITouch>, with event: UIEvent?) {
    let otherView = UIView(frame: CGRect(x: 20, y: 100, width: 280, height:
300))
    otherView.backgroundColor = UIColor.blue
    UIView.transition(from: animationView!, to: otherView, duration: 3,
options: .transitionFlipFromRight, completion: nil)
    }
```

UIView 的类方法 transition(from: , to: , duration: , options: , completion:)需要两个视图控件作为参数,from 参数为被切换的视图,to 参数为切换的目标视图,duration 参数设置动画执行的时间,options 参数设置转场动画的效果,completion 参数设置动画执行完成后要执行的操作。需要注意,这个方法的实质是将原视图控件从其父视图上移除,而将新的视图控件添加到原控件的父视图上,其动画效果实际上作用在父视图上,这个方法可以直接切换整个视图控件,对于变化较大或者是完全无关联的两种视图的内容切换,这个方法十分受用。运行工程,点击设备屏幕后,效果如图 16-2 所示。

图 16-1　重构视图时的转场动画　　　　图 16-2　切换视图时的转场动画

16.2 通过 GIF 文件播放动画

GIF 是一种常用的动态图文件格式。iOS 开发框架中没有现成的接口给开发者来展示 GIF 动态图，但是可以通过其他方式来达到同样的效果。读者知道，UIImageView 类专门用来负责图片数据的渲染，同时也提供了播放一组图片的帧动画接口。我们可以通过两种方式来播放 GIF 动态图：一种方式是通过 ImageIO 框架中的方法将 GIF 文件中的数据解析成图片数组，使用 UIImageView 的帧动画接口进行播放；另一种方式是直接通过 UIWebView 来渲染 GIF 图，使用浏览器提供的引擎进行播放。

16.2.1 使用原生的 UIImageView 来播放 GIF 动态图

GIF 动态图文件中包含了一组图片及信息，其中的信息主要用来记录每一帧图片的播放时长。如果开发者在获取到 GIF 文件中所有图片素材的同时又获取到每一帧图片播放的时间，那么就可以使用 UIImageView 类对其进行帧动画的播放了。

使用 Xcode 开发工具创建一个命名为 GIFAnimation 的工程。首先在 ViewController 中引入 ImageIO 库，代码如下：

```
import UIKit
import ImageIO
```

ImageIO 是 iOS 中专门用来处理图片的框架，其中代码比较底层。在 ViewController 类中封装一个方法，用来对 GIF 文件进行解析并且将解析后的数据填充到 UIImageView 实例中进行动画的播放，代码如下：

```
func playGIFOnImageView(name:String,imageView:UIImageView) {
    //创建素材路径
    let path = Bundle.main.path(forResource: name, ofType: "gif")
    //通过路径创建素材 url
    let url = URL.init(fileURLWithPath: path!)
    //创建素材实例
    let source = CGImageSourceCreateWithURL(url as CFURL, nil)
    //获取素材中图片的张数
    let count = CGImageSourceGetCount(source!)
    //创建数组用于存放所有图片
    var imageArray = Array<UIImage>()
    //创建数组用于存放图片的宽度
    var imagesWidth = Array<Int>()
    //创建数组用于存放图片的高度
    var imagesHeight = Array<Int>()
    //用于存放 GIF 播放时长
    var time:Int = Int()
    //遍历素材
    for index in 0..<count {
```

```
        //从素材实例中获取图片
        let image = CGImageSourceCreateImageAtIndex(source!, index, nil)
        //将图片加入数组中
        imageArray.append(UIImage(cgImage: image!))
        //获取图片信息数组
        let info = CGImageSourceCopyPropertiesAtIndex(source!, index, nil)
as! Dictionary<String,AnyObject>
        //获取宽高
        let width = Int(info[kCGImagePropertyPixelWidth as String]! as!
NSNumber)
        let height = Int(info[kCGImagePropertyPixelHeight as String]! as!
NSNumber)
        imagesWidth.append(width)
        imagesHeight.append(height)
        //获取时间信息
        let timeDic = info[kCGImagePropertyGIFDictionary as String] as!
Dictionary<String,AnyObject>
        //进行时间累加
        time += Int(timeDic[kCGImagePropertyGIFDelayTime as String] as!
NSNumber)
    }
    //重设 imageView 尺寸
    //大部分 GIF 文件中的图片尺寸相同 这里随便取一个即可
    imageView.frame = CGRect(x: 0, y: 100, width: imagesWidth[0], height:
imagesHeight[0])
    //进行动画播放
    imageView.animationImages = imageArray
    imageView.animationDuration = TimeInterval(time)
    imageView.animationRepeatCount = 0
    imageView.startAnimating()
}
```

上面代码中的注释十分清晰，其主要过程是通过解析 GIF 文件中的数据来获取图片数组、图片尺寸和播放一轮动画所需要的时间。使用 viewDidLoad()方法实现如下代码来调用播放 GIF 动画的函数：

```
override func viewDidLoad() {
    super.viewDidLoad()
    let imageView = UIImageView(frame: CGRect(x: 100, y: 100, width: 200,
height: 200))
    self.view.addSubview(imageView)
    self.playGIFOnImageView(name: "animation", imageView: imageView)
}
```

运行工程，可以看到屏幕上循环播放的 GIF 动态图。

提　示
需要将 GIF 文件导入项目工程内，代码中才可以获取到素材。读者可以直接将 GIF 文件拖入 GIFAnimation 文件夹，如图 16-3 所示。

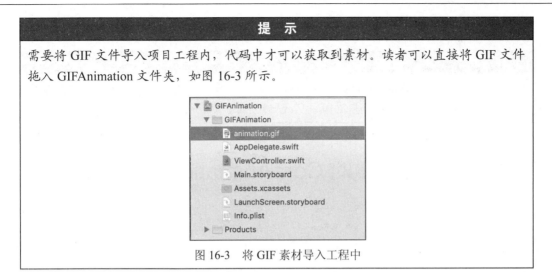

图 16-3　将 GIF 素材导入工程中

16.2.2　使用 UIWebView 来进行 GIF 动态图的播放

通过 ImageIO 框架中的方法可以使原生的 UIImageView 播放 GIF 动态图动画，但是这种方法使用起来十分复杂，如果开发需求仅仅是播放 GIF 动画，使用 UIWebView 控件来加载 GIF 文件将十分方便。在 GIFAnimation 工程中的 ViewController 类中再添加一个方法，代码如下：

```
func playGIFOnWebView(name:String,webView:UIWebView) {
    //创建素材路径
    let path = Bundle.main.path(forResource: name, ofType: "gif")
    //通过路径创建素材 url
    let url = URL.init(fileURLWithPath: path!)
    //将 GIF 素材读取成 Data 数据
    let imageData = try! Data(contentsOf: url)
    //设置 WebView 不允许滚动
    webView.scrollView.bounces = false
    //设置 WebView 背景色透明
    webView.backgroundColor = UIColor.clear
    //设置 WebView 自适应缩放
    webView.scalesPageToFit = true
    //加载 GIF 数据
    webView.load(imageData, mimeType: "image/gif", textEncodingName: "",
baseURL: URL(string: Bundle.main.bundlePath)!)
    }
```

将 viewDidLoad()方法中的代码修改如下：

```
override func viewDidLoad() {
    super.viewDidLoad()
    let webView = UIWebView(frame: CGRect(x: 100, y: 100, width: 200, height:
200))
    self.view.addSubview(webView)
    self.playGIFOnWebView(name: "animation", webView: webView)
    }
```

运行工程，可以看到屏幕上也成功播放出了 GIF 动态图动画。

提 示

从加载速度上来说，通过 UIImageView 来播放 GIF 动画会更快一些，只是使用方式略微复杂。从动画流畅度来说，使用 UIWebView 的方式会更胜一筹。

16.3　iOS 开发中的 CoreAnimation 核心动画技术

通过前面章节的学习，应用 UIView 层封装的动画，基本已经可以满足日常开发中的动画需求，读者在遇到一些特殊情况时，想要做到更加灵活、自由地控制动画，就需要使用到 CoreAnimation 框架中的一些类与方法。

16.3.1　初识 CoreAnimation 框架

CoreAnimation 框架是基于 OpenGL 与 CoreGraphics 图像处理框架的一个跨平台的动画框架。简单来讲，其会帮助开发者将图像文件解析为位图数据，通过硬件处理，实现动画效果。图 16-4 描述了 CoreAnimation 框架与 UIKit 框架的关系。

在 CoreAnimation 框架中，大部分的动画效果都是通过 Layer 层来实现的，其实每一个 UIview 视图内部都封装了一个 CALayer 对象，我们通常将其称为视图的 Layer 层，其主要作用是对视图进行 UI 渲染。通过 CALayer，开发者可以组织复杂的层级结构，CoreAnimation 框架中大多数的动画效果都添加在图层的属性变化上，例如改变图层的位置、尺寸、颜色和圆角半径等。Layer 层并不负责视图的展现，它只负责存储视图的属性状态。

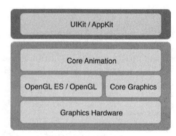

图 16-4　CoreAnimation 框架与 UIKit 框架的关系

16.3.2　锚点对视图几何属性的影响

锚点这个概念对于 Layer 层十分重要，锚点决定了图层的绘制位置以及动画表现时其参照的点。锚点的 x 轴与 y 轴的取值范围都是 0~1 之间。关于锚点，读者只需牢记如下两个原则：

1. Layer 层的 position 参照点始终与锚点重合

在 Layer 层中，虽然也有 frame 这样的属性，但很少使用，开发者一般会使用 bounds 和 position 来确定 Layer 层绘制的尺寸和位置。

2. 锚点决定视图进行动画时的参照点

当对一个视图进行动画时，都需要一个参照点，例如一个旋转动画，其锚点就决定了视图旋转的中心点位置。对于缩放动画，锚点则决定了放大或者缩小时参照中心点的位置。图 16-5 演示了不同锚点位置对视图旋转动作的影响。

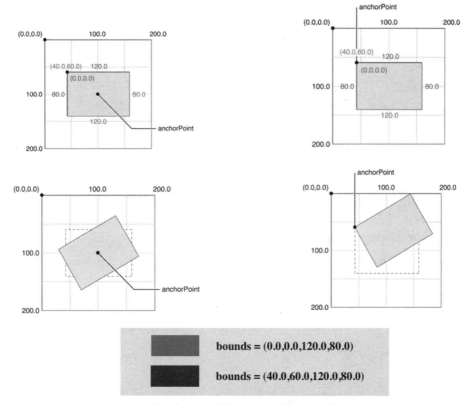

图 16-5　不同锚点位置对视图动作的影响

> **提　示**
>
> 锚点 x 轴和 y 轴的取值范围都是 0～1 之间，其所代表的是锚点在此轴方向上所占的长度
> 比例。(0,0)为左上角，(1,1)为右下角。

另外需要读者注意的是，Layer 层是专门负责绘制图像的层，支持三维坐标系的绘制，然而
Layer 层并不能接收用户交互事件。

16.3.3　几种常用的 CALayer 子类介绍

Layer 层用来进行图形绘制与界面渲染。在 CoreAnimation 框架中 CALayer 作为父类，由于功
能差异，其下派生出了许多子类：有专门渲染图像的，有专门渲染文字的，也有专门处理色阶变化
的……

CoreAnimation 框架中的 CALayer 子类及其功能列举如下：

- CAEmitterLayer　CAEmitterLayer 是一个粒子发射器系统，负责粒子的创建和发射源属性
  的配置。开发者可以通过它轻松创建出炫酷的粒子效果动画。CAEmitterLayer 相对复杂，
  会在后边单独介绍。

- CAGradientLayer 可以创建出色彩渐变的图层效果。
- CAEAGLLayer 可以通过 OpenGL ES 来进行界面的绘制。
- CAReplicatorLayer CAReplicatorLayer 是一个图层容器,会对其中的子图层进行复制和属性偏移。开发者可以通过它创建出类似倒影的效果,也可以进行图层的变换复制。
- CAScrollLayer 可以让其管理的多个子层进行滑动,但是只能通过代码进行管理,不能进行用户点按触发。
- CAShapeLayer 可以让开发者在图层上直接绘制出自定义的形状。
- CATextLayer 用于进行文字的绘制。
- CATiledLayer 即瓦片视图,可以分区域绘制,常用于在一张大的图片中分区域绘制。
- CATransformLayer 用于构建一些图层变化效果,包括 3D 效果的图层变换。

下面将通过代码来演示开发中常用的几种 Layer 层的用法。首先使用 Xcode 开发工具创建一个命名为 CALayerTest 的工程,每一个 UIView 对象内部都封装了一个 CALayer 对象,因此可以直接将要测试的 Layer 作为子图层添加到这个 CALayer 对象上。

前边介绍过,CAGradientLayer 专门用来创建颜色渐变的图层效果。在 ViewController 类的 viewDidLoad()方法中添加如下代码:

```swift
override func viewDidLoad() {
    super.viewDidLoad()
    //创建图层对象
    let gradientLayer = CAGradientLayer()
    //设置图层尺寸与位置
    gradientLayer.bounds = CGRect(x: 0, y: 0, width: 100, height: 100)
    gradientLayer.position = CGPoint(x: 100, y: 100)
    //设置要进行色彩渐变的颜色
    gradientLayer.colors = [UIColor.red.cgColor,UIColor.green.cgColor,
UIColor.blue.cgColor]
    //设置要进行渐变的临界位置
    gradientLayer.locations = [NSNumber(value: 0.2),NSNumber(value: 0.5),
NSNumber(value: 0.7)]
    //设置渐变的起始点与结束点
    gradientLayer.startPoint = CGPoint(x: 0, y: 0.5)
    gradientLayer.endPoint = CGPoint(x: 1, y: 0.5)
    //添加到当前视图上
    self.view.layer.addSublayer(gradientLayer)
}
```

需要将 CAGradientLayer 类的 locations 属性设置为以 NSNumber 类型为元素的数组,其中的数组对象为从 0 到 1 之间递增,代表颜色渐变的临界比例。例如,上面示例代码的含义是当红色渲染到五分之一后开始向绿色进行渐变,绿色渲染到二分之一后开始向蓝色进行渐变,当到达十分之七距离后完成渐变过程,开始渲染为纯蓝色。

运行工程,效果如图 16-6 所示。

需要注意,startPoint 与 endPoint 属性用于设置渐变的起止位置,其取值范围也是 0~1 之间,通过这两个属性,开发者可以灵活控制渐变的方向,其(0,0)点为左上角、(1,1)点为右下角。如果读者需要让图层从对角线方向进行色彩渐变,修改这两个属性的代码如下:

```
gradientLayer.startPoint = CGPoint(x: 0, y: 0)
gradientLayer.endPoint = CGPoint(x: 1, y: 1)
```

运行工程，效果如图 16-7 所示。

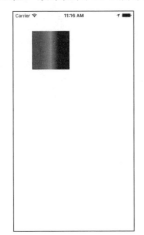

图 16-6　使用 CAGradientLayer 创建颜色渐变图层　　图 16-7　设置 CAGradientLayer 按对角线方向渐变

CAReplicatorLayer 类与普通的 Layer 略有不同，读者可以简单将其理解为一个复制视图容器，开发者可以通过它将其中的子 Layer 层进行复制并进行一些差异处理。例如，通过复制一个色块使界面展示平移排列的色块组，修改 viewDidLoad()方法中的代码如下：

```
override func viewDidLoad() {
    super.viewDidLoad()
    //创建复制图层
    let replicatorLayer = CAReplicatorLayer()
    replicatorLayer.position = CGPoint.zero
    //创建内容图层
    let subLayer = CALayer()
    subLayer.bounds = CGRect(x: 0, y: 0, width: 20, height: 20)
    subLayer.position = CGPoint(x: 30, y: 100)
    subLayer.backgroundColor = UIColor.red.cgColor
    replicatorLayer.addSublayer(subLayer)
    //设置每次复制将副本沿 x 轴平移 30 个单位
    replicatorLayer.instanceTransform = CATransform3DMakeTranslation(30, 0, 0)
    //设置复制副本的个数
    replicatorLayer.instanceCount = 10
    self.view.layer.addSublayer(replicatorLayer)
}
```

运行工程，效果如图 16-8 所示。

实际上除了平移复制，CAReplicatorLayer 也支持对其中的子 Layer 进行颜色渐变复制、3D 变换复制，用它也可以轻松绘制出倒影效果。

CAShapeLayer 是图形 Layer 层，开发者可以通过它自定义一些图形形状。以简单的三角形作为示例，将 viewDidLoad()方法中的代码修改如下：

```
override func viewDidLoad() {
```

```
    super.viewDidLoad()
    //创建图层
    let shapeLayer = CAShapeLayer()
    shapeLayer.position = CGPoint.zero
    //创建图形路径
    let path = CGMutablePath()
    //设置路径起点
    path.move(to: CGPoint(x: 100, y: 100))
    //进行画线
    path.addLine(to: CGPoint(x: 300, y: 100))
    path.addLine(to: CGPoint(x: 200, y: 200))
    path.addLine(to: CGPoint(x: 100, y: 100))
    //设置图层路径
    shapeLayer.path = path
    //设置图形边缘线条起点
    shapeLayer.strokeStart = 0
    //设置图形边缘线条终点
    shapeLayer.strokeEnd = 1
    //设置填充规则
    shapeLayer.fillRule = kCAFillRuleEvenOdd
    //设置填充颜色
    shapeLayer.fillColor = UIColor.red.cgColor
    //设置边缘线条颜色
    shapeLayer.strokeColor = UIColor.blue.cgColor
    //设置边缘线条宽度
    shapeLayer.lineWidth = 1
    self.view.layer.addSublayer(shapeLayer)
}
```

运行工程，效果如图 16-9 所示。

图 16-8　使用 CAReplicatorLayer 进行 Layer 层的复制操作　　图 16-9　使用 CAShapeLayer 进行图形绘制

16.3.4　CoreAnimation 框架中的属性动画介绍

通过前面的学习，读者应该已经对 CoreAnimation 框架有了简单的认识，本节将介绍如何使用

CoreAnimation 框架进行动画效果的开发。CoreAnimation 框架中有一个十分重要的类 CAAnimation，这个类是 CoreAnimation 框架中各种动画类的父类。继承自它而来的动画类主要分为 3 部分：以 CAPropertyAnimation 类为体系的属性动画类、以 CATransition 为体系的转场动画类和以 CAAnimationGroup 为体系的组合动画类。

　　首先，CAAnimation 类中封装了许多与动画相关的基础属性与方法，例如动画执行的变速效果，动画执行过程的代理回调等。CAPropertyAnimation 是 CAAnimation 的一个子类，其用于创建 Layer 的属性过渡动画。关于属性过渡动画，本书在介绍 UIView 层动画的时候，就已经详细讲解了属性动画的应用，只是 CAPropertyAnimation 类所创建的属性动画是作用于 Layer 层之上的。

　　实际上，CAPropertyAnimation 类也有两个子类——CABasicAnimation 类与 CAKeyframe-Animation 类，这两个类分别用于创建基础的属性过渡动画与关键帧属性过渡动画。

　　使用 Xcode 开发工具创建一个命名为 CAAnimationTest 的工程。CoreAnimation 框架更为强大的原因在于其直接操作 Layer 层而不是 View 层，因此可以十分便捷地实现 UIview 层难以做到的属性过渡动画，例如在三维坐标系内的翻转等。

　　CABasicAnimation 类的应用十分简单。在 ViewController 类的 viewDidLoad()方法中添加如下演示代码：

```swift
override func viewDidLoad() {
    super.viewDidLoad()
    //创建动画实例  keyPath 为要进行属性动画的属性路径
    let basicAni = CABasicAnimation(keyPath: "transform.rotation.z")
    //从 0 度开始旋转
    basicAni.fromValue = NSNumber(value: 0)
    //旋转到 180 度
    basicAni.toValue = NSNumber(value: M_PI)
    //设置动画播放的时长
    basicAni.duration = 2
    //将动画作用于当前界面的视图 Layer 层上
    self.view.layer.add(basicAni, forKey: nil)
}
```

　　上面的示例代码中，在对 CABasicAnimation 类进行实例化时，keyPath 参数需设置为进行动画操作的属性，其支持通过点语法对属性进行链式访问。例如，transform.rotation.z 代表的是图层变换属性中以 z 轴为中心轴的旋转属性。运行工程，可以看到当前界面视图在 2 秒内旋转了 180 度。

　　CAKeyframeAnimation 动画与 CABasicAnimation 动画十分相似，不同的是 CABasicAnimation 动画只能设置动画属性变化的起始值与终止值，即上面示例代码中的 fromValue 与 toValue。而 CAKeyframeAnimation 动画则可以灵活设置多个过渡值，因此其又被称为关键帧动画。将 viewDidLoad()方法中的代码修改如下：

```swift
override func viewDidLoad() {
    super.viewDidLoad()
    let keyframeAni = CAKeyframeAnimation(keyPath: "transform.rotation.z")
    keyframeAni.values = [NSNumber(value: 0),NSNumber(value: M_PI_4),
NSNumber(value: 0),NSNumber(value: M_PI)]
    keyframeAni.duration = 3
    self.view.layer.add(keyframeAni, forKey: "")
```

```
    }
```

读者应该还记得前边 UIView 层动画中的阻尼动画，CoreAnimation 框架中也支持，CASpringAnimation 类继承自 CABasicAnimation 类，其用来创建弹簧效果的阻尼动画，示例代码如下：

```
override func viewDidLoad() {
    super.viewDidLoad()
    let springAni = CASpringAnimation(keyPath: "position.y")
    //模拟重物质量 必须大于 0 默认为 1 会影响惯性
    springAni.mass = 2
    //模拟弹簧劲度系数 必须大于 0 这个值越大则回弹越快
    springAni.stiffness = 5
    //设置阻尼系数 必须大于 0 这个值越大 回弹的幅度越小
    springAni.damping = 2
    springAni.toValue = 300
    springAni.duration = 3
    //创建演示动画的 Layer
    let layer = CALayer()
    layer.position = CGPoint(x: 100, y: 100)
    layer.bounds = CGRect(x: 0, y: 0, width: 100, height: 100)
    layer.backgroundColor = UIColor.red.cgColor
    self.view.layer.addSublayer(layer)
    layer.add(springAni, forKey: "")
}
```

16.3.5 CoreAnimation 框架中的转场动画与组合动画

CATransition 类用来创建转场动画，与 CAPropertyAnimation 最大的区别在于属性过渡动画用于在图层属性发生变化时展示动画效果，而转场动画则是在 Layer 层出现时产生动画效果。示例代码如下：

```
override func touchesBegan(_ touches: Set<UITouch>, with event: UIEvent?) {
    //创建转场动画实例
    let transAni = CATransition()
    //设置转场动画类型
    transAni.type = kCATransitionPush
    //设置转场动画方向
    transAni.subtype = kCATransitionFromTop
    let layer = CALayer()
    layer.position = CGPoint(x: 100, y: 100)
    layer.bounds = CGRect(x: 0, y: 0, width: 100, height: 100)
    layer.backgroundColor = UIColor.red.cgColor
    layer.add(transAni, forKey: "")
    self.view.layer.addSublayer(layer)
}
```

在上面的示例代码中，CATranstion 类的 type 属性用于设置转场动画的类型，可选常量如下：

```
//渐入效果
public let kCATransitionFade: String
//移入效果
public let kCATransitionMoveIn: String
//压入效果
public let kCATransitionPush: String
//溶解效果
public let kCATransitionReveal: String
```

subtype 属性主要用于设置转场动画执行的方向，可选常量如下：

```
//从右侧执行
public let kCATransitionFromRight: String
//从左侧执行
public let kCATransitionFromLeft: String
//从上侧执行
public let kCATransitionFromTop: String
//从下侧执行
public let kCATransitionFromBottom: String
```

组合动画 CAAnimationGroup 十分简单，其用于对多个动画效果进行组合，使其同步展示，示例代码如下：

```
override func touchesBegan(_ touches: Set<UITouch>, with event: UIEvent?) {
    //创建背景色过渡动画
    let basicAni = CABasicAnimation(keyPath: "backgroundColor")
    basicAni.toValue = UIColor.green.cgColor
    //创建形变动画
    let basicAni2 = CABasicAnimation(keyPath: "transform.scale.x")
    basicAni2.toValue = NSNumber(value: 2)
    //进行动画组合
    let groupAni = CAAnimationGroup()
    groupAni.animations = [basicAni,basicAni2]
    groupAni.duration = 3
    let layer = CALayer()
    layer.position = CGPoint(x: 100, y: 100)
    layer.bounds = CGRect(x: 0, y: 0, width: 100, height: 100)
    layer.backgroundColor = UIColor.red.cgColor
    layer.add(groupAni, forKey: "")
    self.view.layer.addSublayer(layer)
}
```

16.4　炫酷的粒子效果

前边介绍的所有动画效果都是在开发者完全可控的情形下进行的，然而在实际开发中，开发者时常需要创建一些随机性很强的动画效果。例如，在天气类应用中，常常会有下雨下雪的动画效果，雨滴和雪花的运动路径都有一定的随机性。要创建类似这样的动画，就需要使用到

CoreAnimation 框架中的粒子效果技术。

粒子效果，顾名思义就是创建以粒子为单位的动画效果。iOS 开发中使用 CAEmitterLayer 类可以十分轻松地开发出炫酷的粒子效果动画。

16.4.1　粒子发射引擎与粒子单元

完整的粒子效果图层由两部分组成：一部分是粒子发射引擎，另一部分是粒子单元。读者可以这样简单理解：发射引擎负责粒子发射效果的宏观属性，例如粒子的创建速度、粒子的存活时间、粒子发射的位置等；粒子单元则是用来设置具体单位粒子的属性，例如粒子的运行速度、粒子的形变与颜色等。

在粒子效果中，CAEmitterLayer 类就作为粒子发射引擎，CAEmitterCell 类就作为粒子发射单元。

关于粒子发射引擎 CAEmitterLayer，常用属性与方法列举如下：

```
//设置粒子单元组
open var emitterCells: [CAEmitterCell]?
//设置粒子的创建速率
open var birthRate: Float
//设置粒子的存活时间
open var lifetime: Float
//设置粒子发射引擎在 x-y 平面的位置
open var emitterPosition: CGPoint
//设置粒子发射器在 z 轴上的位置
open var emitterZPosition: CGFloat
//设置粒子发射引擎的尺寸
open var emitterSize: CGSize
//设置粒子发射引擎的景深
open var emitterDepth: CGFloat
//设置粒子发射器的形状
open var emitterShape: String
//设置粒子发射器的发射模式
open var emitterMode: String
//设置粒子发射器的渲染模式
open var renderMode: String
//设置粒子发射的速度
open var velocity: Float
//设置粒子的缩放比例
open var scale: Float
//设置粒子的旋转程度
open var spin: Float
```

在上面列举的属性中，读者可能对 3 个属性比较疑惑，即 emitterShape 属性、emitterMode 属性和 renderMode 属性。

emitterShape 属性用于设置粒子发射引擎的形状，其可以设置的常量定义如下：

```
//粒子发射引擎为点状
public let kCAEmitterLayerPoint: String
```

```
//粒子发射引擎为线状
public let kCAEmitterLayerLine: String
//粒子发射引擎为矩形形状
public let kCAEmitterLayerRectangle: String
//粒子发射引擎为立方体形状
public let kCAEmitterLayerCuboid: String
//粒子发射引擎为圆形形状
public let kCAEmitterLayerCircle: String
//粒子发射引擎为球形形状
public let kCAEmitterLayerSphere: String
```

emitterMode 属性用于设置粒子发射引擎的发射模式，可以设置的常量定义如下：

```
//粒子从发射器中间发出
public let kCAEmitterLayerPoints: String
//粒子从发射器边缘发出
public let kCAEmitterLayerOutline: String
//粒子从发射器表面发出
public let kCAEmitterLayerSurface: String
//粒子从发射器中心发出
public let kCAEmitterLayerVolume: String
```

renderMode 属性用于设置粒子的渲染模式，可以设置的常量定义如下：

```
//这种模式下，粒子是无序出现的，多个粒子单元发射的粒子将混合
public let kCAEmitterLayerUnordered: String
//这种模式下，生命久的粒子将会被渲染在最上层
public let kCAEmitterLayerOldestFirst: String
//这种模式下，生命短的粒子将会被渲染在最上层
public let kCAEmitterLayerOldestLast: String
//这种模式下，粒子的渲染按照粒子 z 轴位置进行上下排序
public let kCAEmitterLayerBackToFront: String
//这种模式下，粒子将被混合
public let kCAEmitterLayerAdditive: String
```

提　示

所谓粒子的生命，是指粒子从创建出来展示在界面上到从界面上消失释放的整个过程。

关于 CAEmitterCell 粒子单元类，其中常用属性与方法列举如下：

```
//设置粒子的创建速率
open var birthRate: Float
//设置粒子的存活时间
open var lifetime: Float
//设置粒子的存活时间随机范围
open var lifetimeRange: Float
//设置粒子在 z 轴方向的发射角度
open var emissionLatitude: CGFloat
//设置粒子在 x-y 平面的发射角度
open var emissionLongitude: CGFloat
//设置粒子的发射角度随机范围
```

```
open var emissionRange: CGFloat
//设置粒子的运行速度
open var velocity: CGFloat
//设置粒子的运行速度随机范围
open var velocityRange: CGFloat
//设置粒子 x 轴方向上的加速度
open var xAcceleration: CGFloat
//设置粒子 y 轴方向上的加速度
open var yAcceleration: CGFloat
//设置粒子 z 轴方向上的加速度
open var zAcceleration: CGFloat
//设置粒子的缩放比例
open var scale: CGFloat
//设置粒子的缩放比例随机范围
open var scaleRange: CGFloat
//设置粒子的缩放速率
open var scaleSpeed: CGFloat
//设置粒子的旋转
open var spin: CGFloat
//设置粒子的旋转随机范围
open var spinRange: CGFloat
//设置粒子的渲染颜色
open var color: CGColor?
//设置粒子颜色中红色的随机范围
open var redRange: Float
//设置粒子颜色中绿色的随机范围
open var greenRange: Float
//设置粒子颜色中蓝色的随机范围
open var blueRange: Float
//设置粒子颜色透明度的随机范围
open var alphaRange: Float
//设置粒子的内容 可以设置为图片
open var contents: Any?
```

16.4.2　创建火焰粒子效果

学习编程的关键在于练习，本节将一步步带领读者实现炫酷的粒子动画效果。使用 Xcode 开发工具创建一个命名为 CAEmitterLayerTest 的工程，首先向工程中引入一张图片素材，此素材不需要有任何内容，将其作为最小的粒子个体。在 ViewController 类的 viewDidLoad()方法中添加如下代码：

```
override func viewDidLoad() {
    super.viewDidLoad()
    self.view.backgroundColor = UIColor.black
    //配置粒子发射引擎
    let fireEmitter = CAEmitterLayer()
    //设置发射引擎的位置和尺寸
    //将发射引擎放在屏幕底部中间
    fireEmitter.emitterPosition = CGPoint(x: self.view.bounds.size.
```

```
width/2, y: self.view.bounds.size.height-20)
        fireEmitter.emitterSize = CGSize(width: self.view.bounds.size.
width-100, height: 20)
        //粒子的渲染模式为混合渲染
        fireEmitter.renderMode = kCAEmitterLayerAdditive

        //配置粒子单元
        //配置两个粒子单元 一个用来渲染火焰 一个用来渲染烟雾

        //配置火焰单元
        let fireCell = CAEmitterCell()
        //设置每秒产生1500个粒子
        fireCell.birthRate = 1500
        //每个粒子的存活时间为3秒
        fireCell.lifetime = 3.0
        //设置粒子的存活时间随机范围为1.5秒
        fireCell.lifetimeRange = 1.5
        //设置粒子渲染颜色
        fireCell.color = UIColor(red: 0.8, green: 0.4, blue: 0.2, alpha:
0.1).cgColor
        //设置粒子的内容
        fireCell.contents = UIImage(named: "emtter")?.cgImage
        //设置粒子运动速度为120
        fireCell.velocity = 120
        //设置粒子运动速度随机范围为60
        fireCell.velocityRange = 60
        //设置粒子在x-y平面的发射角度
        fireCell.emissionLongitude = CGFloat(M_PI+M_PI_2)
        //设置粒子发射角度的随机范围
        fireCell.emissionRange = CGFloat(M_PI_2)
        //设置粒子的缩放速率
        fireCell.scaleSpeed = 0.5;
        //设置粒子的旋转
        fireCell.spin = 0.2;

        //配置烟雾粒子
        let smokeCell = CAEmitterCell()
        smokeCell.birthRate = 1000
        smokeCell.lifetime = 4.0
        smokeCell.lifetimeRange = 1.5
        smokeCell.color = UIColor(red: 1, green: 1, blue: 1, alpha: 0.05).cgColor
        smokeCell.contents = UIImage(named: "emtter")?.cgImage
        smokeCell.velocity = 200
        smokeCell.velocity = 100
        smokeCell.emissionLongitude = CGFloat(M_PI+M_PI_2)
        smokeCell.emissionRange = CGFloat(M_PI_2)

        //配置粒子发射引擎的粒子单元
        fireEmitter.emitterCells = [fireCell,smokeCell]
        self.view.layer.addSublayer(fireEmitter)
```

```
    }
```

上面的范例代码中创建了两个粒子单元，分别用来渲染火焰粒子和烟雾粒子。在火焰效果中，烟雾往往比火苗更高，因此需要设置烟雾粒子的移动速度比火焰粒子略大且生命比火焰粒子长。运行工程，效果如图 16-10 所示。

图 16-10　炫酷的火焰粒子效果

16.5　Autolayout 自动布局技术

在早期的 iOS 版本中，iOS 的设备屏幕尺寸有限，因此在 iOS 开发中采用的界面布局思路往往是绝对坐标布局，即开发者通过设置视图的 frame 来确定视图的位置和尺寸。随着 iOS 设备屏幕尺寸的多样化，绝对布局方式在开发中越来越不适用。在 iOS 6 之后，系统推出了 Autolayout 自动布局技术来帮助开发者进行界面布局。Autolayout 采用的是相对布局的思路，因此其可以十分轻松地编写一套代码来适配多种屏幕尺寸以及适配横屏竖屏模式等。因此作为 iOS 开发者，Autolayout 自动布局技术是必须掌握的一种技能。

16.5.1　使用 storyboard 或者 xib 文件进行界面的自动布局

iPhone 设备自带重力感应系统，当用户手持设备的方向不同时，设备会根据传感器自动调整应用程序的横竖屏模式。然而，竖屏模式和横屏模式有着刚好相反的宽高尺寸，使用绝对坐标进行布局的界面在竖屏模式正常，在横屏模式就会错乱。根据不同模式编写两套布局代码不仅费时费力，大大浪费开发资源，也会拖累项目周期，而使用 Autolayout 自动布局技术就可以很好地解决这个问题。

使用 storyboard 或者 xib 可视化工具进行界面开发是十分高效的，在 storyboard 和 xib 中使用 Autolayout 自动布局技术可以说是相得益彰。使用 Xcode 开发工具创建一个命名为 AutolayoutTestOne 的工程。在 Main.storyboard 文件中拖入一个 View 视图，设置其尺寸为 100*100，将其位置设置在界面的中间，如图 16-11 所示。

图 16-11 中演示的效果是以 iPhone SE 的屏幕尺寸为标准的，看起来布局没什么问题，如果使用 iPhone 6 或者 iPhone 6 plus 来运行，界面如图 16-12 与图 16-13 所示，达不到预期的效果，方块不在中心位置。

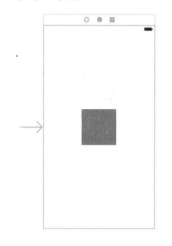 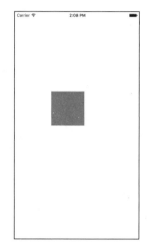 

图 16-11 添加一个视图块　　　图 16-12 iPhone 6 上运行的效果 图 16-13 iPhone 6 plus 上运行的效果

如果在 iPhone SE 上运行，将屏幕横放，其布局效果也与预期不符，如图 16-14 所示。

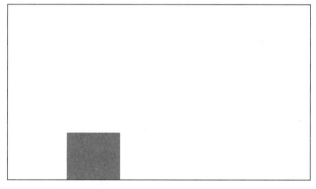

图 16-14 横屏模式下的界面布局效果

提　示

在使用模拟器时，如果需要改变模拟器的横竖屏模式，按住键盘上的 command 键不放，再敲击键盘上的左右方向键即可。

Autolayout 自动布局采用相对布局的设计思想，开发者只需要关注控件与控件之间的位置关系即可，而不用关心控件的尺寸和位置。因此在自动布局中，"约束"这个概念十分重要。开发者在使用自动布局进行界面开发时，目的就是为其添加充分并且无冲突的约束。在 Main.storyboard 中

使用自动布局再次对上面的视图进行居中布局，首先将视图块的宽度和高度统一约束为 100 个距离单位，选中要添加约束的视图，点击 storyboard 界面中的 Pin 按钮，这时会弹出约束添加菜单，将其中的 Width 和 Height 选项设置为 100 后，进行勾选。之后点击 Add 2 Constraints 按钮，如图 16-15 所示。这样就完成了尺寸约束的添加。

下面将视图控件约束在其父视图的中心，点击 storyboard 界面中的 Align 按钮，在弹出的菜单中勾选 Horizontally in Container 和 Vertically in Container 选项，并将其值设置为 0。之后点击 Add 2 Constraints 按钮完成约束的添加，如图 16-16 所示。上面两个约束分别表示将当前视图约束在其父视图的水平方向与竖直方向的中心。

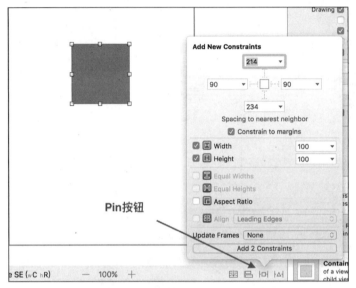

图 16-15　为视图控件添加尺寸约束

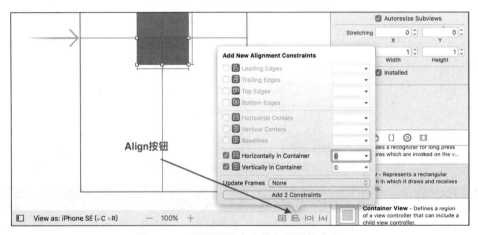

图 16-16　将视图约束在其父视图的中心

再次运行工程，在横屏模式下的效果如图 16-17 所示，在其他尺寸屏幕的设备上运行布局也没有问题。

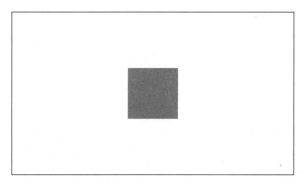

图 16-17　自动布局状态下的横屏显示效果

Pin 菜单的功能主要是用于添加固定视图控件的约束，其上半部分为设置此控件与离其上、下、左、右最近的视图之间的距离约束值。Width 约束视图本身的宽度，Height 约束视图本身的高度，Aspect Ratio 约束视图的宽高比例为定值，Equal Widths 与 Equal Heights 约束两个视图宽度相等和两个视图高度相等。

Align 菜单的功能主要用于添加视图控件的对齐约束，其中 Leading Edges 约束视图控件的左边距，Trailing Edges 约束视图的右边距，Top Edges 约束视图的上边距，Bottom Edges 约束视图的下边距；Horizontal Centers 约束视图间的水平中心间距，Vertical Centers 约束视图间的竖直中心间距；Horizontally in Container 约束视图与其父视图的水平中心间距，Vertically in Container 约束视图与其父视图的竖直中心间距。

16.5.2　进行视图间的约束布局

本节将向读者演示如何在视图间灵活地进行自动布局的约束。首先读者可以思考一下如何使用自动布局实现如下效果的界面：

（1）界面被分为上下等分的两部分，两部分之间的间距为 20 个单位。

（2）上半部分再次分成等分的左右两部分，左右两部分的间距为 20 个单位。

（3）在任何屏幕尺寸或者横竖屏模式，以上两个条件都满足。

使用 Xcode 开发工具创建一个命名为 AutolayoutTestTwo 的工程。将 Main.storyboard 界面中的开发屏幕尺寸选择为 iPhone SE 模式，向其中拉入 3 个 View 视图，分别放在左上、右上和下半部分。上半部分的两个视图尺寸设置为 150*274，下半部分的视图尺寸设置为 320*274，之后对其进行约束的添加：

（1）约束上半部分的两个视图宽度和高度相等。

（2）约束左上视图的左边距为 0 个单位、上边距为 0 个单位。

（3）约束右上视图的右边距为 0 个单位、上边距为 0 个单位。

（4）约束上半部分两个视图的间距为 20 个单位。

（5）约束下半部分视图的左边距、右边距、下边距都为 0。

（7）约束下半部分视图的高度与左（右）上视图的高度相等。

（8）约束下半部分视图与左（右）上视图间的间距为 20 个单位。

完成上述约束后，运行工程，在竖屏与横屏模式下的界面效果如图 16-18 与图 16-19 所示。

图 16-18　竖屏模式下的界面效果　　　　　图 16-19　横屏模式下的界面效果

提　示

添加约束时，如果涉及两个视图间的位置或尺寸关系，需要先将两个视图都选中。Autolayout 技术的精髓在于提供充分的约束，但是切莫画蛇添足，矛盾的约束会使 Xcode 抛出异常。在学习 Autolayout 自动布局技术时，要转变传统的布局思维，用相对的思想取代绝对的思想。

16.5.3　使用原生代码进行 Autolayout 自动布局

使用 storyboard 工具进行界面的 Autolayout 自动布局十分快捷方便，使用纯代码同样也可以编写 Autolayout 自动布局。要使用代码来进行视图间的关系约束，首先一定要将约束对象化。NSLayoutConstraint 类就是用来创建 Autolayout 约束对象的，通过这个类，开发者可以创建所有在 storyboard 文件中创建的约束。

使用 Xcode 开发工具创建一个命名为 AutolayoutTestThree 的工程，在 ViewController 类的 viewDidLoad()方法中添加如下测试代码：

```
override func viewDidLoad() {
    super.viewDidLoad()
    let view = UIView()
    //要使用自动布局
    //需要将视图的 translatesAutoresizingMaskIntoConstraints 设置为 false
    view.translatesAutoresizingMaskIntoConstraints = false
    view.backgroundColor = UIColor.red
    //在添加约束之前 需要将视图添加到父视图上
    self.view.addSubview(view)
    //创建约束对象
    let layoutConstraint = NSLayoutConstraint(item: view, attribute: .centerX,
relatedBy: .equal, toItem: self.view, attribute: .centerX, multiplier: 1, constant:
0)
```

```
        let layoutConstraint2 = NSLayoutConstraint(item: view,
attribute: .centerY, relatedBy: .equal, toItem: self.view, attribute: .centerY,
multiplier: 1, constant: 0)
        let layoutConstraint3 = NSLayoutConstraint(item: view,
attribute: .width, relatedBy: .equal, toItem: nil, attribute: .notAnAttribute,
multiplier: 1, constant: 200)
        let layoutConstraint4 = NSLayoutConstraint(item: view, attribute:
 .height, relatedBy: .equal, toItem: nil, attribute: .notAnAttribute, multiplier:
1, constant: 200);
        //为当前界面添加约束
        self.view.addConstraints([layoutConstraint,layoutConstraint2,
layoutConstraint3,layoutConstraint4])
    }
```

上面测试代码的作用是将一个自定义视图的宽度和高度都约束为 200 个单位，且将视图的位置约束到其父视图的中心。运行工程，效果如图 16-20 所示。

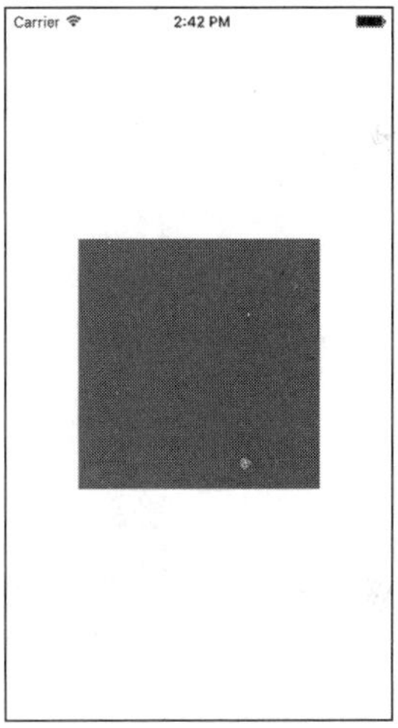

在使用代码进行 Autolayout 自动布局时，首先需要将自动布局视图控件的 translatesAutoresizingMaskIntoConstraints 属性设置为 false，并且在添加约束之前将子视图添加到父视图上。

NSLayoutConstraint 类用于创建具体的约束对象。其构造方法中，item 参数为要添加约束的视图控件，attribute 参数需设置为约束的属性，对应 NSLayoutAttribute 的枚举值，后边会介绍。relatedBy 参数为约束的方式，对应 NSLayoutRelation 类型的枚举，后边会介绍。toItem 参数为其约束参照的另一个视图控件，其后的 attribute 参数为约束的属性。multiplier 参数为要进行约束的比例，constant 参数设置约束值。

NSLayoutAttribute 枚举中定义了所有可以进行约束的属性，常用列举如下：

图 16-20　使用代码进行
Autolayout 布局

- left: 左侧约束。
- right: 右侧约束。
- top: 上侧约束。
- bottom: 下侧约束。
- leading: 正方向的边距约束。
- trailing: 逆方向的边距约束。
- width: 宽度约束。
- height: 高度约束。
- centerX: 水平中心约束。
- centerY: 竖直中心约束。
- notAnAttribute: 无意义。

需要注意，其中 notAnAttribute 值用于不需要参照视图的约束中，例如约束某个控件的宽度与高度。NSLayoutConstraint 构造方法的 toItem 参数可以设置为 nil，其后的 attribute 参数就可以设置为 notAnAttribute。

NSLayoutRelation 枚举中定义的约束方式如下：

```
public enum NSLayoutRelation : Int {
    //实际值要不大于约束值
    case lessThanOrEqual
    //实际值严格等于约束值
    case equal
    //实际值不小于约束值
    case greaterThanOrEqual
}
```

读者可以发现，仅仅是将某个视图约束在界面的中心，开发者就需要编写大量的创建约束的代码，这种方式十分不直观且工程代码复杂冗余。为了方便代码的编写，Apple 团队为开发者提供了另一种创建约束对象的方法——VFL 语言创建约束对象。

VFL 的全称为 Visual Format Language，可以理解为格式化约束语言，其使用象形的方式帮助开发者将复杂的约束关系转换为 NSLayoutConstraint 约束对象。例如，如果要创建一个视图，将其左、上、右边距都设置为 60 个单位，高度设置为 200 个单位，可以使用如下代码：

```
    let view = UIView()
    //要使用自动布局
    //需要将视图的 translatesAutoresizingMaskIntoConstraints 设置为 false
    view.translatesAutoresizingMaskIntoConstraints = false
    view.backgroundColor = UIColor.red
    //在添加约束之前 需要将视图添加到父视图上
    self.view.addSubview(view)
    let stringH = "H:|-60-[view]-60-|"
    let stringV = "V:|-60-[view(200)]"
    let constraintArrayH = NSLayoutConstraint.constraints
(withVisualFormat: stringH, options: NSLayoutFormatOptions(), metrics: nil, views:
["view":view])
    let constraintArrayV = NSLayoutConstraint.constraints (withVisualFormat:
stringV, options: NSLayoutFormatOptions(), metrics: nil, views: ["view":view])
    self.view.addConstraints(constraintArrayH)
    self.view.addConstraints(constraintArrayV)
```

上面的代码乍看起来令人一头雾水，其实十分容易理解，NSLayoutConstraint 类中提供了 constraints()方法来将 VFL 字符串翻译成约束对象。这个方法中的 withVisualFormat 参数为 VFL 字符串，views 参数要设置为 VFL 字符串中使用到的视图控件的名称与对应的视图控件对象的映射。在 VFL 语言中，H 代表水平方向的约束，V 代表竖直方向的约束，|符号表示父视图的边沿，-60-表示相距 60 个单位的距离，[]内是要摆放的视图控件名称，()内为约束值。因此，上面的两句 VFL 代码可以解释为，约束视图的高度为 200 个单位，约束其距离父视图左、上、右边距为 60 个单位。

运行工程，效果如图 16-21 所示。

图 16-21 使用 VFL 进行约束对象创建

16.5.4　使用第三方框架 SnapKit 进行 Autolayout 自动布局

在 Xcode 开发工具中直接使用原生代码编写 Autolayout 布局十分麻烦，使用 VFL 语句进行约束对象的创建可以减少一部分的工作负担，但代码风格却显得与 Swift 语言格格不入，并且如果需要对约束进行更新修改，这种方式也不十分适用。本节将为读者介绍如何使用第三方 Autolayout 框架 SnapKit 编写高质量的约束代码。

熟悉 Objective-C 开发的读者都了解，在 Objective-C 工程中，有一个必不可少的 Autolayout 开发框架，即 Masonry，这个框架采用链式结构，大量使用 block 语法块，使得开发者在使用代码创建、更新、移除约束时十分方便直观。SnapKit 就是 Masonry 的 Swift 版本。

向项目中引入第三方框架有两种方式：第一种是使用 CocoaPods 管理工具，这也是最方便的一种方式，但是需要开发者在电脑中安装 CocoaPods 工具，关于 CocoaPods 工具的安装，互联网上的资料很多，本书中不再介绍；第二种方法为直接下载源码，并将其导入工程中。本节采用第二种方式为读者做演示。

首先打开 SnapKit 的 GitHub 仓库地址：https://github.com/SnapKit/SnapKit。需注意，截止到编写本书为止，SmapKit 的版本最新为 3.1.1，如果工程采用的 Swift 语言版本为 2.x，那么需要对应使用 SanpKit 的 0.22.0 版本。如果工程采用的 Swift 语言为 3.x 版本，那么需要对应使用 SanpKit 的版本大于等于 3.0.0。本书采用 SnapKit 的 3.1.1 版本。在 SnapKit 的 GitHub 页面点击 Branch 按钮，在弹出的菜单中选择 Tags 版本为 3.1.1，如图 16-22 所示。

图 16-22　选择 SnapKit 版本为 3.1.1

切换版本之后，点击 Clone or download 按钮，单击 Download ZIP 按钮进行 SnapKit 库的下载，如图 16-23 所示。

图 16-23　下载 SanpKit 框架

使用 Xcode 开发工具创建一个命名为 SnapKitTest 的工程，将下载完成的 ZIP 文件解压，将其中的 Source 文件夹复制后导入 SnapKitTest 工程中。在 ViewController 类的 viewDidLoad()方法中添加如下测试代码：

```swift
override func viewDidLoad() {
    super.viewDidLoad()
    let view = UIView()
    view.backgroundColor = UIColor.red
    //添加约束前 必须将视图添加到其父视图上
    self.view.addSubview(view)
    //使用 SnapKit 添加约束
    view.snp.makeConstraints { (make) in
        make.left.equalTo(20)
        make.right.equalTo(-20)
        make.top.equalTo(20)
        make.bottom.equalTo(-20)
    }
}
```

使用 SnapKit 进行约束的添加十分简单，将视图添加到其父视图上，使用 makeSubConstraints() 方法创建约束，在闭包中进行约束的设置。如上代码将视图约束在界面中与左、右、上、下的边距均为 20 个单位。

SnapKit 也支持链式编程，上面的代码也可以修改如下：

```swift
view.snp.makeConstraints { (make) in
    make.left.top.equalTo(20)
    make.bottom.right.equalTo(-20)
}
```

关于更新和移除约束的操作，在 SnapKit 中也十分简单，调用如下方法即可：

```swift
//更新约束
view.snp.updateConstraints { (make) in
//将要更新的约束代码重新编写
}
//移除所有约束
view.snp.removeConstraints()
```

16.6 使用 Autolayout 创建自适应高度的 UITextView 输入框

观察微信、QQ 或者其他聊天工具应用中的文本输入框，会发现其非常智能，其高度会随着用户输入文字的行数而进行自适应调整，并且这个输入框的高度调整也并非没有限度。当文字的行数达到一定的值时，高度保持不变，其 UITextView 内容区域可以滑动。如果不使用 Autolayout 进行开发，这样的界面布局功能会十分棘手。

　　使用 Xcode 开发工具创建一个命名为 AutoTextView 的工程，将 SnapKit 的源码导入工程中。
首先为 ViewContrller 类添加遵守 UITextViewDelegate 协议的代码：

```
class ViewController: UIViewController,UITextViewDelegate
```

　　为 ViewController 类添加一个 UITextView 类型的可选属性：

```
var textView:UITextView?
```

　　实现 viewDidLoad()方法如下：

```
override func viewDidLoad() {
    super.viewDidLoad()
    textView = UITextView()
    //设置边框
    textView?.layer.borderWidth = 1
    textView?.layer.borderColor = UIColor.gray.cgColor
    textView?.delegate = self
    self.view.addSubview(textView!)
    textView?.snp.makeConstraints({ (make) in
        make.leading.equalTo(100)
        make.trailing.equalTo(-100)
        make.top.equalTo(150)
        make.height.equalTo(30)
    })
}
```

　　在 ViewController 类中实现监听用户输入文字的 UITextViewDelegate 协议方法如下：

```
//监听用户输入
    func textView(_ textView: UITextView, shouldChangeTextIn range: NSRange,
replacementText text: String) -> Bool {
        if (textView.contentSize.height != textView.bounds.size.height) &&
textView.bounds.size.height<100 {
            textView.snp.updateConstraints({ (reMake) in
                reMake.height.equalTo(textView.contentSize.height)
            })
        }
        return true
    }
```

　　在 UITextViewDelegate 协议方法中，根据用户输入内容的高度重新调整了输入框控件的约束
高度，并且在调整之前进行了判断，如果输入框的高度已经不小于 100 个单位，则不再进行高度的
增加。

　　运行工程，向 TextView 控件中输入文字。可以观察到，TextView 控件已经可以进行自适应的
高度调整，但是 TextView 控件的调整效果十分突兀，如果能将动画技术与 Autolayout 进行结合，
效果就完美了。

　　幸运的是，Autolayout 自动布局技术也是支持动画操作的，将上面实现的 UITextViewDelegate
协议方法修改如下：

```
//监听用户输入
```

```
        func textView(_ textView: UITextView, shouldChangeTextIn range: NSRange,
replacementText text: String) -> Bool {
            if textView.bounds.size.height>=100 {
                if textView.contentSize.height < textView.bounds.size.height {
                    textView.snp.updateConstraints({ (remake) in
                        remake.height.equalTo(textView.contentSize.height)
                    })
                }
            }
            if (textView.contentSize.height != textView.bounds.size.height) &&
textView.bounds.size.height<100 {
                textView.snp.updateConstraints({ (reMake) in
                    reMake.height.equalTo(textView.contentSize.height)
                })
                //将布局变化过程使用动画过渡
                UIView.animate(withDuration: 0.3, animations: {
                    self.view.layoutIfNeeded()
                })
            }
            return true
        }
```

再次运行工程，可以看到 TextView 文本输入框的尺寸调整过程柔和许多。熟练将 Autolayout 自动布局技术与 UIView 层动画技术结合，可以让你在界面开发中如鱼得水、效率倍增。

16.7　模　拟　面　试

（1）简述在 iOS 开发中实现动画的几种方式。

回答要点提示：

① 在 iOS 开发中，最常用的动画方式是 UIview 层的属性动画。

② 使用 UIView 属性动画可以将视图的透明度、位置、尺寸、颜色等变化以动画的方式展现。

③ UIImageView 支持使用一组 Image 循环播放来展示动画。

④ CoreAnimation 是更加强大的动画框架，可以进行 Layer 层变换的相关动画。

⑤ 粒子效果是一种更加炫酷的动画，使用 CAEmitterLayer 可以进行粒子效果开发。

⑥ 自动布局技术也可以和动画结合使用。

核心理解内容：

精通在 iOS 中几种进行动画的方法，理解控制动画的参数意义，如动画时间、循环次数、速度、弹性等。

（2）简述自动布局技术在界面开发中的优劣。

回答要点提示：

① 自动布局与传统的绝对布局相比，界面布局的思想有转变。

② 绝对布局专注于控件的绝对尺寸和绝对位置，需要设置精确的坐标和尺寸大小。

③ 自动布局专注于控件之间的相对关系，比如控件间的相对尺寸、间距等。

④ 绝对布局的优势在于简单，并且可以精确地从代码看出控件的布局状态；劣势是灵活性差，适配性差。

⑤ 自动布局的劣势在于布局时需要理解各个组件间的相对关系，并且需要更多约束代码；优势是可以自动根据约束关系进行适配，是当下流行的界面布局开发方式。

核心理解内容：

深刻理解自动布局的核心开发思路，能够分析界面布局中组件间的关系，能够使用 SnapKit 进行自动布局代码的编写。

第 **17** 章

网络与数据存储技术

网络正在改变人类的生存方式。

—— 比尔·盖茨

网络在一款应用程序中扮演着至关重要的角色，每一款应用程序都基本应用到了网络的模块。除了一些实时类较强的应用（例如电商类应用、新闻类应用、视频音乐类应用、阅读类应用等）需要使用网络外，具有稳定状态的应用也不能没有网络的支持。而单机游戏甚至需要通过网络来添加或购买道具，使游戏趣味性更强。因此，网络技术是开发一款应用程序必不可少的技术之一，使用网络就一定要学会如何处理数据，网络交互的实质就是数据在客户端与服务端进行传输。本章主要讲解在 iOS 应用程序开发中网络技术的相关使用以及数据的储存方法。

通过本章，你将学习到：

- 使用互联网上公开的 API 进行网络数据的获取。
- 使用 Get 方法进行网络请求。
- 使用 Post 方法进行网络请求。
- 使用 UserDefaults 进行简单数据的持久化存储。
- 使用 Plist 文件进行数据持久化处理。
- 使用归档技术对自定义对象进行持久化处理。
- iOS 开发中的数据库相关知识。
- Swift 语言与 Objective-C 语言混编。

17.1　获取互联网上公开 API 所提供的数据

在学习如何获取网络数据之前，首先需要准备一个可用的 API 服务。如果要自己去准备这些数据并进行服务器的搭建，无疑会增加大量的学习成本。幸运的是，互联网上有很多公开免费的 API 服务，这些 API 服务为初学者学习网络技术提供了极大的便利。本节将向读者介绍如何使用天行 API 来获取 API 服务。

17.1.1　注册天行 API 会员

在浏览器中输入网址 https://www.tianapi.com/，进入天行 API 的首页，向下滑动到 API 服务列表界面，如图 17-1 所示。

图 17-1　天行 API 首页

若要使用天行 API 所提供的接口服务，则需要先注册成为天行 API 会员。拥有天行账号的读者可以直接使用已有账号进行登录，没有天行账号的读者可以在登录界面寻找注册按钮，并注册天行账号，注册界面如图 17-2 所示，在界面中填入昵称、邮箱、验证码、密码即可。

图 17-2　注册天行会员

使用天行账号登录天行 API 后，进入个人中心，在其中可以看到属于自己的 apikey，这个值十分重要，天行 API 中的所有请求都需要使用这个值来进行身份验证，如图 17-3 所示。

图 17-3　属于自己的 apikey

17.1.2　进行 API 接口测试

在天行 API 的 API 服务列表页中选择一个 API 接口进行测试，例如选择微信新闻，之后可以看到关于此接口服务的相关参数信息及返回数据示例。图 17-4 所示为请求的参数列表。其中，key 参数需要设置为个人中心的 apikey，用于进行开发者身份验证。

请求参数	类型	必填	参数位置	描述	备注说明
key	string	是	urlParam	API密钥（请在个人中心获取）	用户自己的key
num	int	是	urlParam	指定返回数量，最大50	10
page	int	是	urlParam	翻页	1
src	string	是	urlParam	主页ID或微信号（区别解释）	指定来源为微信主页ID或微信公众号ID
rand	int	否	urlParam	参数值为1则随机获取	0，不得与搜索和推荐参数同时使用
word	string	否	urlParam	检索关键词	上海
clct	int	否	urlParam	推荐阅读参数	带此参数后，只返回设置为推荐阅读的文章

图 17-4　API 服务的参数列表

读者在使用某个 API 服务之前，可以先通过终端工具进行接口服务的验证，看服务返回的数据是否正常。以此微信新闻 API 服务为例，打开 Mac 电脑中的终端工具，在其中输入如下命令后，按 Enter 键，等待数秒，即可看到终端打印出的返回数据，如图 17-5 所示。

```
curl --get --include
'http://api.tianapi.com/wxnew/?key=ef7f04344615b7ff44a8b3aa78aa27f3&num=1'
```

图 17-5　API 服务的返回数据

从接口服务返回的数据也分为两部分：一部分是返回数据的头部信息，另一部分是返回的数据体信息。头部信息中包含返回结果的状态、网络链接的状态等基本信息，数据体中存放的是开发者真正需要的信息数据。

17.1.3　关于 JSON 数据格式

API 服务返回的数据一般有两种格式：一种是 JSON 格式，一种是 XML 格式。由于 JSON 类型更加简洁，处理时相对方便，因此成为移动端常用的接口数据格式。JSON 的全称为 JavaScript Object Notation，它是一种轻量级的数据交换格式，较容易理解，其结构和 Swift 语言中的字典十分类似，主要通过键值对来组合数据，JSON 值支持的数据类型及写法格式如表 17-1 所示。

表 17-1　JSON 值支持的数据类型及写法格式

类型	写法格式
数字	直接书写
字符串	书写在双引号中
数组	书写在中括号中
字典	书写在大括号中
空对象	null

JSON 数据有两种结构，这两种结构取决于根数据类型是数组还是字典。若 JSON 数据最外层用的是大括号，则此 JSON 数据为字典结构，在解析时应使用字典对象来接收；若 JSON 数据最外层用的是中括号，则此 JSON 数据为数组结构，在解析时应使用数组对象来接收。

在 iOS 开发中要进行 JSON 数据的解析，所解析的数据必须为严格的 JSON 格式，互联网上有许多在线网站用来校验 JSON 数据，www.bejson.com 提供了免费的 JSON 数据校验服务，打开 www.bejson.com 网页，将需要校验的 JSON 数据复制进数据区，之后点击校验按钮，出现绿色的 Valid JSON 提示，表示所校验的 JOSN 数据格式正确无误，如图 17-6 所示。

图 17-6　对 JSON 数据格式进行校验

提　示
API 服务的数据来自互联网，不能保证其在任何时间都是可用有效的，所以建议读者在进行 JSON 数据使用前，将请求到的数据通过校验工具进行 JSON 格式的校验，确认数据格式无误后再进行解析操作。

17.2　在 iOS 开发中进行网络数据请求

在 iOS 开发框架中，提供了两个平行的网络请求框架，分别是 NSURLConnection 框架与 URLSession 框架。在 iOS 7 系统之前，只支持使用 NSURLConnection 进行网络请求，iOS 7 之后系统才引入了 URLSession 框架，相比之下，URLSession 更加灵活强大，并且还加入了后台请求的相关能力。本书主要讲解如何使用 NSURLSession 及其相关类来进行网络数据的获取。

17.2.1　关于 HTTP 网络请求协议

HTTP 是一套计算机通过网络进行数据传输的规则协议，是一种无状态的网络协议。无状态是指请求者与服务器之间不需要建立持久的连接，请求完成连接就会关闭。

当请求者向服务端发出请求时，它需要向服务端传递一个数据块，这个数据块需要包含 3 个部分：请求方法、请求头和请求体。同样，当服务端响应了请求，返回的响应数据块也包含 3 个部分：协议状态、响应头和响应体。

HTTP1.1 版本中支持 7 种请求方法，分别为 GET、POST、HEAD、OPTIONS、PUT、DELETE 和 TARCE。其实不同的请求方法并没有本质上的差别，只是开发者人为约定了一些标识和相应的数据携带手段来互相表明请求的意义。在移动开发中，最常用的两种请求方法为 GET 方法与 POST 方法，后边会具体介绍这两种方法应用的异同与场景。

请求头一般会包含请求者的客户端环境和相关配置信息，开发者也可以向其中添加自定义字段，比较常见的是向其中加入验签字段，以供服务端对请求者进行身份验证。

请求体中可以存放请求者向服务端提交的参数字段。使用 POST 方法进行的请求，参数会添加在请求体中。

GET 请求和 POST 请求是移动端进行网络请求的两种基本方法。GET 方法是默认的 HTTP 请求方法，常用于简单数据的提交，其参数直接拼接在 URL 请求链接中，请求效率高，但安全性差且不能传递大量数据。POST 方法适合向服务端传递大量的数据，并且其参数会放在请求体中，相对安全一些。在实际开发中，开发者应该根据具体的需求场景选择合适的请求方法。

17.2.2　使用 URLSession 进行网络请求

使用 Xcode 开发工具创建一个命名为 RequestTest 的工程，由于 Xcode 默认配置只支持 HTTPS 的网络协议，而 API 服务目前大多还是 HTTP 协议，因此读者需要在编写相关代码前对项目工程的 Info.plist 文件进行一些简单的配置。

在 Info.plist 文件的根节点中添加一个名为 App Transport Security Settings 的键，其对应的值为字典类型，再向其中添加一个名为 Allow Arbitray Loads 的键，将其值设置为 Boolean 类型的 YES，如图 17-7 所示。配置完成后，项目便可支持 HTTP 协议的请求。

Key	Type	Value
▼ Information Property List	Dictionary	(15 items)
▼ App Transport Security Settings	Dictionary	(1 item)
Allow Arbitrary Loads	Boolean	YES
Localization native development re...	String	en
Executable file	String	$(EXECUTABLE_NAME)
Bundle identifier	String	$(PRODUCT_BUNDLE_IDENTIFIER)
InfoDictionary version	String	6.0
Bundle name	String	$(PRODUCT_NAME)
Bundle OS Type code	String	APPL
Bundle versions string, short	String	1.0
Bundle version	String	1
Application requires iPhone enviro...	Boolean	YES
Launch screen interface file base...	String	LaunchScreen
Main storyboard file base name	String	Main
▶ Required device capabilities	Array	(1 item)
▶ Supported interface orientations	Array	(3 items)
▶ Supported interface orientations (i...	Array	(4 items)

图 17-7　配置项目支持 HTTP 协议的请求

首先在 ViewController 类中添加如下几个属性：

```
//请求 url 格式化字符串
let urlString = "http://api.tianapi.com/wxnew/?key=%@&num=1"
//apikey
let apikey = "ef7f04344615b7ff44a8b3aa78aa27f3"
```

urlString 为请求 url 格式化后的字符串，这里采用微信新闻作为演示。此接口请求方式为GET，所以请求参数需拼接在请求地址 url 中，通过 "?" 来分割主机程序地址与参数列表，参数部分使用键值对的方式拼接，多个参数之间要用 "&" 隔开。在 viewDidLoad()方法中编写如下代码：

```
override func viewDidLoad() {
    super.viewDidLoad()
    //创建请求配置
    let config = URLSessionConfiguration.default
    //创建请求 URL
    let url = URL(string: String(format: urlString, apikey))
    //创建请求实例
    let request = URLRequest(url: url!)
    //创建请求 Session
    let session = URLSession(configuration: config)
    //创建请求任务
    let task = session.dataTask(with: request) { (data, response, error) in
        let dictionary = try? JSONSerialization.jsonObject(with: data!,
options: .mutableContainers)
        print(dictionary ?? "未解析到数据")
    }
    //激活请求任务
    task.resume()
}
```

在上面的示例代码中，URLSessionConfiguration 类用于请求的基础配置，其中 default 属性、ephemeral 属性和 background()方法都将返回 URLSessionConfiguration 类的实例。这三个属性分别代表默认类型的请求、即时类型的请求和后台运行类型的请求。在进行请求之前，需要创建URLRequest 类型的请求实例。URLSession 类用于对请求的管理，其 dataTask()方法用于创建 一个请求任务实例，其中的闭包在请求结束后会被调用，闭包中传递进来的 data、response、error 三个参数分别代表请求的响应体数据、请求的响应数据和请求错误实例。最后请求任务类 URLSessionTask 调用 resume()方法来激活请求任务，当请求结束后，就会调用闭包中的代码块。

运行工程，在 Xcode 开发工具的打印区可以看到请求到的数据内容，如图 17-8 所示。

```
2018-11-10 16:52:07.524315+0800 RequestTest[74185:10085448] libMobileGestalt MobileGestalt.c:890: MGIsDeviceOneOfType is not
    supported on this platform.

code = 200;
msg = success;
newslist =    (
        {
    ctime = "2018-11-10";
    description = "\U4e4c\U9c81\U6728\U9f50\U5e02\U51e4\U51f0\U5987\U4ea7\U533b\U9662";
    picUrl = "http://mmbiz.qpic.cn/mmbiz_jpg/
        OQQf2Gqc6YrX32U9F9mYWsEBP0zkiaRRwRdQVEZNBKLKmPlPwlLmybCU66uGj44ApYf5S7ibYtdcx2iblE39tic5qw/0?wx_fmt=jpeg";
    title =
        "\U3010\U51e4\U51f0\U53f0\U5386\U840c\U5b9d\U5927\U8d5b\U3011\U76db\U5927\U5f00\U542f\Uff012019\Uff0c\U6211\U4e
        3a\U81ea\U5df1\U4ee3\U8a00!";
    url = "https://mp.weixin.qq.com/s?
        src=11&timestamp=1541836814&ver=1234&signature=c1CVEDlsrmPoT0qX*DU*nsuhSn7gx4TtYjbFHG7mk69izxpLmb6Aer-
        xT4Ec7NFU0pnSBNwooFDdsZoOEuRhie66jR3I*fLkunF9iSPbib*Wh3DzIoRlPGtqlnZz36dm&new=1";
    }
);
}
```

图 17-8 打印出的请求数据信息

若要进行 POST 方法请求，需要手动设置请求方法，并且需要将参数放置进请求体中，代码如下（需要注意将 request 对象声明为 var）：

```
//设置请求方法为 POST
request.httpMethod = "POST"
//设置请求体参数
request.httpBody = "需要传递的参数字符串".data(using: .utf8)
```

直接从 API 服务请求到的数据是 JSON 格式的字符串，要对数据进行使用，开发者首先需要将其转换为数组或者字典，iOS 开发框架中提供了对 JSON 数据解析的类，示例如下：

```
let task = session.dataTask(with: request) { (data, response, error) in
        //将 JSON 数据解析成字典
        let dictionary = try? JSONSerialization.jsonObject(with: data!,
options: .mutableContainers)
        print(dictionary)
    }
```

> **提 示**
>
> 在实际开发中，开发者可以将 JSON 数据解析为字典，再从中取出界面渲染所需要的数据，也可以将界面需要的数据封装成数据模型，通过字典对数据模型的属性进行赋值。同样，开发者也可以选择第三方 JSON 数据解析框架——JSONKit 直接完成这一过程。

17.3 使用 UserDefaults 进行简单数据的持久化存储

在一款完整的应用程序中，通常需要对一些用户配置信息进行持久化存储操作。例如有登录功能的应用,当用户成功登录一次后,应用会将用户的登录账号记录在本地,当用户下一次登录时,就不需要再一次输入账号了,选择本地历史账号即可。许多应用程序都有设置功能,比如让用户选择字体大小、背景颜色以及设置是否开启音效等,这些用户配置也需要进行本地的持久化保存,以免用户下一次进入应用程序时配置过的设置选项失效。

17.3.1　使用 UserDefaults 与 Plist 文件进行常见类型数据的存储

在 iOS 开发中,对于这类有配置意义或者是结构简单的、数据量小的数据,一般通过 UserDefaults 类来完成持续化存储。UserDefaults 采用键值对的模式,可以方便地对常见数据类型进行持久化存储操作,其实质是将数据写成 Plist 文件存在本地。关于 Plist 文件的更多内容,会在下一小节向读者介绍。

使用 Xcode 开发工具创建一个命名为 UserDefaultsTest 的工程。在 ViewController 类的 viewDidLoad()方法中添加如下测试代码:

```swift
override func viewDidLoad() {
    super.viewDidLoad()
    //获取应用程序默认的 userDefaults 实例
    let userDefaults = UserDefaults.standard
    //进行 url 数据的存储
    userDefaults.set(URL(string: "http://www.baidu.com"), forKey:
"urlKey")
    //进行字符串数据的存储
    userDefaults.set("stringValue", forKey: "stringKey")
    //进行 Bool 值数据的存储
    userDefaults.set(true, forKey: "boolKey")
    //进行 Double 类型数据的存储
    userDefaults.set(Double(0.1), forKey: "doubleKey")
    //进行 Float 类型数据的存储
    userDefaults.set(Float(1.5), forKey: "floatKey")
    //进行 Int 类型数据的存储
    userDefaults.set(5, forKey: "intKey")
    //进行字典数据的存储
    userDefaults.set(["1":"一"], forKey: "dicKey")
    //进行数组数据的存储
    userDefaults.set([1,2,3,4], forKey: "arrKey")
    //进行 Data 数据的存储
    userDefaults.set(Data(), forKey: "dataKey")
    //将操作进行同步
    userDefaults.synchronize()
}
```

对于每一个应用程序,系统都会默认为其创建一个 UserDefaults 实例,通过 UserDefaults 类的 standard 属性可以拿到这个实例对象,通过它可以对常见类型的数据进行持久化存储。数据的存储操作与写入磁盘之间有一定的延时,调用 synchronize()方法可以将存储的数据立即同步到磁盘。

运行一次工程,完成数据的写入操作,为了验证写入数据是否成功,可将 viewDidLoad()方法中的代码修改如下:

```swift
override func viewDidLoad() {
    super.viewDidLoad()
    //获取应用程序默认的 userDefaults 实例
    let userDefaults = UserDefaults.standard
    //获取 url 数据
    print(userDefaults.url(forKey: "urlKey"))
    //获取字符串数据
    print(userDefaults.string(forKey: "stringKey"))
    //获取布尔数据
    print(userDefaults.bool(forKey: "boolKey"))
    //获取 Double 数据
    print(userDefaults.double(forKey: "doubleKey"))
    //获取 Float 数据
    print(userDefaults.float(forKey: "floatKey"))
    //获取 Int 数据
    print(userDefaults.integer(forKey: "intKey"))
    //获取字典数据
    print(userDefaults.dictionary(forKey: "dicKey"))
    //获取数组数据
    print(userDefaults.array(forKey: "arrKey"))
    //获取 Data 数据
    print(userDefaults.data(forKey: "dataKey"))
}
```

再次运行工程可以看到，这次虽然没有进行存储操作，但是依然获取到了第一次存储时的值，说明数据本地化操作成功。

如果要清空一个已经存储过的值，可以调用 UserDefaults 类的如下实例方法：

```swift
userDefaults.removeObject(forKey: "doubleKey")
```

> **提 示**
>
> 使用 UserDefaults 获取数据的时候，对于对象类型的数据，如果这个键值不存在，就会返回 nil。

17.3.2 使用 Plist 文件进行数据持久化处理

对于 Plist 文件，读者可能并不陌生，在开发中，开发者经常会对工程的配置文件 Info.Plist 进行配置修改。这也是 Plist 文件最合适的应用场景之一：储存系统配置信息。

Plist 文件的内容实质是使用 XML 格式编写的，支持的数据类型包括 Array、Dictionary、Boolean、Data、Number 和 String。如果直接使用文本编辑器打开 Plist 文件，读者会发现其使用标签进行数据定义，直观性和操作性都不强，Xcode 开发工具自带 Plist 文件编辑器，使用它观看和编辑 Plist 文件都十分方便。

使用 Xcode 开发工具创建一个命名为 PlistTest 的工程，如果开发者需要在项目中添加一个静态的 Plist 文件，即类似工程的 Info.plist 文件，只读取不修改，可以手动新建一个 Plist 文件。在 Xcode 开发工具的导航区单击鼠标右键，选择 New File 选项，在弹出的窗口中找到 Resource 部分，选择其中的 Property List 进行创建，如图 17-9 所示，将创建出来的 Plsit 文件取名为 NewPlist。

通过这种方式创建的 Plist 文件，其中默认会包含一个名为 Root 的字典结构作为此 Plist 文件的根结构，开发者可以在其中编写自己需要的数据。例如，向其中添加两个字段，并分别记录用户的名称和年龄，如图 17-10 所示。

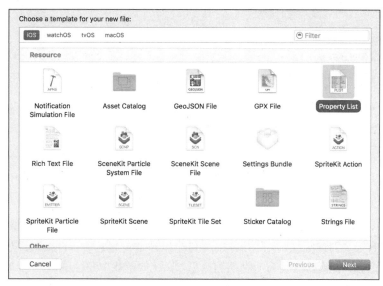

图 17-9　在项目中创建 Plist 文件

Key	Type	Value
▼ Root	Dictionary	(2 items)
age	String	25
name	String	珲少

图 17-10　向 Plist 文件中添加两个字段

在 ViewController 类的 viewDidLoad()方法中添加如下测试代码：

```
override func viewDidLoad() {
    super.viewDidLoad()
    //获取文件路径
    let path = Bundle.main.path(forResource: "MyPlist", ofType: "plist")
    //将文件内容读成字典
    let dic = NSDictionary(contentsOfFile: path!)
    //数据输出
    print(dic ?? "dic为nil")//为空时 打印信息需要添加默认值
}
```

如此即可将工程中 Plist 文件数据读取到内存中，供程序运行中使用。需要注意，这种方式创建的 Plist 文件，开发者只能在 Xcode 工程中配置完成，在程序运行时只进行读取，不进行修改，其可以用于一些固定数据的存储，例如省市县列表、地图区域等。

开发者同样也可以在程序的运行过程中创建 Plist 文件，并将其保存在应用程序的沙盒目录中。这种方式创建的 Plist 文件，可以方便地进行增、删、改、查操作。将 viewDidLoad()方法中的代码修改如下：

```
override func viewDidLoad() {
    //获取沙盒的用户数据目录
    let path = NSSearchPathForDirectoriesInDomains
(.documentDirectory, .userDomainMask, true).first
    //拼接上文件名
    let fileName = path! + "/MyPlist.plist"
    let dic:NSDictionary = ["name":"jaki","age":"25"]
    //进行写文件
    dic.write(toFile: fileName, atomically: true)
    //将存储的 Plist 文件数据进行读取
    let dicRes = NSDictionary(contentsOfFile: fileName)
    print(dicRes ?? "dicRes 为 nil")
}
```

17.4　iOS 开发中的归档技术应用

在 17.3 节中，介绍了应用 Plist 文件进行数据持久化的方法。然而，随着开发的深入，开发者会发现这种方式有很大的局限性。实际开发中用到的数据往往不是简单的基本类型，例如用户的信息可能包含很多内容，会将其封装为一种数据模型。又比如游戏中角色的属性也十分复杂，需要对各种简单的数据类型进行聚合。因此，直接将自定义的数据模型数据进行持久化储存，对开发者来说是十分有必要的。

17.4.1　对简单数据类型的归档操作

归档是 iOS 系统提供给开发者的一种数据存储方式，实际上，大部分原生数据类型都支持归档操作。归档是将一种或者多种数据类型进行序列化的过程，同理，解归档是将序列化的数据进行反序列化的过程。读者需要注意，归档并不是进行持久化处理，而是将各种类型数据序列化成可持久化的数据，然后写入磁盘来实现数据持久化。

要被归档的数据类型都必须遵守 NSCoding 协议，这个协议中的内容如下：

```
public protocol NSCoding {
    public func encode(with aCoder: NSCoder)
    public init?(coder aDecoder: NSCoder)
}
```

NSCoding 协议中约定了两个方法：构造器方法是归档方法，在数据进行归档操作时会被调用；encode()方法是解归档方法，在数据进行解归档时会被调用。

使用 Xcode 开发工具创建一个命名为 ArchiverTest 的工程。在 ViewController 类的 viewDidLoad()方法中添加如下测试代码：

```
override func viewDidLoad() {
    super.viewDidLoad()
    //获取根目录
```

```
        let homeDicPath = NSHomeDirectory()
        //创建文件完整路径
        let filePath = homeDicPath + "archiver.file"
        //将字符串数据"jaki"进行归档操作
        NSKeyedArchiver.archiveRootObject("jaki", toFile: filePath)
    }
```

如上代码就完成了对字符串"jaki"的归档操作，这种方式只能对单一数据进行归档，可以是字典、数据、集合，也可以是整型、浮点型、字符串型数据。将 viewDidLoad()方法中的代码修改如下，完成解归档的操作：

```
override func viewDidLoad() {
    super.viewDidLoad()
    //获取根目录
    let homeDicPath = NSHomeDirectory()
    //创建文件完整路径
    let filePath = homeDicPath + "archiver.file"
    //进行解归档
    let name = NSKeyedUnarchiver.unarchiveObject(withFile: filePath)
    //打印数据
    print(name)
}
```

NSKeyedArchiver 类的 archiveRootObject 方法是将归档的数据一并写入磁盘文件，因此在此运行工程中直接解归档即可获取到原先存储的数据。

上面的方法只能对单一数据进行归档存储操作，如果要同时对多个数据进行归档，示例代码如下：

```
        //获取根目录
        let homeDicPath = NSHomeDirectory()
        //创建文件完整路径
        let filePath = homeDicPath + "archiver.file"
        //创建归档载体数据
        let mutableData = NSMutableData()
        //创建归档对象
        let archiver = NSKeyedArchiver(forWritingWith: mutableData)
        //进行年龄数据编码
        archiver.encode(24, forKey: "age")
        //进行姓名数据编码
        archiver.encode("jaki", forKey: "name")
        //编码完成
        archiver.finishEncoding()
        //将数据写入文件
        mutableData.write(toFile: filePath, atomically: true)
```

需要重新获取存储的数据时，使用如下代码：

```
        //获取根目录
        let homeDicPath = NSHomeDirectory()
        //创建文件完整路径
        let filePath = homeDicPath + "archiver.file"
```

```
//将文件读取成 Data 数据
let data = try? Data(contentsOf: URL(fileURLWithPath: filePath))
//创建解归档对象
let unArchiver = NSKeyedUnarchiver(forReadingWith: data!)
//进行年龄的解归档
let age = unArchiver.decodeInt32(forKey: "age")
//进行姓名的解归档
let name = unArchiver.decodeObject(forKey: "name")
//输出数据
print("\(name):\(age)")
```

17.4.2 对自定义数据类型进行归档操作

上一小节介绍的归档方法，归根结底还是对系统的原生类型数据进行持久化存储，如果归档的作用仅仅如此，那么它和 Plist 文件相比就没有多少优势了。归档技术的真正应用之处在于其可以对自定义的数据类型进行归档操作，进而实现自定义数据的持久化需求。

在 ArchiverTest 工程中创建一个新的类，使其继承自 NSObject 类、遵守 NSCoding 协议，并命名为 People，再在其中添加两个属性：名称与年龄。在 People 类中实现 NSCoding 协议中约定的归档与解归档方法，代码如下：

```
//遵守 NSCoding 协议
class People: NSObject,NSCoding {
    //添加名称和年龄属性
    var name:String?
    var age:NSInteger = 0
    //构造方法
    override init() {
        super.init()
    }
    //解归档方法
    required init?(coder aDecoder: NSCoder) {
        super.init()
        self.name = aDecoder.decodeObject(forKey: "name") as! String?;
        self.age = aDecoder.decodeInteger(forKey: "age")
    }
    //归档方法
    func encode(with aCoder: NSCoder) {
        aCoder.encode(age, forKey: "age")
        aCoder.encode(name, forKey: "name")
    }
}
```

在 ViewController 类中对 People 类进行归档测试，代码如下：

```
//获取根目录
let homeDicPath = NSHomeDirectory()
//创建文件完整路径
let filePath = homeDicPath + "archive.file"
//创建 People 实例
```

```
let people = People()
people.name = "jaki";
people.age = 24
//进行归档
NSKeyedArchiver.archiveRootObject(people, toFile: filePath)

//进行解归档
let getPeople = NSKeyedUnarchiver.unarchiveObject(withFile: filePath)
as! People
print("\(getPeople.name):\(getPeople.age)")
```

提 示

有了归档技术，自定义的数据类型也可以十分灵活地进行归档并写入本地，为开发带来极大的便利。

17.5 数据库在 iOS 开发中的应用

可以简单理解为，数据库是按照数据结构来组织、存储和管理数据的仓库，对大量、复杂的数据进行存储、查询、修改、删除等操作非常有利于。在移动系统中，通常会用一些小型的数据库来进行数据管理。SQLite 是一款小巧轻便的数据库，在 iOS 和 Android 系统中都有良好的支持。

17.5.1 操作数据库常用语句

数据库存在的意义就在于其数据的整合与管理能力，所以数据库的核心无非是对数据进行增、删、改、查等操作。SQLite 数据库的操作采用的是 SQL 语句，通过固定格式的语句完成对数据库中数据的相应操作。SQLite 数据库是表结构的数据组织方式，举一个比较直观的应用例子：某个 SQLite 数据库中存储着一个学校的所有班级信息，那么这个数据库中至少应该有两个表，一个存储所有的班级信息（包括班级名称、人数等信息），另一个表会存储所有的学生信息，包含学生姓名、性别、年龄及其所在的班级等。

如下 SQL 语句用于在数据库中创建表：

```
create table class(num integer PRIMARY KEY,name text NOT NULL DEFAULT "1班",
count integer CHECK(count>10))
```

上面的语句代码可以简化成如下格式：

```
create table 表名(参数名1 类型 修饰条件, …)
```

其中，create table 为建表语句的固定语法，括号内设置这张表中每条数据所拥有的字段。SQLite 数据库支持的数据类型对照表如表 17-2 所示。

表 17-2　SQLite 数据库支持的数据类型

数据类型	意义	数据类型	意义
smallint	短整型	text	字符串型
integer	整型	binary	二进制数据型
real	实数型	blob	二进制大对象型
float	单精度浮点型	boolean	布尔类型
double	双精度浮点型	date	日期类型
currency	长整形	time	时间类型
varchar	字符型	timestamp	时间戳类型

在使用建表语句时，可以为表中的字段设置一些修饰条件，常用的修饰方式如表 17-3 所示。

表 17-3　常用的修饰方式

修饰关键词	意义
PRIMARY KEY	将此字段设置为主键，主键的值必须是唯一的，例如编号，可以作为数据的索引
NOT NULL	标记这个字段为空字段，添加数据时，这个字段必须有值
UNIQUE	标记本字段的值是唯一的，不可重复
DEFAULT	为这个字段设置默认值
CHECK	设置字段的检查条件，写入条件时，当满足此检查条件时才可以进行写入

下面的 SQL 语句用来进行表中数据的添加操作：

```
insert into class(num,name,count) values(2,"三年 2 班",58)
```

上面的语句可以简化为如下格式：

```
insert into 表名(参数 1,…) values(值 1,…)
```

insert into 是向表中插入数据的固定语法，其中紧接着需要拼写数据的表名，后面是参数列表与对应的值列表，参数的顺序可以是任意的，但要和后面设置的值一一对应。

如果要对某个表的结构添加一个新的字段，可以使用如下语句：

```
alter table class add newKey text
```

上面的语句可以简化为如下格式：

```
alter table 表名 add 字段名 字段类型
```

如下的 SQL 语句可以实现对表中数据进行修改操作：

```
update class set num=3,name="新的班级" where num=1
```

上面的语句可以简化为如下格式：

```
update 表名 set 字段 1=值 1, 字段 2=值 2 where 修改条件
```

需要注意，如果不设置修改条件，就会对表中的所有数据都进行修改。如上的示例语句中只修改了当班级编号等于 1 时的班级数据。

要删除表中的一条数据，可使用如下语句：

```
delete from class where num=1
```

上面的语句可以简化为如下格式：

```
delete from 表名 where 条件
```

如果要直接删除一张表，可以使用如下语句：

```
drop table class
```

简化格式如下：

```
drop table 表名
```

查询操作是数据库操作中最为复杂的一种操作，也是数据库的核心功能，SQLite 提供了许多查询命名可以便捷地完成复杂的查询功能。

查询某个表中某个字段对应的值，可使用如下 SQL 语句：

```
select num from class
```

上面的语句可以简化为如下格式：

```
select 字段名,字段名… from 表名
```

如果需要查询所有数据，可以使用通配符"*"，示例如下：

```
select * from class
```

如果要对查询到的数据进行排序，可以使用如下语句：

```
select * from class order by count asc
```

上面的语句可以简化为如下格式：

```
select 字段名,字段名… from 表名 order by 要进行排序的字段 排序规则
```

排序方式支持 asc 与 desc。其中，asc 为升序排列，desc 为降序排列。

对于查询操作，SQLite 也支持对查询数据的位置及条数的显示，示例语句如下：

```
select * from class limit 2 offset 10
```

上面的语句表示查询所返回的最大数据数量为 2，从查询到的第 10 条数据之后开始返回。简化格式如下：

```
select 字段名,字段名… from 表名 limit 最大条数 offset 查询起始位置
```

如下语句可以实现对表中数据进行条件查询：

```
select * from class where num>2
```

上面的语句可以简化为如下格式：

```
select 字段名,字段名… from 表名 where 查询条件
```

下面的语句可以查询出某个表中某些字段共有多少条数据：

```
select count(*) from class
```

简化格式如下：

```
select count(字段名,字段名…) from 表名
```

在查询操作中，也支持去重查询，可使用如下语句：

```
select distinct num from class
```

简化格式如下：

```
select distinct 字段名 from 表名
```

17.5.2 可视化数据库管理工具 MesaSQLite 的简单应用

上一节向读者介绍了 SQLite 数据库的简单应用，为了便于观察效果，读者可以在电脑上安装一款可视化 SQLite 数据库管理工具。在 MacOS 系统上，MesaSQLite 是一款十分轻巧的 SQLite 数据库编辑软件，其中除了支持使用图形界面对数据库进行操作外，也可以运行 SQL 语句来操作数据库，这对初学者来说十分有益。MesaSQLite 软件的下载地址为：https://pan.baidu.com/s/1sjW6DC5。

安装完成 MesaSQLitc 软件后，打开软件，点击导航栏中的 File 选项，在弹出的菜单中可以选择新建一个 SQLite 数据库文件，也可以选择打开一个已经存在的数据库文件。这里选择 New DataBase，如图 17-11 所示。

将新建的数据库取名为 ClassDB，观察 MesaSQLite 数据库工具，可以发现其主要分为 5 个功能，分别是 Content、Views、SQL Query、Structure 与 Triggers，如图 17-12 所示。其中，SQL Query 功能模块的作用是通过 SQL 语句操作数据库。

图 17-11　使用 MesaSQLite 软件
新建一个数据库文件

图 17-12　MesaSQLite 工具的 5 个功能模块

读者可以通过 SQL Query 功能模块来对上一小节学习的 SQL 语句进行编写练习。在 SQL 语句编写区域写入 SQL 语句，之后点击 Run Query 按钮即可执行命令。建表操作示例如图 17-13 所示。

图 17-13　运行建表语句

MesaSQLite 软件的 Structure 功能模块是用来展示数据库结构的，里面有所有的表信息，开发者也可以在这个图形界面中进行建表和表字段的设计，如图 17-14 所示。

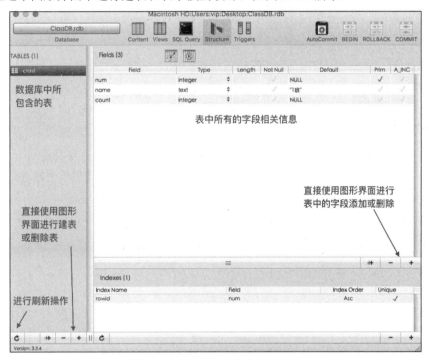

图 17-14　Structure 功能模块展示

使用 SQL 语句向 class 表中添加两条数据，之后可以在 MesaSQLite 工具的 Content 界面对表中数据进行查询操作，如图 17-15 所示。

图 17-15　Content 功能模块展示

MesaSQLite 工具可以帮助开发者十分直观地看到数据库中表的结构，并且支持 SQL 语句与图形化操作两种方式进行数据操作，对于学习 SQLite 数据库很有帮助。

17.5.3　libsqlite3 库简介

熟悉 Objective-C 的读者应该了解，在使用 Objective-C 语言进行 iOS 应用开发时，如果需要操作 SQLite 数据库，系统的 libsqlite3 库可以提供很好的支持。然而 libsqlite3 库是使用 C 语言编写的，且 Swift 语言中没有原生的模块可以支持对 SQLite 数据库进行操作。这就需要使用到 Xcode 开发工具的 Objective-C 与 Swift 混编功能，可以通过 Objective-C 来操作 SQLite 数据库，并且提供接口，在 Swift 文件中调用 Objective-C 的方法。

在 libsqlite3 库中，操作数据库是通过一个 sqlite3 类型的指针完成的。如下示例代码用于打开一个数据库文件：

```
//这个指针用来对数据库进行操作
sqlite3 *sqlite;
//下面的方法用于打开一个数据库文件
//其中第 1 个参数为数据库文件的路径，第 2 个参数为 sqlite3 指针的地址
sqlite3_open(dataBaePath, &sqlite)
```

sqlite3_open()方法用于打开一个数据库文件。需要注意的是，这个方法将返回一个 int 类型的整数值。在 libsqlite3 库中大多数对数据库操作的方法都会返回一个整型值作为状态码，其代表着此操作的执行结果，这些状态码的宏定义如下：

```
#define SQLITE_OK            0     //操作成功
/* 以下是错误代码 */
#define SQLITE_ERROR         1     /* SQL 数据库错误或者丢失*/
#define SQLITE_INTERNAL      2     /* SQL 内部逻辑错误 */
#define SQLITE_PERM          3     /* 没有访问权限 */
#define SQLITE_ABORT         4     /* 回调请求终止 */
#define SQLITE_BUSY          5     /* 数据库文件被锁定 */
#define SQLITE_LOCKED        6     /* 数据库中有表被锁定 */
#define SQLITE_NOMEM         7     /* 分配空间失败 */
#define SQLITE_READONLY      8     /* 企图向只读属性的数据库中做写操作 */
#define SQLITE_INTERRUPT     9     /* 通过 sqlite3_interrupt()方法终止操作*/
#define SQLITE_IOERR         10    /* 磁盘发生错误 */
#define SQLITE_CORRUPT       11    /* 数据库磁盘格式不正确 */
#define SQLITE_NOTFOUND      12    /* 调用位置操作码 */
#define SQLITE_FULL          13    /* 由于数据库已满造成的添加数据失败 */
#define SQLITE_CANTOPEN      14    /* 无法打开数据库文件 */
#define SQLITE_PROTOCOL      15    /* 数据库锁协议错误 */
#define SQLITE_EMPTY         16    /* 数据库为空 */
#define SQLITE_SCHEMA        17    /* 数据库模式更改 */
#define SQLITE_TOOBIG        18    /* 字符或者二进制数据超出长度 */
#define SQLITE_CONSTRAINT    19    /* 违反协议终止 */
#define SQLITE_MISMATCH      20    /* 数据类型不匹配 */
#define SQLITE_MISUSE        21    /* 库使用不当 */
#define SQLITE_NOLFS         22    /* 使用不支持的操作系统 */
#define SQLITE_AUTH          23    /* 授权拒绝 */
```

```
#define SQLITE_FORMAT        24    /* 辅助数据库格式错误 */
#define SQLITE_RANGE         25    /* sqlite3_bind 第二个参数超出范围 */
#define SQLITE_NOTADB        26    /* 打开不是数据库的文件 */
#define SQLITE_NOTICE        27    /* 来自sqlite3_log()的通知 */
#define SQLITE_WARNING       28    /* 来自sqlite3_log() 的警告*/
#define SQLITE_ROW           100   /* sqlite3_step() 方法准备好了一行数据 */
#define SQLITE_DONE          101   /* sqlite3_step() 已完成执行*/
```

提　示

宏定义是 C 语言中的一种语法，Swift 语言并不支持宏定义，读者可以将宏定义理解为简单的替换操作，例如：

#define SQLITE_OK　　　　0　　　//代表着在程序中的 SQLITE_OK 和数字 0 是等价的

使用 libsqlite3 库执行非查询类的语句，例如创建、添加、删除、更新等操作，使用如下方法：

```
//字符指针 用于接收错误信息
char * err;
//数据库操作指针
sqlite3 *sql;
//这个方法执行非查询类 SQL 语句，第 1 个参数为 sqlite3 指针，第 2 个参数为 SQL 语句字符串
sqlite3_exec(sql, sqlStr, NULL, NULL, &err);
```

对于查询语句的执行会比较复杂一些，示例代码如下：

```
//数据库操作指针
sqlite3 * sqlite;
//游标
sqlite3_stmt *stmt =nil;
//准备执行查询工作
int code = sqlite3_prepare_v2(sqlite, sqlStr, -1, &stmt, NULL);
//进行循环取值
while (sqlite3_step(stmt)==SQLITE_ROW) {
    //获取第一列文本数据
    char * cString =(char*)sqlite3_column_text(stmt, 0);
    //获取第二列整型数据
    int number = sqlite3_column_int64(stmt, 1)];
}
//关闭游标
sqlite3_finalize(stmt);
```

在上面的示例代码中，stmt 是一个数据位置游标指针，用于标记查询到的数据位置。sqlite3_step() 方法用于对 stmt 游标进行移动，这个操作会逐行进行移动，并且返回一个整型值，如果这个值与 SQLITE_ROW 宏相对应，则表明此行有数据，可以通过 while 循环来对数据进行读取。sqlite3_column_xxx()方法用于取出行中每一列的数据，根据数据类型的不同，sqlite3_column_xxx()有一系列对应的方法，其中第 1 个参数为游标，第 2 个参数为要获取数据所在的列数，以 0 开始计算。查询完成后，需要使用 sqlite3_finalize()方法来对 stmt 游标进行关闭。

17.5.4 在 iOS 工程中调用 libsqlite3 库操作数据库

首先使用 Xcode 开发工具创建一个命名为 SQLiteLibTest 的工程，在工程中引入 libsqlites 库，方法如图 17-16 所示。

图 17-16 向工程中引入 libsqlite3.0 库

由于需要借用 Objective-C 来对 libsqlite3.0 库进行操作，因此需要对工程配置一个桥接文件，用来支持 Swift 语言与 Objective-C 语言的混编。在工程中新建一个文件，将文件类型设为头文件，如图 17-17 所示，将其命名为 bridgeHeader。

图 17-17 在工程中创建一个头文件

在工程中配置桥接文件的方法如图 17-18 所示。

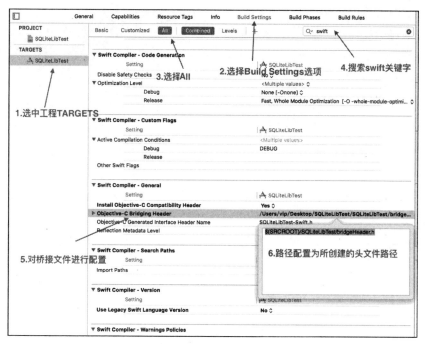

图 17-18　配置桥接文件过程

在工程中新创建一个类，用来操作 libsqlite3.0 库，将其语言选择为 Objective-C，并命名为 ObjectiveC_Hander，如图 17-19 所示。

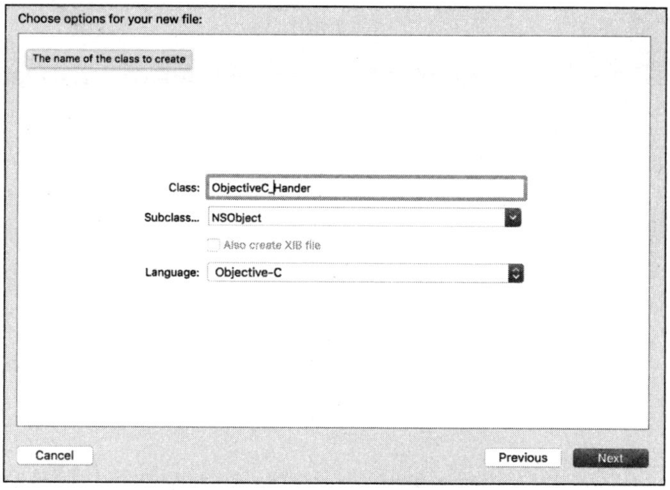

图 17-19　创建 Objective-C 类文件

在 ObjectiveC_Hander.h 文件中编写如下代码：

```
#import <Foundation/Foundation.h>
//引入头文件
#import <sqlite3.h>
@interface ObjectiveC_Hander : NSObject
//创建一个执行非查询语句的方法
+(void)runNormalSql:(NSString *)sqlString;
```

```
//创建一个查询数据的方法
+(void)selectSql;
@end
```

ObjectiveC_Hander.m 文件中所实现的代码如下：

```objectivec
#import "ObjectiveC_Hander.h"
@implementation ObjectiveC_Hander
+(void)runNormalSql:(NSString *)sqlString{
    sqlite3 * _sqlite3_db;
    NSString * path = NSSearchPathForDirectoriesInDomains(NSDocumentDirectory,
NSUserDomainMask, YES).firstObject;
    NSString * file = [NSString stringWithFormat:@"%@/myDB.sqlite",path];
    sqlite3_open([file UTF8String], &_sqlite3_db);
    char * err;
    int code = sqlite3_exec(_sqlite3_db, [sqlString UTF8String], NULL, NULL,
&err);
    if (code==SQLITE_OK) {
        NSLog(@"执行成功");
    }else{
        NSLog(@"执行失败");
    }
}
+(void)selectSql{
    sqlite3 * _sqlite3_db;
    NSString * path = NSSearchPathForDirectoriesInDomains(NSDocumentDirectory,
NSUserDomainMask, YES).firstObject;
    NSString * file = [NSString stringWithFormat:@"%@/myDB.sqlite",path];
    sqlite3_open([file UTF8String], &_sqlite3_db);
    sqlite3_stmt *stmt;
    sqlite3_prepare_v2(_sqlite3_db, [@"select * from Student" UTF8String], -1,
&stmt, NULL);
    while (sqlite3_step(stmt)==SQLITE_ROW) {
        NSString * name = [NSString stringWithCString:sqlite3_column_text(stmt,
0) encoding:NSUTF8StringEncoding];
        int age = sqlite3_column_int(stmt, 1);
        NSLog(@"name:%@,age:%d",name,age);
    }
}
@end
```

在桥接头文件 bridgeHander.h 中导入 ObjectiveC_Hander.h 头文件，代码如下：

```objectivec
#ifndef bridgeHeader_h
#define bridgeHeader_h
#import "ObjectiveC_Hander.h"
#endif /* bridgeHeader_h */
```

在 ViewController.swift 文件中的 viewDidLoad()方法中添加如下测试代码：

```swift
override func viewDidLoad() {
    super.viewDidLoad()
```

```
        //调用 Objective-C 文件中的类执行 SQL 语句
        ObjectiveC_Hander.runNormalSql("create table Student(name text PRIMARY
KEY,age integer DEFAULT 15)")
        ObjectiveC_Hander.runNormalSql("insert into Student(name,age)
values(\"珲少\",25)")
    }
```

运行工程后，找到创建的数据库文件，使用可视化工具 MesaSQLite 将其打开，可以看到其中所建的表和插入的数据，如图 17-20 所示。

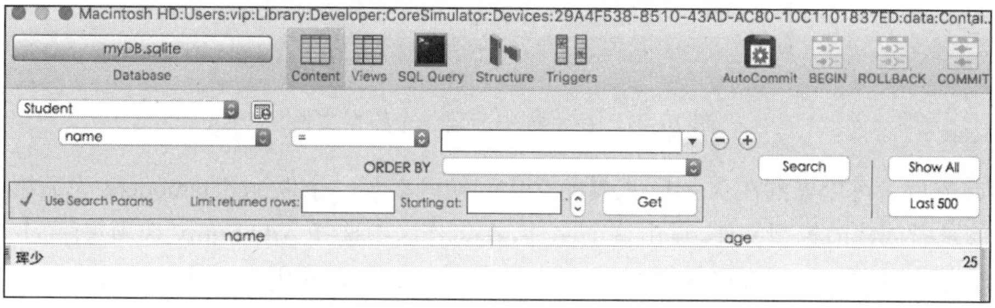

图 17-20 myDB.sqlite 数据库中的表和数据

提 示
读者可以通过在代码中打印其路径字符串得到模拟器的沙盒位置。

本书的重点并不在 Objective-C，因此本节只为读者做简单介绍。读者只需了解使用 Swift 语言调用 libsqlite3.0 库的方法及原理即可。

17.6 使用 CoreData 框架进行数据管理

CoreData 是 iOS 开发中一个专门进行数据管理的框架，其无论在性能还是书写便利上都有很大的优势。官方强烈推荐开发者使用 CoreData 框架来进行数据管理，声称使用 CoreData 框架可以减少开发者 50%以上的代码量。CoreData 框架的强大由此可见一斑。

17.6.1 使用 CoreData 框架进行数据模型设计

前面介绍了 SQLite 数据库的相关使用，对于常规的数据模型建表，SQLite 处理起来问题不大，但是如果数据模型间有复杂的交互，例如一个班级表中有班主任这个字段，而班主任又属于另一张教职工人员表，这时使用 SQLite 数据库操作就显得比较烦琐。并且，SQLite 的操作需要基于 SQL 语句，其无法直接与 Swift 语言中的类建立映射关系，这为实际开发带来了极大的不便。CoreData 框架的一大优势即为可以方便地建立数据关系和进行模型映射。

使用 Xcode 开发工具创建一个命名为 CoreDataTest 的工程，在工程中新建一个模型文件，如图 17-21 所示，并将其命名为 Class。

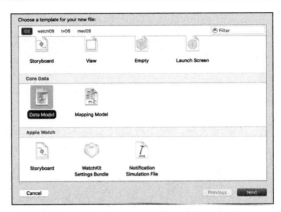

图 17-21　在工程中新建一个模型文件

创建完成后，可以看到在 Xcode 工具的文件导航区多了一个以 xcdatamodeld 为后缀的文件，这个文件就是所创建的模型文件。点击这个文件，在工作区中选择 Add Entity 选项来添加一个实体。读者可以将这里的实体简单理解为 SQLite 数据库中的一张表，其用来描述一种数据类型信息。在实体的 Attributes 设置栏中可以为实体添加属性，这里添加的属性类似于 SQLite 数据库中的表字段。将新建的实体改名为 SchoolClass，并为其添加 studentCount 与 name 两个属性，如图 17-22 所示。

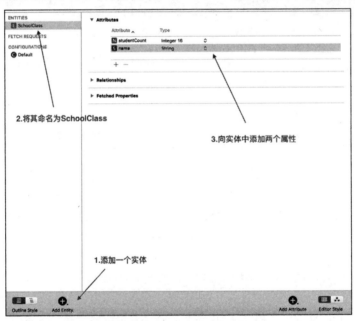

图 17-22　添加并设置实体的过程

以同样的方式创建一个命名为 Student 的学生实体，为其添加 name 和 age 属性，表示学生的姓名和年龄。

学生实体和班级实体间往往会产生关系，例如每个班级都需要选举一个学生作为班长，这时开发者可以为 SchoolClass 实体添加一个关系，将其关系描述设置为学生实体，如图 17-23 所示。

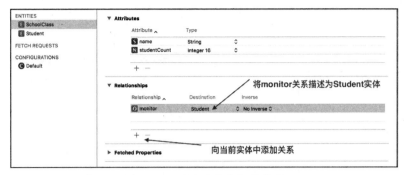

图 17-23　建立实体之间的关系

如果切换 Xcode 开发工具的视图模式，可以明显看出实体之间的关联关系，如图 17-24 所示。

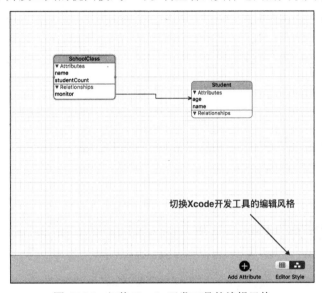

图 17-24　切换 Xcode 开发工具的编辑风格

17.6.2　使用 CoreData 进行数据的添加与查询操作

在 CoreDataTest 工程中，创建了两个实体——班级 SchoolClass 实体与学生 Student 实体，并建立了实体间简单的关系。Xcode 开发工具提供了便捷的实体类化功能（将实体转换为类并以文件形式生成），选中 Class.xcdatamodeld 文件，点击 Xcode 开发工具导航栏上的 Editor 选项，点击 Create NSManagedObject Subclass 选项来进行实体的类化，如图 17-25 所示。

在弹出的窗口中，将 SchoolClass 实体与 Student 实体都勾选上，如图 17-26 所示。

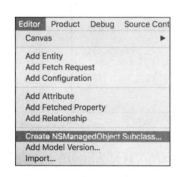

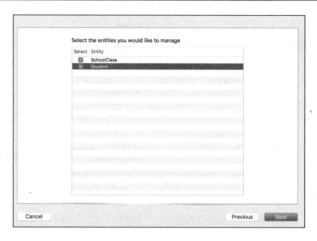

图 17-25　对模型文件实体进行类化　　　　　图 17-26　勾选需要进行类化的实体

完成了上述操作后，工程中将自动创建 4 个 Swift 文件，其中两个文件为类的定义文件，另外两个文件为对应类的扩展，在扩展中进行了属性的定义。

首先在 ViewController.swift 文件中引入如下模块：

```
import CoreData
```

在 viewDidLoad()方法中添加如下测试代码来进行数据添加：

```
override func viewDidLoad() {
    super.viewDidLoad()
    //获取数据模型文件地址
    let modelUrl = Bundle.main.url(forResource: "Class", withExtension:
"momd")
    //创建数据模型管理实例
    let modelManager = NSManagedObjectModel(contentsOf: modelUrl!)
    //创建存储管理实例
    let store = NSPersistentStoreCoordinator(managedObjectModel:
modelManager!)
    //设置存储路径
    let path = URL(fileURLWithPath: NSSearchPathForDirectoriesInDomains
(.documentDirectory, .userDomainMask, true).first! + "/SchoolSQL.sqlite")
    print(path)
    //设置存储方式为 SQLite 数据库
    try! store.addPersistentStore(ofType: NSSQLiteStoreType,
configurationName: nil, at: path, options: nil)
    //创建数据操作上下文实例
    let context = NSManagedObjectContext(concurrencyType:
.mainQueueConcurrencyType)
    //进行存储环境的关联
    context.persistentStoreCoordinator = store
    //创建班级数据
    let schoolClass:SchoolClass = NSEntityDescription.insertNewObject
(forEntityName: "SchoolClass", into: context) as! SchoolClass
    schoolClass.name = "三年二班"
    schoolClass.studentCount = 60
```

```
        //创建学生数据
        let student:Student = NSEntityDescription.insertNewObject
(forEntityName: "Student", into: context) as! Student
        student.name = "Jaki"
        student.age = 24
        schoolClass.monitor = student
        //进行存储
        if ((try? context.save()) != nil) {
            print("新增数据成功")
        }
    }
```

上面测试代码中使用的 4 个类都十分重要，分别为 NSManagedObjectModel 类、NSPersistentStoreCoordinator 类、NSManagedObjectContext 类与 NSEntityDescription 类。其中，NSManagedObjectModel 类是数据模型管理类，通过 .xcdatamodeld 来进行创建；NSPersistent-StoreCoordinator 类是数据库与数据模型之间的链接类，其作用是将数据模型创建的数据映射为数据库中的数据；NSManagedObjectContext 是核心的数据管理类，开发者通过它来直接进行数据的相关操作；NSEntityDescription 类用于将实体类进行实例化。运行工程，进入模拟器沙盒，可以看到系统创建了许多 SQLite 表，并且直接完成了其数据模型的映射关系。

对于数据的查询操作，开发者需要借助 NSFetchRequest 类来完成，这个类可以创建一个查询请求，示例代码如下：

```
        //创建查询请求
        let request = NSFetchRequest<SchoolClass>(entityName: "SchoolClass")
        //设置查询条件
        request.predicate = NSPredicate(format: "studentCount==60")
        //进行查询操作
        let result:NSAsynchronousFetchResult<SchoolClass> = try!
context.execute(request) as! NSAsynchronousFetchResult<SchoolClass>
        //将查询到的班级名称进行打印
        print(result.finalResult?.first?.name)
```

无论是插入数据还是查询数据，都是通过 NSManagedObjectContext 实例来完成的。这个类还提供了许多类似更新数据、删除数据的方法，本书中不再做列举，有兴趣的读者可以继续深入学习。

17.7　使用 CoreData 框架进行数据管理

（1）简述在 iOS 开发中进行网络请求的方法。

回答要点提示：

① iOS 原生提供了 NSURLSession 来支持进行网络请求。

② 在进行网络请求中，最常用的请求方法有两种，分别为 GET 与 POST。

③ GET 方法通常用来从服务端获取数据，参数会拼接在 URL 中。

④ POST 方法通常用来向服务端发送数据，被发送的数据会放入请求体中。

⑤ 一般从服务端请求到的数据为 JSON 格式的数据，Swift 原生提供了函数来将 JSON 数据解析成字典或数据。

核心理解内容：

能够使用 NSURLSession 来从服务端获取数据、解析 JSON 数据、理解 HTTP 请求的基本内容。

（2）在 iOS 开发中，有哪些数据持久化技术？

回答要点提示：

① 常用的数据持久化方法有 UserDefaults、归档存文件和数据库。

② UserDefaults 是最方便的数据持久化方法，其原理是将键值对存成 Plist 文件。缺点在于其只支持原生数据类型的存储。

③ 归档实际上是一种数据序列化的方法，在开发中，归档常常需要和写文件操作结合使用来进行数据持久化。

④ 数据库是一种更加强大的数据持久化技术，Swift 原生可以使用 CoreData 进行存数据库操作，也可以与 Objective-C 混编来自己编写基于 sqlite3 的数据库操作类。

核心理解内容：

能够使用数据持久化技术对数据进行存储，理解每种持久化方法的适用点，能够使用简单的 SQL 语句操作 SQL 类数据库。

第3部分 项目实战

　　学习编程技术，实战练习是不可缺少的环节。在进行了前面两部分内容的学习后，读者实际上已经掌握了开发一款 iOS 应用程序的全部技能，若想要灵活地运用这些技能开发出一款完整的应用项目，还需要不断地练习与探索，并从中总结经验。

　　本书的第 3 部分为读者安排 3 个实战项目，分别为简易计算器项目、生活记事本项目和游戏《中国象棋》项目，并手把手地为读者演示这 3 个项目开发过程中的详细思路。这 3 个项目由浅入深，帮助读者在实战中灵活使用自己所学习到的知识。

　　在进行实战项目的学习过程中，建议读者根据书中的演示代码或者附带的源码文件进行完整的练习，只有在不断的编写代码的过程中，读者才能得到真正的提高。

第**18**章

实战一：简易计算器

耳闻之不如目见之，目见之不如足践之。

——刘向

本章将带领读者进入 Swift 编程语言学习的实战部分。所谓"实践出真知"，因此要完全掌握一种编程技能，实战是必修课。

本章将以一款简易的计算器为示例，将界面逻辑设计与界面开发结合，为读者讲解一个完整项目的开发思路与过程。在逐渐熟悉与理解项目的开发思路后，加以练习，循序渐进，你终会成为一名合格的软件开发者。

通过本章，你将学习到：

- 使用 Autolayout 对横竖屏进行适配。
- 封装计算方法类。
- 独立视图控件的封装。
- 视图控件间的交互与传值。
- 开发第一款属于自己的完整 iOS 应用。

18.1 计算器按键与操作面板的封装

在开发一款完整的应用程序时，要始终遵循面向对象与封装的思路。对于计算器软件，可以将其拆分为界面与功能逻辑两部分。在界面开发中，又可以将界面分为显示板与操作板两部分。显示板是用来显示用户输入和计算结果的；操作面板排布着各种数字按钮和运算符号，主要用于接收用户的输入操作。本节首先来做操作面板界面的开发。

观察生活中常用的计算器操作面板，可以看到它由一系列的功能按钮组成，因此在编写操作面板之前，可以先来封装这些功能按钮。

使用 Xcode 开发工具创建一个项目，并将其命名为 Calculator，本项目采用 Autolayout 技术来进行界面布局，因此需要在项目中引入 SnapKit 第三方框架。

在工程中新建一个类文件，使其继承自 UIButton 类，并命名为 FuncButton。需要对其提供一个构造方法来设置按钮字体、颜色和风格，代码如下：

```
class FuncButton: UIButton {

    init() {
        //要使用自动布局 这里的 frame 设置为(0,0,0,0)
        super.init(frame: CGRect.zero)
        //为按钮添加边框
        self.layer.borderWidth = 0.5;
        self.layer.borderColor = UIColor(red: 219/255.0, green: 219/255.0, blue:
219/255.0, alpha: 1).cgColor
        //设置字体与字体颜色
        self.setTitleColor(UIColor.orange, for: UIControlState.normal)
        self.titleLabel?.font = UIFont.systemFont(ofSize: 25)
        self.setTitleColor(UIColor.black, for: UIControlState.highlighted)
    }
    required init?(coder aDecoder: NSCoder) {
        fatalError("init(coder:) has not been implemented")
    }
}
```

在工程中创建一个继承自 UIView 的类，将其用作计算器的操作面板，并命名为 Board。在其中引入 SnapKit 框架：

```
import SnapKit
```

首先在这个类中提供一个数组属性，用于存放操作面板上所有功能按钮的标题，数组如下：

```
var dataArray = ["0",".","%","="
               ,"1","2","3","+"
               ,"4","5","6","-"
               ,"7","8","9","*"
               ,"AC","Delete","^","/"
               ]
```

重写父类的构造方法，在其中进行界面的加载操作：

```
override init(frame: CGRect) {
    super.init(frame: frame)
    installUI()
}
```

installUI()方法是开发者自定义的一个方法，用来对界面进行布局，实现如下：

```
func installUI(){
    //创建一个变量，用于保存当前布局按钮的上一个按钮
    var frontBtn:FuncButton!
```

```swift
        //进行功能按钮的循环创建
    for index in 0..<20{
            //创建一个功能按钮
        let btn = FuncButton()
            //在进行自动布局前，必须将其添加到父视图上
        self.addSubview(btn)
         //使用 SnapKit 进行约束添加
        btn.snp.makeConstraints({ (maker) in
            //当按钮为每一行的第一个时，将其靠父视图左侧摆放
            if index%4 == 0 {
                maker.left.equalTo(0)
            }

                //否则将按钮的左边靠其上一个按钮的右侧进行摆放
                else{
                maker.left.equalTo(frontBtn.snp.right)
            }
            //当按钮为第一行时，将其靠父视图底部摆放
            if index/4 == 0 {
                maker.bottom.equalTo(0)
            //当按钮不在第一行且为每行的第一个时，将其底部与上一个按钮的顶部对齐
            }else if index%4 == 0 {
                maker.bottom.equalTo(frontBtn.snp.top)
            //否则将其底部与上一个按钮底部对齐
            }else{
                maker.bottom.equalTo(frontBtn.snp.bottom)
            }
            //约束宽度为父视图宽度的 0.25 倍
            maker.width.equalTo(btn.superview!.snp.width).
multipliedBy(0.25)
            //约束高度为父视图高度的 0.2 倍
            maker.height.equalTo(btn.superview!.snp.height).
multipliedBy(0.2)
        })
            //设置一个标记 tag 值
        btn.tag = index+100
        //添加点击事件
        btn.addTarget(self, action: #selector(btnClick(button:)),
for: .touchUpInside)
        //设置标题
        btn.setTitle(dataArray[index], for: UIControlState.normal)
        //对上一个按钮进行更新保存
        frontBtn = btn

    }
  }
```

上面代码中的布局方法采用了一个比较巧妙的设计思路，将按钮的排版定位为 5 行 4 列，布局的顺序为从下向上、从左向右依次布局。最底部的一行和最左侧的一列与父视图边界对齐，其余位置的功能按钮则参照其上一个按钮的位置进行约束布局。btnClick(button:)方法是用户点击按钮后的触发方法，读者可以实现它，在其中打印按钮的tag值以测试布局是否正确，后面会继续处理其交互功能。

```
func btnClick(button:FuncButton) {
    print(button.title(for: .normal))
}
```

运行工程，竖屏横屏下的界面效果如图 18-1 与图 18-2 所示。

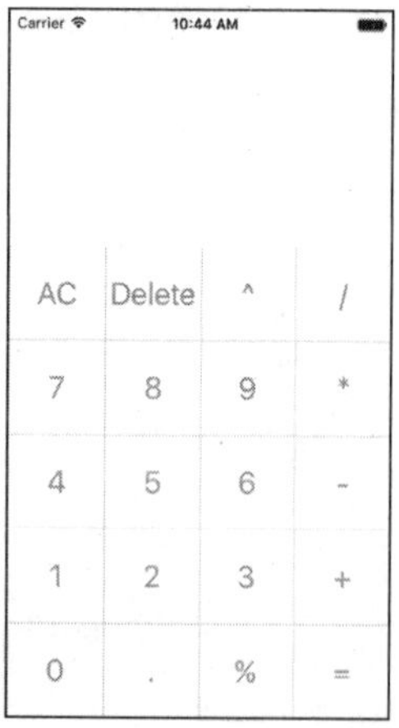

图 18-1 竖屏模式下的计算器面板界面

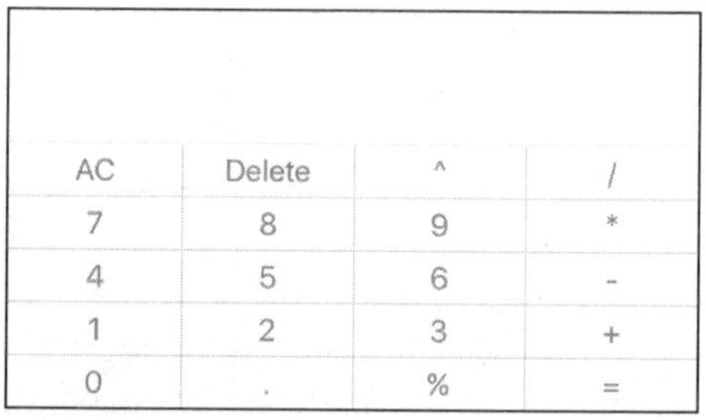

图 18-2 横屏模式下的计算器面板界面

提 示

init?(coder:)构造方法是 UIView 子类必须实现的一个必要构造方法，因此如果开发者对自定义的视图控件覆写了构造方法，那么必须实现这个构造方法，如果不使用此构造方法，开发者可以直接按如下方式编写：

```
required init?(coder aDecoder: NSCoder) {
    fatalError("init(coder:) has not been implemented")
}
```

18.2 计算器显示板输入显示的逻辑开发

18.1 节读者完成了计算器操作面板的界面开发，本节继续完成计算器应用界面部分的相关开发。用户在操作面板上进行输入操作，输入的内容我们希望显示在计算器的显示屏上，同时显示屏还兼有显示计算结果的功能。

首先在 Calculator 工程中创建一个新的类文件，使其继承于 UIView，并将其命名为 Screen，作为计算器的显示屏控件。显示屏应该分为两部分，一部分用于显示计算结果，另一部分用于显示用户输入的计算过程，这里可以使用两个 UILabel 控件来处理。

  Screen 类除了用于显示相关计算信息外，还应该兼具一定的检查功能。举个例子，用户的输入可能是无规律的，某个用户很有可能在"+"运算符后面再次输入"-"运算符，这样会出现不符合规则的算术表达式。因此，开发者需要对用户的输入进行一定的控制。比如算术表达式的开头不能是运算符，运算符后面不能再次输入运算符等。

  实现 Screen 类如下：

```swift
class Screen: UIView {
    //用于显示用户输入信息
    var inputLabel:UILabel?
    //用于显示历史记录信息
    var historyLabel:UILabel?
    //用户输入表达式或者计算结果字符串
    var inputString = ""
    //历史表达式字符串
    var historyString = ""
    //所有数字字符，用于进行检测匹配
    let figureArray:Array<Character> = ["0","1","2","3","4","5","6","7",
"8","9","."]
    //所有运算功能字符，用于进行检测匹配
    let funcArray = ["+","-","*","/","%","^"]
    //默认的构造方法
    init() {
        inputLabel = UILabel()
        historyLabel = UILabel()
        super.init(frame: CGRect.zero)
        installUI()

    }
    //进行界面的设计
    func installUI() {
        //设置文字的对齐方式为右对齐
        inputLabel?.textAlignment = .right
        historyLabel?.textAlignment = .right
        //设置字体
        inputLabel?.font = UIFont.systemFont(ofSize: 34)
        historyLabel?.font = UIFont.systemFont(ofSize: 30)
        //设置文字颜色
        inputLabel?.textColor = UIColor.orange
        historyLabel?.textColor = UIColor.black
        //设置文字大小可以根据字数进行适配
        inputLabel?.adjustsFontSizeToFitWidth = true
        inputLabel?.minimumScaleFactor=0.5
        historyLabel?.adjustsFontSizeToFitWidth = true
        historyLabel?.minimumScaleFactor=0.5
        //设置文字的截断方式
        inputLabel?.lineBreakMode = .byTruncatingHead
        historyLabel?.lineBreakMode = .byTruncatingHead
        //设置文字的行数
```

```
            inputLabel?.numberOfLines = 0
            historyLabel?.numberOfLines = 0

            self.addSubview(inputLabel!)
            self.addSubview(historyLabel!)
            //进行自动布局
            inputLabel?.snp.makeConstraints({ (maker) in
                maker.left.equalTo(10)
                maker.right.equalTo(-10)
                maker.bottom.equalTo(-10)
                maker.height.equalTo(inputLabel!.superview!.snp.height).
multipliedBy(0.5).offset(-10)
            })
            historyLabel?.snp.makeConstraints({ (maker) in
                maker.left.equalTo(10)
                maker.right.equalTo(-10)
                maker.top.equalTo(10)
                maker.height.equalTo(inputLabel!.superview!.snp.height).
multipliedBy(0.5).offset(-10)
            })
        }
        //提供一个输入信息的接口
        func inputContent(content:String){
            //如果不是数字也不是运算符就不处理
            if !figureArray.contains(content.characters.last!) && !funcArray.
contains(content) {
                return;
            }
            //如果不是首次输入字符
            if inputString.characters.count>0 {
                //数字后面可以任意输入
                if figureArray.contains(inputString.characters.last!) {
                    inputString.append(content)
                    inputLabel?.text = inputString
                }else{
                    //运算符后面只能输入数字
                    if figureArray.contains(content.characters.last!) {
                        inputString.append(content)
                        inputLabel?.text = inputString
                    }
                }
            }else{
                //只有数字可以作为首个字符
                if figureArray.contains(content.characters.last!){
                    inputString.append(content)
                    inputLabel?.text = inputString
                }
            }
        }
        //提供一个刷新历史记录的方法
```

```
func refreshHistory() {
    historyString = inputString
    historyLabel?.text = historyString
}
//实现必要的构造方法
required init?(coder aDecoder: NSCoder) {
    fatalError("init(coder:) has not been implemented")
}

}
```

Board 类可以接收用户的输入，Screen 类需要获取用户的输入，它们之间的关联与交互是需要通过 ViewController 类来完成的。因此需要将 Board 类略做修改，将其获取到的数据向外传递，使用代理设计模式可以很方便地完成这个功能。

在 Board.swift 文件中添加如下协议：

```
protocol BoardButtonInputDelegate {
    func boardButtonClick(content:String)
}
```

在 Board 类中添加一个代理属性如下：

```
var delegate:BoardButtonInputDelegate?
```

修改 Board 类中按钮的点击事件方法如下：

```
func btnClick(button:FuncButton) {
    if delegate != nil {
        //通过协议方法将值传递出去
        delegate?.boardButtonClick(content: button.currentTitle!)
                                            //这样获取 title 更为方便
    }
}
```

ViewController 类也需要将 Board 类实例和 Screen 类实例作为 ViewController 类的属性，方便 ViewController 类内部的各个函数之间相互调用：

```
let board = Board()
let screen = Screen()
```

在 installUI()方法中添加创建计算器操作板、显示屏对象的代码：

```
func installUI() {
    self.view.addSubview(board)
    //设置代理
    board.delegate = self
    board.snp.makeConstraints { (maker) in
        maker.left.equalTo(0)
        maker.right.equalTo(0)
        maker.bottom.equalTo(0)
        maker.height.equalTo(board.superview!.snp.height).
multipliedBy(2/3.0)
    }
```

```
        self.view.addSubview(screen)
        screen.snp.makeConstraints { (maker) in
            maker.left.equalTo(0)
            maker.right.equalTo(0)
            maker.top.equalTo(0)
            maker.bottom.equalTo(board.snp.top)
        }
    }
```

上面的代码也为 Board 实例设置了代理，因此需要使 ViewController 类遵守 BoardButtonInputDelegate 协议：

```
class ViewController: UIViewController,BoardButtonInputDelegate
```

最后，实现协议方法：

```
func boardButtonClick(content: String) {
    //如果是这些功能按钮，则进行功能逻辑处理
    if content == "AC" || content == "Delete" || content == "=" {
        //进行功能逻辑处理
        screen.refreshHistory()
    }else{
        screen.inputContent(content: content)
    }
}
```

运行工程，效果如图 18-3 与图 18-4 所示。

图 18-3　竖屏模式下的计算器界面 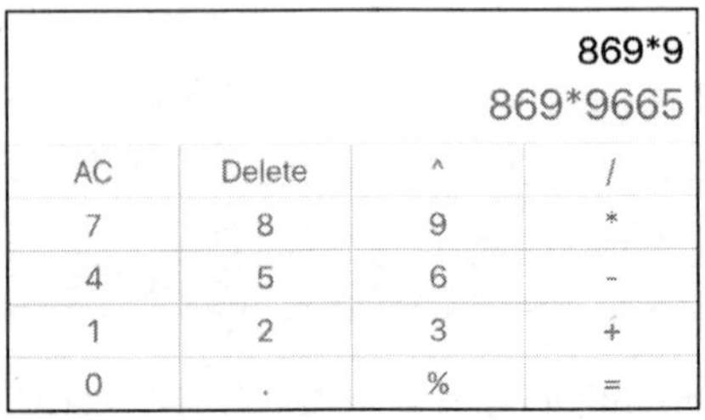　　　　　图 18-4　横屏模式下的计算器界面

到此，简易计算器项目的界面部分已经基本开发完成，后面会与读者一起进行逻辑处理类的封装。将逻辑与界面分离和提供接口的编程方式是面向对象开发的关键，读者在练习时要深入体会。

18.3　计算器计算逻辑的设计

首先，读者需要将 Screen 类再做一些完善。例如，当用户点击清空按钮时，输入的计算表达就应该被清空。当用户点击回退按钮时，上一次输入的字符就应该被清空。在 Screen 类中添加如下方法：

```
//清空显示屏中当前输入的信息
func clearContent() {
    inputString = ""
}
//删除显示屏中上次输入的字符
func deleteInput() {
    if inputString.characters.count>0 {
        inputString.remove(at: inputString.index(before:
inputString.endIndex))
        inputLabel?.text = inputString
    }
}
```

对于计算功能的实现，可以采取这样的思路：用户输入的本是一串表达式字符串，我们可以通过一个解析方法将字符串中的运算符和操作数分离开来，然后自左向右依次进行计算。需要注意，实际的数学运算会有运算优先级的控制，本项目作为简易计算器的演示，不再做复杂的优先级逻辑控制，计算方式一律采用从左向右依次计算的方式，有兴趣的读者可以自行实现优先级功能。

在项目中新建一个类文件，使其继承于 NSObject 类，并命名为 CalculatorEngine。将其作为计算引擎工具类，实现如下：

```
class CalculatorEngine: NSObject {
    //运算符集合
    let funcArray:CharacterSet = ["+","-","*","/","^","%"]
    func calculatEquation(equation:String)->Double {
        //以运算符进行分割，获取到所有数字
        let elementArray = equation.components(separatedBy: funcArray)
        //设置一个运算标记游标
        var tip = 0
        //运算结果
        var result:Double = Double(elementArray[0])!
        //遍历计算表达式
        for char in equation.characters {
            switch char {
            //进行加法运算
            case "+":
                tip += 1
                if elementArray.count>tip {
                    result+=Double(elementArray[tip])!
                }
```

```
        //进行减法运算
        case "-":
          tip += 1
          if elementArray.count>tip {
           result-=Double(elementArray[tip])!
           }
        //进行乘法运算
        case "*":
          tip += 1
          if elementArray.count>tip {
           result*=Double(elementArray[tip])!
           }
        //进行除法运算
        case "/":
          tip += 1
          if elementArray.count>tip {
            result/=Double(elementArray[tip])!
           }
        //进行取余运算
        case "%":
          tip += 1
          if elementArray.count>tip {
            result = Double(Int(result)%Int(elementArray[tip])!)
           }
        //进行指数运算
        case "^":
          tip += 1
          if elementArray.count>tip {
            let tmp = result
            for _ in 1..<Int(elementArray[tip])! {
               result*=tmp
            }


           }
        default:
          break
        }
    }
    return result
  }
}
```

在 ViewController 类中添加两个属性（一个计算引擎实例、一个刷新输入标识），代码如下：

```
  //计算引擎实例
  let calculator = CalculatorEngine()
  //这个输入是否需要刷新显示屏
  var isNew = false
```

　　isNew 属性的主要作用是标记本次输入是否需要将显示屏已有的内容清除。当用户完成一次计算后，计算结果会显示在显示屏上。此时如果用户继续输入，则进行下一轮的计算，显示屏的上次计算结果应该被清空。

修改 ViewController 类中实现的协议方法 boardButtonClick()如下：

```
func boardButtonClick(content: String) {
    if content == "AC" || content == "Delete" || content == "=" {
        //进行功能逻辑
        switch content {
        case "AC":
            screen.clearContent()
            screen.refreshHistory()
        case "Delete":
            screen.deleteInput()
        case "=":
            let result = calculator.calculatEquation(equation:
screen.inputString)
            //先刷新历史
            screen.refreshHistory()
            //清除输入的内容
            screen.clearContent()
            //将结果输入
            screen.inputContent(content: String(result))
            isNew = true
        default:
            screen.refreshHistory()
        }

    }else{
        if isNew {
            screen.clearContent()
            isNew = false
        }
        screen.inputContent(content: content)
    }
}
```

运行工程，测试计算器的工作是否正常，例如进行如下运算：

```
((7-2+5)/2×3%10)^2
```

运算结果如图 18-5 所示。

图 18-5 测试计算器的运算功能

18.4 为应用添加图标与启动页

一款应用程序只完成功能开发还不算完整，上线运营的应用程序都需要有一个图标和启动页。图标会出现在 iOS 设备的桌面上，而启动页在用户打开应用程序时会作为启动闪屏。

打开 Calculator 工程，选中工程中的 Assets.xcassets 文件夹，其中会自动生成一个 AppIcon 目录，如果没有生成，读者也可以手动创建这个目录，如图 18-6 所示。

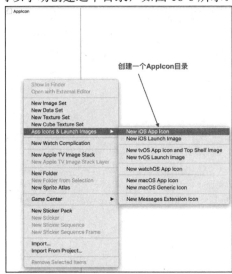

图 18-6 创建 AppIcon 目录

AppIcon 目录中陈列了各种尺寸的图标坑位，读者只需要将相应尺寸的图标拖入相应的坑位即可。如图 18-7 所示，再次运行项目，就可以看到在模拟器桌面上该应用程序的图标已经被替换为设置的图片。

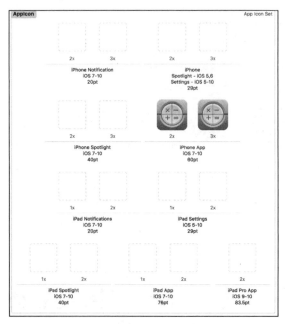

图 18-7 设置各种尺寸的图标素材

Xcode 也会自动为开发者创建一个 LaunchScreen.storyboard 文件，这个文件和普通的 storyboard 功能一致，只不过它是用来作为启动页面展示的，在应用程序启动加载时会有短暂的闪屏效果，读者可以在其中做任意修改来自定义具有个性化的启动页面。

第 **19** 章

实战二：点滴生活记事本

理论所不能解决的疑难问题，实践将为你解决。

——路备维希·安德列斯·费尔巴哈

本章将以一款记事本软件为例向读者讲解关于多界面商业应用的开发流程，并更加深入地在项目实战开发中应用数据库技术。本章也会向读者介绍更多 UI 控件的封装与交互技巧。

通过本章，你将学习到：

- 封装灵活可复用的九宫格控件。
- 熟练操作数据库技术。
- 将增、删、改同步到数据库。
- 多界面应用程序界面之间传值与交互技巧。

19.1 项目工程的搭建

在项目开始之前，开发者应该先明确项目的需求，熟悉项目的交互方式与逻辑功能，才能够正确地选择适合项目的框架。一般情况下，产品经理会将完整的项目需求文档与产品原型图交给开发者，开发者需要结合 UI 设计的界面效果图来选择技术方案以完成项目的开发。对于点滴生活记事本项目，它应该具备如下几项功能：

（1）记录可以被分组，首页将显示所有分组，例如生活记事、工作记事等。

（2）灵活地创建与删除分组。

（3）当用户选择某一个分组时，会进入该分组的记事列表，列表中的记录应该按时间先后进行排序。

（4）可以灵活地新建、修改与删除记事。

（5）持久化保存用户的所有记事以及分组信息。

分析上述 5 条需求可知，点滴生活记事本项目至少应该有 3 个界面，分别为分组界面、记事列表界面和记事详情界面。这种多界面且具有层级关系结构的应用采用导航控制器作为项目的主体结构最为合适不过了。

使用 Xcode 开发工具创建一个工程，并将其命名为 NoteBook。此项目依然采用 SnapKit 框架进行自动布局，因此我们使用 CocoaPods 将 SnapKit 框架加入工程或者直接将下载好的 SnapKit 源码拖进工程目录。

需要注意，系统默认生成的工程模板是以 UIViewController 作为应用程序入口的，需要修改为以 UINavigationController 为应用程序入口。点击 Main.storyboard 文件，将其中的视图控制器删除，拖入一个 NavigationController，勾选 Is Initial View Controller 选项，将其作为应用程序的入口，如图 19-1 所示。

在 Main.storyboard 中拉入的 NavigationController 控件中自带一个 TableViewController（根视图控制器），将其删除，拖入一个 ViewController，并将其设置为 NavigationController 的 根 视 图 控 制 器 。 选 中 NavigationController，并按住 Ctrl 键不放，将鼠标拖动至 ViewController 上，在弹出的菜单中选择 root view controller，如图 19-2 所示。

完成上述操作后，还需要将此视图控制器与 ViewController 类进行关联，选中此视图控制器，将其 Custom Class 选项中的 Class 设置为 ViewController，如图 19-3 所示。

图 19-1　将 NavigationController 设置为入口

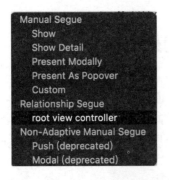

图 19-2　设置导航控制器的根视图控制器

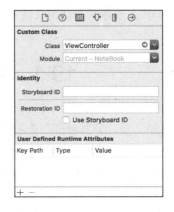

图 19-3　将 Storyboard 中的视图控制器关联到类

完成了项目的基本结构搭建后，可以对导航栏进行一些自定义配置。在 Main.storyboard 中选择 Navigation Bar，如图 19-4 所示。在右侧的设置栏中将导航栏的颜色设置为橙色，将导航栏上标题的文字颜色设置为白色，如图 19-5 所示。

选中 Navigation Item 控件，将导航按钮的颜色风格也设置为白色，如图 19-6 所示。

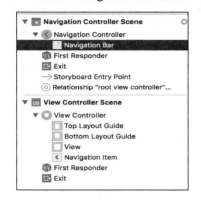  

图 19-4　选择Navigation Bar导航栏　图 19-5　设置导航栏背景与标题颜色　图 19-6　设置导航功能按钮的颜色

之后在项目的 Info.plist 文件中增加一个键 View controller-based status bar appearance，且值为
NO，如此设置可以将状态栏设置为不透明，如图 19-7 所示。

图 19-7　将状态栏设置为不透明

在工程配置文件中将状态栏风格改为 Light，如图 19-8 所示。

图 19-8　将状态栏风格设置为 Light

来到 ViewController 类，在 viewDidLoad()方法中设置导航标题，如下所示：

```
override func viewDidLoad() {
    super.viewDidLoad()
    self.title = "点滴生活"
}
```

运行工程，效果如图 19-9 所示。

图 19-9　搭建的项目工程框架

19.2　主页记事分组视图的开发

记事分组视图采用九宫格的排布方式布局。需要注意，当用户添加的分组数很多时，分组界面会超出屏幕，此时应该支持滚动浏览。因此，UIScrollView 是开发此功能控件的不二之选。

首先在 Xcode 工程中创建一个新的类文件，使其继承自 UIScrollView，并命名为 HomeView。

因为生活点滴记事本项目无须支持横屏，所以这里可以采用绝对布局的方式进行九宫格的排布。实现 HomeView 类如下：

```
import UIKit
class HomeView: UIScrollView {
    //定义列间距
    let interitemSpacing = 15
    //定义行间距
    let lineSpacing = 25
    //用于存放所有分组标题的数据
    var dataArray:Array<String>?
    //用于存放所有分组按钮的数组
    var itemArray:Array<UIButton> = Array<UIButton>()
    //提供一个更新布局的方法
    func updateLayout(){
        //根据视图尺寸计算每个按钮的宽度
        let itemWidth = (self.frame.size.width-CGFloat(4*interitemSpacing))/3
        //计算每个按钮的高度
        let itemHeight = itemWidth/3*4
        //先将界面上已有的按钮移除
        itemArray.forEach({ (element) in
            element.removeFromSuperview()
        })
        //移除数组所有元素
        itemArray.removeAll()
        //进行布局
        if dataArray != nil && dataArray!.count>0{
            //遍历数据
            for index in 0..<dataArray!.count {
                let btn = UIButton(type: .system)
                btn.setTitle(dataArray![index], for: .normal)
                //计算按钮位置
                btn.frame = CGRect(x: CGFloat(interitemSpacing)+CGFloat
(index%3)*(itemWidth+CGFloat(interitemSpacing)), y: CGFloat(lineSpacing)
+CGFloat(index/3) * (itemHeight+CGFloat(lineSpacing)), width: itemWidth, height:
itemHeight)
                btn.backgroundColor = UIColor(red: 1, green: 242/255.0, blue:
216/255.0, alpha: 1)
                //设置按钮圆角
                btn.layer.masksToBounds = true
                btn.layer.cornerRadius = 15
                btn.setTitleColor(UIColor.gray, for: .normal)
                btn.tag = index
                btn.addTarget(self, action: #selector(btnClick),
for: .touchUpInside)
                self.addSubview(btn)
                //将按钮实例添加到数组中
                itemArray.append(btn)
            }
            //设置滚动视图内容尺寸
```

```
        self.contentSize = CGSize(width: 0, height: itemArray.last!.frame.
origin.y+itemArray.last!.frame.size.height+CGFloat(lineSpacing))
        }

    }
    //按钮的触发方法
    func btnClick(btn:UIButton) {
        print(dataArray![btn.tag])
    }
}
```

在上面的示例代码中，先用按钮的交互方法 btnClick()实现按钮标题的打印测试。后面在进行界面交互与传值时会用到这个方法，届时再来补充。

在 ViewController 类中增加一个 HomeView 类型的属性：

```
var homeView:HomeView?
```

修改 viewDidLoad()方法如下：

```
override func viewDidLoad() {
    super.viewDidLoad()
    self.title = "点滴生活"
    //取消导航栏对页面布局的影响
    self.edgesForExtendedLayout = UIRectEdge()
    self.installUI()
}
```

需要注意，将 UIViewController 类实例的 edgesForExtendedLayout 属性设置为 UIRectEdge()后，该视图控制器界面的控件布局都将自动空出导航栏的位置。

实现 installUI()方法如下：

```
func installUI() {
    //对 homeView 属性进行实例化
    homeView = HomeView(frame: CGRect(x: 0, y: 0, width:
self.view.frame.size.width, height: self.view.frame.size.height-64))
    self.view.addSubview(homeView!)
    //测试创建分组
    homeView?.dataArray = ["生活","工作","学习","会议列表","健身计划","生活","
工作","学习","会议列表","健身计划","生活","工作","学习","会议列表","健身计划"]
    //进行 homeView 的布局
    homeView?.updateLayout()
}
```

运行工程，效果如图 19-10 所示。可以看到，超出屏幕的按钮以滚动方式进行查看，点击按钮后，Xcode 控制台会将按钮的标题打印输出。

图 19-10　记事分组视图的开发效果

19.3　添加分组功能的开发

本节将和读者一起开发记事分组的功能。首先需要在首页的导航栏上添加一个功能按钮，当用户点击这个按钮的时候，将弹出一个警告框，用户可以输入分组名称，这样的功能可以采用 UIAlertController 进行开发。

要进行分组界面的动态修改，需要在 ViewController 类中创建一个 dataArray 属性，用来存放用户的记事分组信息，代码如下：

```
var dataArray:Array<String>?
```

在 viewDidLoad()方法中对 dataArray 属性进行初始化操作，这里可以先写一组静态数据，以便测试，后面做数据持久化开发的时候会从数据库中读取数据。viewDidLoad()方法实现如下：

```
override func viewDidLoad() {
    super.viewDidLoad()
    self.title = "点滴生活"
    //取消导航栏对页面布局的影响
    self.edgesForExtendedLayout = UIRectEdge()
    dataArray = ["生活","工作","学习","会议列表","健身计划"]
    self.installUI()
}
```

同样，将 homeView 中 dataArray 属性的赋值也进行修改，并在 installUI()方法中添加创建导航功能按钮的代码：

```
func installUI() {
    homeView = HomeView(frame: CGRect(x: 0, y: 0, width: self.view.frame.
size.width, height: self.view.frame.size.height-64))
    self.view.addSubview(homeView!)
```

```
    homeView?.dataArray = dataArray
    homeView?.updateLayout()
    //进行导航功能按钮的创建
    installNavigationItem()
}
```

实现 installNavigationItem()方法如下：

```
func installNavigationItem() {
    //创建导航功能按钮，将其风格设置为添加风格
    let barButtonItem = UIBarButtonItem(barButtonSystemItem: .add, target:
self, action: #selector(addGroup))
    self.navigationItem.rightBarButtonItem = barButtonItem
}
```

实现导航功能按钮的交互方法 addGroup()如下：

```
func addGroup() {
    //创建 UIAlertController 实例 风格设置为 alert 风格
    let alertController = UIAlertController(title: "添加记事分组", message:
"添加的分组名不能与已有分组重复或为空", preferredStyle: .alert)
    //向警告框中添加一个文本输入框
    alertController.addTextField { (textField) in
        textField.placeholder = "请输入记事分组名称"
    }
    //向警告框中添加一个取消按钮
    let alertItem = UIAlertAction(title: "取消", style: .cancel, handler:
{(UIAlertAction) in
        return
    })
    //向警告框中添加一个确定按钮
    let alertItemAdd = UIAlertAction(title: "确定", style: .default, handler:
{(UIAlertAction) -> Void in
        //进行有效性判断
        var exist = false
        self.dataArray?.forEach({ (element) in
            //如果此分组已经存在，或者用户输入为空
            if element == alertController.textFields?.first!.text ||
alertController.textFields?.first!.text?.characters.count==0 {
                exist = true
            }
        })
        if exist {
            return
        }
        //将用户添加的分组名称追加进 dataArray 中
        self.dataArray?.append(alertController.textFields!.first!.text!)
        //进行 homeView 的刷新
        self.homeView?.dataArray = self.dataArray
        self.homeView?.updateLayout()

    })
```

```
alertController.addAction(alertItem)
alertController.addAction(alertItemAdd)
//展示警告框
self.present(alertController, animated: true, completion: nil)
}
```

完成了上述代码后，运行工程，测试添加分组功能，效果如图 19-11 所示。

图 19-11 用户添加分组功能

19.4 数据库引入与记事分组信息的持久化

上一节读者完成的添加记事分组功能还有一些小问题，这些数据并没有被持久化保存，当用户关掉应用程序再次启动时，之前添加的分组信息就都消失了。本节将在项目中引入数据库技术，并将用户的分组信息进行持久化保存。

前面的章节已向读者介绍过 SQLite 数据库的相关应用，但是直接操作 SQLite 数据库除了要写复杂的 SQL 语句外，还需要借助 Objective-C 语言作为中介，十分不便。本节将向读者介绍另一个小巧的 SQLite 操作库 SQLiteSwift3，其以面向对象的思路将一些数据库操作封装成类方法，读者可以直接调用相关方法来进行表的创建、删除以及数据的插入、修改、删除、查询等操作，并且不需要写 SQL 语句。

需要注意的是，SQLiteSwift3 内部依然采用 Objective-C 来实现，并且支持通过 CocoaPods 进行引入，如果读者使用 CocoaPods 引入 SQLiteSwift3 库，则 CocoaPods 工具会自动帮读者打包成 Swift 语言的动态库，读者无须做额外操作，直接使用即可。如果读者手动下载源码导入，需要在工程中配置 Objective-C 桥接文件。SQLiteSwift3 的源码地址为：https://github.com/ZYHshao/SQLiteSwift3。

所谓桥接文件，是指如果在 Swift 工程中需要混编和使用 Objective-C 的代码，需要在工程中配置这样的一个桥接头文件：首先在工程中创建一个头文件，命名随意，配置工程桥接文件的过程如图 19-12 所示。

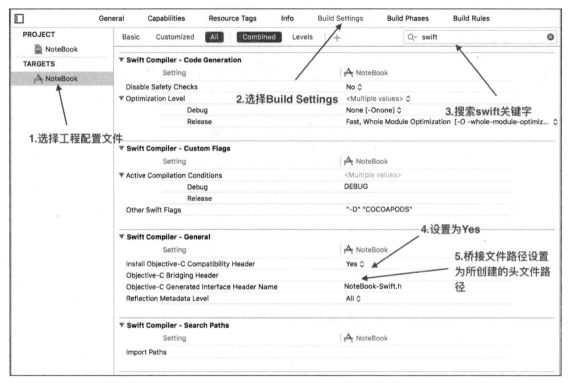

图 19-12　配置工程桥接文件

首先在工程中创建一个新的类文件，使其继承于 NSObject，并命名为 DataManager。DataManager 类专门用来管理数据，这里先实现对用户分组数据的数据库读取操作，代码如下：

```
//导入SQLiteSwift3模块
import SQLiteSwift3
class DataManager: NSObject {
    //创建一个数据库操作对象属性
    static var sqlHnadle:SQLiteSwift3?
    //标记是否已经打开数据库
    static var isOpen = false
    //提供一个对分组数据进行存储的类方法
    class func saveGroup(name:String){
        //判断数据库是否打开，如果没有打开，则打开数据库操作
        if !isOpen {
            self.openDataBase()
        }
        //创建一个数据表字段对象
        let key = SQLiteKeyObject()
        //设置字段名
        key.name = "groupName"
        //设置字段名为字符串
        key.fieldType = TEXT
        //将字段修饰为唯一
        key.modificationType = UNIQUE
        //进行分组表的创建，如果已经存在，则不执行任何操作
```

```
            sqlHnadle!.createTable(withName: "groupTable", keys: [key])
            //进行数据的插入
            sqlHnadle!.insertData(["groupName":name], intoTable: "groupTable")
        }
        //提供一个获取所有分组数据的类方法
        class func getGroupData()->[String]{
            if !isOpen {
                self.openDataBase()
            }
            //创建查询请求对象
            let request = SQLiteSearchRequest()
            //查询结果容器数组
            var array = Array<String>()
            //进行查询数据操作
            sqlHnadle?.searchData(withReeuest: request, inTable: "groupTable",
searchFinish: {
                (success, dataArray) in
                //遍历查询到的数据，赋值进结果数组中
                dataArray?.forEach({ (element) in
                    array.append(element.values.first! as! String)
                })
            })
            return array
        }


        //打开数据库的方法
        class func openDataBase(){
            //获取沙盒路径
            let path = NSSearchPathForDirectoriesInDomains(.documentDirectory,
.userDomainMask, true).first!
            //进行文件名的拼接
            let file = path + "/DataBase.sqlite"
            //打开数据库，如果数据库不存在就会进行创建
            sqlHnadle = SQLiteSwift3.openDB(file)
            //设置数据库打开标志
            isOpen=true
        }
    }
```

由于 DataManager 类中的方法都封装成了类方法，因此在使用时无须创建 DataManager 实例，并且其中的 SQLiteSwift3 属性也为静态属性，可以在整个工程中共享。ViewController 类中有两个地方需要修改：一个是在 viewDidLoad() 方法中，原先是静态的分组数据，现在需要将其修改为由 DataManager 类提供；另一个地方是当用户添加分组时，除了需要刷新界面布局外，还需要将新添加的分组写入数据库。

修改 viewDidLoad() 方法如下：

```
override func viewDidLoad() {
    super.viewDidLoad()
    self.title = "点滴生活"
```

```
        //取消导航栏对页面布局的影响
        self.edgesForExtendedLayout = UIRectEdge()
        //从 DataManager 中获取分组数据
        dataArray = DataManager.getGroupData()
        self.installUI()
    }
```

修改 addGroup()方法如下：

```
    func addGroup() {
        let alertController = UIAlertController(title: "添加记事分组", message:
"添加的分组名不能与已有分组重复或为空", preferredStyle: .alert)
        alertController.addTextField { (textField) in
            textField.placeholder = "请输入记事分组名称"
        }
        let alertItem = UIAlertAction(title: "取消", style: .cancel, handler:
{(UIAlertAction) in
            return
        })
        let alertItemAdd = UIAlertAction(title: "确定", style: .default, handler:
{(UIAlertAction) -> Void in
            //进行判断
            var exist = false
            self.dataArray?.forEach({ (element) in
                if element == alertController.textFields?.first!.text ||
alertController.textFields?.first!.text?.characters.count==0 {
                    exist = true
                }
            })
            if exist {
                return
            }
            self.dataArray?.append(alertController.textFields!.first!.text!)
            self.homeView?.dataArray = self.dataArray
            self.homeView?.updateLayout()
            //将添加的分组写入数据库
            DataManager.saveGroup(name: alertController.
textFields!.first!.text!)

        })
        alertController.addAction(alertItem)
        alertController.addAction(alertItemAdd)
        self.present(alertController, animated: true, completion: nil)
    }
```

19.5　记事列表界面的搭建

点滴生活记事本应用的首页是九宫格布局的记事分组界面，点击相应的分组按钮会跳转到记事列表页。首先，每条记事应该包含标题、时间、所在分组、记事内容以及一个记事主键，可以将记事封装成数据模型，这样数据库的存储与界面的渲染都会更加容易。

在 Xcode 工程中新创建一个类文件，使其继承于 NSObject，并命名为 NoteModel。将其作为记事的数据模型类，根据上面的分析，在其中添加如下属性：

```
class NoteModel: NSObject {
    //记事时间
    var time:String?
    //记事标题
    var title:String?
    //记事内容
    var body:String?
    //所在分组
    var group:String?
    //主键
    var noteId:Int?
    //这个方法用于将数据模型属性直接转换为字典
    func toDictionary() -> Dictionary<String,Any> {
        var dic:[String:Any] = ["time":time!,"title":title!,"body":body!,
"ownGroup":group!]
        if let id = noteId {
            dic["noteId"] = id
        }
        return dic
    }
}
```

记事列表界面可以采用 UITableViewController 进行实现，UITableViewController 中自带 UITableView 视图控件，并且做好了协议遵守与代理设置的相关操作，开发者直接在其子类中实现相关协议方法即可。在工程中创建一个新的类文件，使其继承自 UITableViewController，并命名为 NoteListTableViewController。在 NoteListTableViewController 类中添加两个属性，分别作为列表数据填充的数据源与当前列表分组名，代码如下：

```
//数据源数组
var dataArray = Array<NoteModel>()
//当前分组
var name:String?
```

在 NoteListTableViewController 的 viewDidLoad()方法中编写如下初始化代码：

```
override func viewDidLoad() {
    super.viewDidLoad()
    //设置导航栏标题
    self.title = name
    //模拟创建 10 条数据
    for _ in 0...10 {
        let model = NoteModel()
        model.time = "2016.11.11"
        model.title = "狂欢购物节"
        model.body = "购物清单........."
```

```
            dataArray.append(model)
        }
        //进行导航按钮的加载
        installNavigationItem()
    }
```

实现 installNavigationItem()方法如下：

```
    func installNavigationItem() {
        let addItem = UIBarButtonItem(barButtonSystemItem: .add, target: self,
action: #selector(addNote))
        let deleteItem = UIBarButtonItem(barButtonSystemItem: .trash, target:
self, action: #selector(deleteGroup))
        self.navigationItem.rightBarButtonItems = [addItem,deleteItem]
    }
```

暂且将 addNote()与 deleteGroup()进行空实现：

```
    func addNote() {

    }
    func deleteGroup() {

    }
```

实现必要的 UITableView 协议方法如下：

```
    //设置分区数为 1
    override func numberOfSections(in tableView: UITableView) -> Int {
        return 1
    }
    //设置行数为数据源中的数据个数
    override func tableView(_ tableView: UITableView, numberOfRowsInSection
section: Int) -> Int {
        return dataArray.count
    }
    //进行数据载体 cell 的设置
    override func tableView(_ tableView: UITableView, cellForRowAt indexPath:
IndexPath) -> UITableViewCell {
        let cellID = "noteListCellID"
        var cell = tableView.dequeueReusableCell(withIdentifier: cellID)
        if cell == nil {
            cell = UITableViewCell(style: .value1, reuseIdentifier: cellID)
        }
        let model = dataArray[indexPath.row]
        cell?.textLabel?.text = model.title
        cell?.detailTextLabel?.text = model.time
        cell?.accessoryType = .disclosureIndicator
        return cell!
    }
```

完成了记事列表的开发，还需要将其与首页进行交互关联。当点击相应分组按钮时，跳转到对应分组的记事列表。由于按钮的点击事件是封装在 HomeView 类中的，因此需要借助代理设计模式将用户的交互事件交由 ViewController 类来处理。首先在 HomeView 类中定义一个协议：

```
protocol HomeButtonDelegate {
    func homeButtonClick(title:String)
}
```

再在 HomeView 类中添加如下代理属性：

```
var homeButtonDelegate:HomeButtonDelegate?
```

修改按钮的触发方法 btnClick()如下：

```
func btnClick(btn:UIButton) {
    if homeButtonDelegate != nil {
        homeButtonDelegate?.homeButtonClick(title: dataArray![btn.tag])
    }
}
```

为 ViewController 类添加遵守协议的代码：

```
class ViewController: UIViewController,HomeButtonDelegate
```

实现协议方法如下：

```
func homeButtonClick(title:String){
    let controller = NoteListTableViewController()
    controller.name = title
    self.navigationController?.pushViewController(controller, animated:
true)
}
```

运行工程，效果如图 19-13 所示。

图 19-13　记事列表界面

19.6 新建记事功能的开发

前面章节设计了记事数据模型，在进行存储与读取时，应该将数据库中的表与其进行关联。在 DataManager 类中添加相关方法如下：

```
//添加记事的方法
class func addNote(note:NoteModel){
    if !isOpen {
        self.openDataBase()
    }
    //创建记事表
    self.createNoteTable()
    //将记事模型转换成字典进行存表
    sqlHnadle!.insertData(note.toDictionary(), intoTable: "noteTable")

}
//根据分组获取记事的方法
class func getNote(group:String)->[NoteModel]{
    if !isOpen {
        self.openDataBase()
    }
    //创建查询请求
    let request = SQLiteSearchRequest()
    //设置查询条件
    request.contidion = "ownGroup=\"\(group)\""
    var array = Array<NoteModel>()
    sqlHandle?.searchData(withReeuest: request, inTable: "noteTable",
searchFinish: { (success, dataArray) in
        dataArray?.forEach({ (element) in
            let note = NoteModel()
            //对记事模型进行赋值
            note.time = element["time"] as! String?
            note.title = element["title"] as! String?
            note.body = element["body"] as! String?
            note.group = element["ownGroup"] as! String?
            note.noteId = element["noteId"] as! Int?
            array.append(note)
        })
    })
    return array
}
```

```
class func createNoteTable(){
    let key1 = SQLiteKeyObject()
    key1.name = "noteId"
    key1.fieldType = INTEGER
    //将 noteId 作为主键
    key1.modificationType = PRIMARY_KEY

    let key2 = SQLiteKeyObject()
    key2.name = "ownGroup"
    key2.fieldType = TEXT

    let key3 = SQLiteKeyObject()
    key3.name = "body"
    key3.fieldType = TEXT
    key3.tSize = 400

    let key4 = SQLiteKeyObject()
    key4.name = "title"
    key4.fieldType = TEXT

    let key5 = SQLiteKeyObject()
    key5.name = "time"
    key5.fieldType = TEXT
    sqlHnadle!.createTable(withName: "noteTable", keys: [key1,key2,key3,
key4,key5])
    }
```

在 Xcode 工程中创建一个新类，使其继承自 UIViewController，并命名为 NoteInfoViewController。其将作为编辑记事内容的详情界面，代码如下：

```
import UIKit
//导入 SnapKit 自动布局框架
import SnapKit
class NoteInfoViewController: UIViewController {
    //当前编辑的记事数据模型
    var noteModel:NoteModel?
    //标题文本框
    var titleTextField:UITextField?
    //记事内容文本视图
    var bodyTextView:UITextView?
    //记事所属分组
    var group:String?
    var isNew = false
    override func viewDidLoad() {
        super.viewDidLoad()
```

```swift
        //消除导航对布局的影响
        self.edgesForExtendedLayout = UIRectEdge()
        self.view.backgroundColor = UIColor.white
        self.title = "记事"
        //监听键盘事件
        NotificationCenter.default.addObserver(self, selector: #selector
(keyBoardBeShow), name: NSNotification.Name.UIKeyboardWillShow, object: nil)
         NotificationCenter.default.addObserver(self, selector: #selector
(keyBoardBeHidden), name: NSNotification.Name.UIKeyboardWillHide, object: nil)
        //进行界面的加载
        installUI()
        //进行导航功能按钮的加载
        installNavigationItem()
    }


    func installNavigationItem(){
        //创建两个导航功能按钮，用于保存与删除记事
        let itemSave = UIBarButtonItem(barButtonSystemItem: .save, target: self,
action: #selector(addNote))
        let itemDelete = UIBarButtonItem(barButtonSystemItem: .trash, target:
self, action: #selector(deleteNote))
        self.navigationItem.rightBarButtonItems = [itemSave,itemDelete]
    }
    //添加记事
    func addNote(){
        //如果是新建记事，进行数据库数据的新增
        if isNew {
            if titleTextField?.text != nil && titleTextField!.text!
.characters.count>0  {
                noteModel = NoteModel()
                noteModel?.title = titleTextField?.text!
                noteModel?.body = bodyTextView?.text
                //将当前时间进行格式化
                let dateFormatter = DateFormatter()
                dateFormatter.dateFormat = "yyyy-MM-dd HH:mm:ss"
                noteModel?.time = dateFormatter.string(from: Date())
                noteModel?.group = group
                DataManager.addNote(note: noteModel!)
                self.navigationController!.popViewController(animated: true)
            }
        }
    }
    //删除记事，暂时空实现
    func deleteNote(){
```

```
}
//当键盘出现时会调用的方法
func keyBoardBeShow(notification:Notification) {
    let userInfo = notification.userInfo!
    let frameInfo = userInfo[UIKeyboardFrameEndUserInfoKey] as AnyObject
    //获取到键盘高度
    let height = frameInfo.cgRectValue.size.height
    //进行布局的更新
    bodyTextView?.snp.updateConstraints({ (maker) in
        maker.bottom.equalTo(-30-height)
    })
    UIView.animate(withDuration: 0.3, animations: { () in
        self.view.layoutIfNeeded()
    })
}
//当键盘消失时会调用的方法
func keyBoardBeHidden(notification:Notification) {
    bodyTextView?.snp.updateConstraints({ (maker) in
        maker.bottom.equalTo(-30)
    })
    UIView.animate(withDuration: 0.3, animations: { () in
        self.view.layoutIfNeeded()
    })
}
//当用户点击屏幕非文本区域时，进行收键盘操作
override func touchesEnded(_ touches: Set<UITouch>, with event: UIEvent?) {
    bodyTextView?.resignFirstResponder()
    titleTextField?.resignFirstResponder()
}
//在析构方法中移除通知的监听
deinit {
    NotificationCenter.default.removeObserver(self)
}
//进行界面加载
func installUI() {
    titleTextField = UITextField()
    self.view.addSubview(titleTextField!)
    titleTextField?.borderStyle = .none
    titleTextField?.placeholder = "请输入记事标题"
    titleTextField?.snp.makeConstraints({ (maker) in
        maker.top.equalTo(30)
        maker.left.equalTo(30)
        maker.right.equalTo(-30)
```

```
            maker.height.equalTo(30)
        })
        let line = UIView()
        self.view.addSubview(line)
        line.backgroundColor = UIColor.gray
        line.snp.makeConstraints { (maker) in
            maker.left.equalTo(15)
            maker.top.equalTo(titleTextField!.snp.bottom).offset(5)
            maker.right.equalTo(-15)
            maker.height.equalTo(0.5)
        }
        bodyTextView = UITextView()
        bodyTextView?.layer.borderColor = UIColor.gray.cgColor
        bodyTextView?.layer.borderWidth = 0.5
        self.view.addSubview(bodyTextView!)
        bodyTextView?.snp.makeConstraints({ (maker) in
            maker.left.equalTo(30)
            maker.right.equalTo(-30)
            maker.top.equalTo(line.snp.bottom).offset(10)
            maker.bottom.equalTo(-30)
        })
    }
}
```

在上面的示例代码中,需要注意的是,对于可进行长文本输入的界面,在移动端一般都会遇到这样一种情况,即弹出的虚拟键盘遮挡了用户输入的视线。处理这个问题通常会采用将界面整体上移或者重新布局的方式。在键盘将要弹出或隐藏时,iOS 系统的通知中心会分别发出 UIKeyboardWillShow 与 UIKeyboardWillHide 通知,开发者可以监听这两个通知来进行界面的重新布局,防止键盘遮挡用户的视线。

NoteInfoViewController 除了作为新建记事的编辑界面外,也可以复用,作为对已有记事进行修改时的编辑界面。由于插入与更新对应数据库中两种完全不同的操作,因此使用 isNew 来标记。关于修改部分的功能开发,后面会继续介绍。

前面完成的 NoteListTableViewController 列表数据模拟的是静态数据,修改 viewDidLoad()方法如下:

```
override func viewDidLoad() {
    super.viewDidLoad()
    self.title = name
    installNavigationItem()
    //从数据库中读取记事
    dataArray = DataManager.getNote(group: name!)
}
```

实现 NoteListTableViewController 类中的 addNote 方法如下:

```
func addNote() {
```

```
    let infoViewController = NoteInfoViewController()
    infoViewController.group = name!
    infoViewController.isNew = true
    self.navigationController?.pushViewController(infoViewController,
animated: true)
    }
```

运行工程，添加一条记事，效果如图 19-14 与图 19-15 所示。

图 19-14　编辑记事界面

图 19-15　添加记事后的列表界面

19.7　更新记事与删除记事功能的开发

上一节完成的新建记事功能还有一些小问题，当用户保存记事后，虽然跳转到了记事列表界面，但记事列表界面并没有刷新。其实，数据库中已经有了新添加的记事数据，只是没有在界面上体现而已。对于这个问题，开发者需要在每次出现记事列表界面时进行数据的刷新操作，刚好可以在 UIViewController 类实例的生命周期方法中进行这样的操作，在 NoteListTableViewController 类中覆写如下方法：

```
override func viewWillAppear(_ animated: Bool) {
    super.viewWillAppear(true)
    dataArray = DataManager.getNote(group: name!)
    self.tableView.reloadData()
}
```

这时 viewDidLoad()中加载数据的代码就可以注释掉了，没有必要读取两次数据。

在 DataManager 类中扩充几个方法，用来对数据库中的数据进行修改和删除，代码如下：

```
//更新一条记事内容
class func updateNote(note:NoteModel){
    if !isOpen {
        self.openDataBase()
```

```
        }
        //根据主键 ID 来进行更新
        sqlHnadle?.updateData(note.toDictionary(), intoTable: "noteTable",
while: "noteId = \(note.noteId!)", isSecurity: true)
    }
    //删除一条记事
    class func deleteNote(note:NoteModel){
        if !isOpen {
            self.openDataBase()
        }
        sqlHnadle?.deleteData("noteId=\(note.noteId!)", intoTable:
"noteTable", isSecurity: true)
    }
    //删除一个分组，将其下所有记事删除
    class func deleteGroup(name:String){
        if !isOpen {
            self.openDataBase()
        }
        //首先删除分组下的所有记事
        sqlHnadle?.deleteData("ownGroup=\"\(name)\"", intoTable: "noteTable",
isSecurity: true)
        //再删除分组
        sqlHnadle?.deleteData("GroupName=\"\(name)\"", intoTable:
"groupTable", isSecurity: true)
    }
```

修改 NoteInfoViewController 类中的 addNote()方法，为其扩展更新记事的功能：

```
    func addNote(){
        //判断是否是新建记事
        if isNew {
            if titleTextField?.text != nil &&
titleTextField!.text!.characters.count>0 {
                noteModel = NoteModel()
                noteModel?.title = titleTextField?.text!
                noteModel?.body = bodyTextView?.text
                let dateFormatter = DateFormatter()
                dateFormatter.dateFormat = "yyyy-MM-dd HH:mm:ss"
                noteModel?.time = dateFormatter.string(from: Date())
                noteModel?.group = group
                DataManager.addNote(note: noteModel!)
                self.navigationController!.popViewController(animated: true)
            }
        //进行更新记事逻辑的编写
        }else{
            if titleTextField?.text != nil &&
titleTextField!.text!.characters.count>0 {
                noteModel?.title = titleTextField?.text!
                noteModel?.body = bodyTextView?.text
                let dateFormatter = DateFormatter()
                dateFormatter.dateFormat = "yyyy-MM-dd HH:mm:ss"
```

```
        noteModel?.time = dateFormatter.string(from: Date())
        DataManager.updateNote(note:noteModel!)
        self.navigationController!.popViewController(animated: true)
        }
    }
}
```

实现 NoteInfoViewController 类中的 deleteNote()方法如下：

```
func deleteNote(){
    let alertController = UIAlertController(title: "警告", message: "您确
定要删除此条记事么？", preferredStyle: .alert)
    let action = UIAlertAction(title: "取消", style: .cancel, handler: nil)
    let action2 = UIAlertAction(title: "删除", style: .destructive, handler:
{(UIAlertAction) -> Void in
        //如果不是新建记事，就进行删除操作
        if !self.isNew {
            DataManager.deleteNote(note: self.noteModel!)
            self.navigationController!.popViewController(animated: true)
        }
    })
    alertController.addAction(action)
    alertController.addAction(action2)
    self.present(alertController, animated: true, completion: nil)

}
```

需要注意，如果是编辑已有的记事，那么当用户进入记事详情列表后，记事原本的标题和内
容都应该填充在编辑界面的相应位置，因此开发者需要在 NoteInfoViewController 类的 InstallUI()
方法的最后添加如下代码：

```
if !isNew {
    titleTextField?.text = noteModel?.title
    bodyTextView?.text = noteModel?.body
}
```

完善了 NoteInfoViewController 类后，还需要对 NoteListTableViewController 类进行一些修
改。当用户点击某条记事后，要跳转记事详情界面，实现协议方法如下：

```
override func tableView(_ tableView: UITableView, didSelectRowAt indexPath:
IndexPath) {
    //取消当前 cell 的选中状态
    tableView.deselectRow(at: indexPath, animated: true)
    let infoViewController = NoteInfoViewController()
    infoViewController.group = name!
    infoViewController.isNew = false
    infoViewController.noteModel = dataArray[indexPath.row]
    self.navigationController?.pushViewController(infoViewController,
animated: true)
    }
```

实现 NoteListTableViewController 类中的 deleteGroup()方法如下：

```
    func deleteGroup()  {
        let alertController = UIAlertController(title: "警告", message: "您确
定要删除此分组下所有记事么？", preferredStyle: .alert)
        let action = UIAlertAction(title: "取消", style: .cancel, handler: nil)
        let action2 = UIAlertAction(title: "删除", style: .destructive, handler:
{(UIAlertAction) -> Void in
            DataManager.deleteGroup(name: self.name!)
            self.navigationController!.popViewController(animated: true)

        })
        alertController.addAction(action)
        alertController.addAction(action2)
        self.present(alertController, animated: true, completion: nil)
    }
```

同样，当用户删除整个分组后应跳转到应用程序的主页，此时主页也应该进行刷新操作，在 ViewController 类中覆写如下方法：

```
override func viewWillAppear(_ animated: Bool) {
    super.viewWillAppear(animated)
    dataArray = DataManager.getGroupData()
    self.homeView?.dataArray = dataArray
    self.homeView?.updateLayout()
}
```

这时 viewDidLoad()中加载数据的操作也可以注释掉了。

至此，点滴生活记事本的所有功能已经开发完毕。通过对本章内容的学习，大家对界面间交互、数据库操作以及独立控件的封装等开发中常用的技术会有更深的体会。最后，别忘了添上图标与启动界面，这样一款完整的点滴生活记事本应用程序就开发完了。运行工程，好好体验一下你的劳动成果吧！

第 20 章

实战三：《中国象棋》游戏

思维就是与自己交谈。

—— 乌纳穆诺

简易计算器项目的学习主要是为了帮助读者熟练界面的自动布局技术，点滴生活记事本项目的学习主要是为了帮助读者更深入地了解控件封装、多界面交互传值与数据库操作等技术。本章将以一款游戏软件《中国象棋》为例，侧重向读者介绍开发中逻辑部分的处理方法。通过本章的学习，相信能够帮助读者更加轻松地分析出逻辑性很强的项目的开发思路。

通过本章，你将学习到：

- 音频技术在项目开发中的应用。
- 单例设计模式在开发中的应用。
- 落棋算法分析。
- 游戏胜负条件判定的分析。
- 控件的独立封装与组合使用。
- 代码的优化与重构技巧。

20.1 项目工程的搭建与音频模块的开发

本节将向读者介绍 iOS 开发中音频文件的播放技术。在 iOS 开发框架中包含了一个名为 AVFoundation 的框架，这个框架封装了许多用于处理音视频相关的类，使用它们，开发者可以十分轻松地在项目中引用音视频数据。

使用 Xcode 开发工具创建一个工程并将其命名为 ChineseChess。一般的游戏都有背景音乐，《中国象棋》游戏也不例外。类似《中国象棋》这样的游戏，可以配一首古典风格的轻音乐作为背景音乐，循环播放。在工程中引入音频文件十分简单，读者可以直接将下载好的 mp3 格式文件拖入工程目录中。这里需要注意，在引入文件时，需要将 Copy items if needed、Create groups 与当前工程 ChineseChess 选中，如图 20-1 所示。

背景音乐是整个游戏级别的功能，其并不属于某一个界面或者某一个类。当用户对背景音乐进行开、关操作时，也应该作用于整个游戏。基于这样的特点，可以在项目中创建一个音频引擎类，采用单例的设计模式，使得此引擎被整个项目所共享。

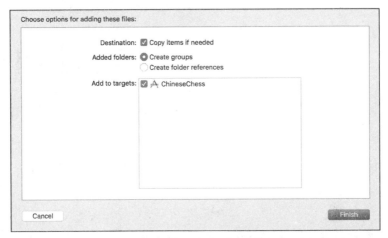

图 20-1　向工程中引入文件

> **提　示**
>
> 所谓单例设计模式，是指这个类在整个应用程序运行期间只能被实例化一次。换句话讲，采用单例模式的类，其中的数据也是被整个应用共享的。以背景音乐播放为例，A 界面和 B 界面都有可能打开或者关闭音效，当用户在 A 界面关闭音效后，来到 B 界面，音乐也不会播放；同理，如果用户在 B 界面打开了音效，回到 A 界面后，音效也是打开状态。这种逻辑就叫作数据共享。

在工程中创建一个新类，使其继承自 NSObject 类，并将其命名为 MusicEngine。这个音乐引擎类采用单例的设计模式，为了保证开发者在使用这个类时只能创建一个实例，因此需要将其构造方法进行私有化，并且提供一个返回单例对象的属性，MusicEngine 类实现如下：

```swift
import UIKit
import AVFoundation
class MusicEngine: NSObject {
    //音频引擎单例
    static let sharedInstance = MusicEngine()
    //音频播放器
    var player:AVAudioPlayer?

    private override init() {
        //获取音频文件，forResource 参数为工程中的音频文件名，需要为 mp3 格式
```

```
        let path = Bundle.main.path(forResource: "bgMusic", ofType: "mp3")
        let data = try! Data(contentsOf: URL(fileURLWithPath: path!))
        player = try! AVAudioPlayer(data: data)
        //进行音频的预加载
        player?.prepareToPlay()
        //设置音频循环播放次数
        player?.numberOfLoops = -1
    }
    //提供一个开始播放背景音频的方法
    func playBackgroundMusic() {
        //如果音频没有在播放状态，就进行播放
        if !player!.isPlaying {
            player?.play()
        }


    }
    //提供一个停止播放背景音频的方法
    func stopBackgroundMusic() {
    //如果音频正在播放，就进行停止
        if player!.isPlaying {
            player?.stop()
        }
    }
}
```

AVAudioPlayer 是一个专门用来播放音频文件的类，需要注意的是，其 numberOfLoops 属性用于设置循环播放的次数：如果设置为 0，那么默认不循环播放，只播放一次；如果设置为负数，就会无限循环播放。

在工程中新建一个类，使其继承自 NSObject，并将其命名为 UserInfoManager。这个类的主要作用是将用户的设置信息本地持久化。例如，用户关闭了背景音乐，退出游戏后再次进入，背景音乐也是关闭的。借助系统的 UserDefaults 类可以轻松地实现用户偏好设置的本地持久化，UserInfoManager 类实现如下：

```
class UserInfoManager: NSObject {
    //获取用户音频设置状态
    class func getAudioState() -> Bool {
        let isOn = UserDefaults.standard.string(forKey: "audioKey")
        if let on = isOn {
            if on == "on" {
                return true
            }else{
                return false
            }
        }
        return true
    }
    //进行用户音频设置状态的存储
    class func setAudioState(isOn:Bool){
        if isOn {
```

```
        UserDefaults.standard.set("on", forKey: "audioKey")
    }else{
        UserDefaults.standard.set("off", forKey: "audioKey")
    }
    UserDefaults.standard.synchronize()
  }
}
```

游戏的首页一般会作为欢迎界面，可以在 Main.storyboard 中对首页 ViewController 做一些简单的布局，方便演示。首页只填充了一张背景图片，并添加了一个游戏名称标题和两个功能按钮，标题采用的是 UILabel 控件，按钮采用的是 UIButton 控件。然后对其进行自动布局以约束位置，效果如图 20-2 所示。

图 20-2　游戏首页的布局

将两个按钮以及响应的触发方法与 ViewController 类进行关联，实现 ViewController 类如下：

```
import UIKit
class ViewController: UIViewController {
    //从 StoryBoard 关联进来的视图控件
    @IBOutlet weak var startGame: UIButton!
    @IBOutlet weak var musicButton: UIButton!
    override func viewDidLoad() {
        super.viewDidLoad()
        //读取用户音频设置状态
        if UserInfoManager.getAudioState() {
            musicButton.setTitle("音乐:开", for: .normal)
            //进行音频播放
            MusicEngine.sharedInstance.playBackgroundMusic()
        }else{
            musicButton.setTitle("音乐:关", for: .normal)
            //停止音频播放
            MusicEngine.sharedInstance.stopBackgroundMusic()
        }
    }
    //从 StoryBoard 关联进来的功能按钮触发方法
```

```
@IBAction func startGameClick(_ sender: UIButton) {

}
//用户点击音频设置按钮后，进行状态的切换
@IBAction func musicButtonClick(_ sender: UIButton) {
    if UserInfoManager.getAudioState() {
        musicButton.setTitle("音乐:关", for: .normal)
        UserInfoManager.setAudioState(isOn:false)
        MusicEngine.sharedInstance.stopBackgroundMusic()
    }else{
        musicButton.setTitle("音乐:开", for: .normal)
        UserInfoManager.setAudioState(isOn:true)
        MusicEngine.sharedInstance.playBackgroundMusic()
    }
}
}
```

运行工程，点击音效开关按钮，可以验证对音频的开关控制。

20.2　《中国象棋》棋子控件的开发

对于类似《中国象棋》这样的游戏软件的开发，乍看起来十分复杂，需要控制棋子的布局、用户落子的交互、胜负判定等。如果将它们分解开来，抽象成类，由不同的类来完成不同的功能，并且设计得当，那么看似复杂的功能就会拨云见日，这也是面向对象开发的精髓之处。

对于《中国象棋》这类游戏，在开发时依然可以采用简易计算器项目学习时的开发思路：将逻辑与界面分离开来。棋子、棋盘都属于界面的开发范畴，不同棋子的行棋规则、胜负判定则属于逻辑开发的范畴。本节将带领读者进行棋子控件的开发。

首先，在工程中新建一个类，使其继承于 UIButton 类，并将其命名为 ChessItem。实现 ChessItem 类如下：

```
import UIKit
class ChessItem: UIButton {
    //这个属性标记棋子的选中状态
    var selectedState:Bool = false
    //这个属性标记是否为红方棋子
    var isRed = true
    //提供一个自定义的构造方法
    init(center:CGPoint) {
        //根据屏幕尺寸决定棋子大小
        let screenSize = UIScreen.main.bounds.size
        let itemSize = CGSize(width: (screenSize.width-40)/9-4, height:
(screenSize.width-40)/9-4)
        super.init(frame: CGRect(origin: CGPoint(x: center.x-itemSize.width/2,
y: center.y-itemSize.width/2), size: itemSize))
        installUI()
```

```swift
    }
    //进行棋子 UI 的设计
    func installUI() {
        self.backgroundColor = UIColor.white
        self.layer.masksToBounds = true
        self.layer.cornerRadius = ((UIScreen.main.bounds.size.width-40)/ 9-4)/2
        self.layer.borderWidth = 0.5
    }
    //设置棋子标题，isOwn 属性决定是己方或敌方
    func setTitle(title:String,isOwn:Bool) {
        self.setTitle(title, for: .normal)
        if isOwn {
            self.layer.borderColor = UIColor.red.cgColor
            self.setTitleColor(UIColor.red, for: .normal)
            self.isRed = true
        }else{
            self.layer.borderColor = UIColor.green.cgColor
            self.setTitleColor(UIColor.green, for: .normal)
            //敌方的棋子要进行 180 度旋转
            self.transform = CGAffineTransform(rotationAngle: CGFloat(M_PI))
            self.isRed = false
        }
    }
    //将棋子设置为选中状态
    func setSelectedState() {
        if !selectedState {
            selectedState = true
            self.backgroundColor = UIColor.purple
        }
    }
    //将棋子设置为非选中状态
    func setUnselectedState(){
        if selectedState {
            selectedState = false
            self.backgroundColor = UIColor.white
        }

    }
    //必要构造方法
    required init?(coder aDecoder: NSCoder) {
        fatalError("init(coder:) has not been implemented")
    }
}
```

　　上一节完成了对游戏欢迎界面的开发，但是开始游戏的功能并没有实现，这里在工程中新建一个类作为游戏界面类，使其继承自 UIViewController，并命名为 GameViewController。可以在其中对编写的棋子类进行效果验证，实现 GameViewController 类如下：

```swift
import UIKit
class GameViewController: UIViewController {
```

```
override func viewDidLoad() {
    super.viewDidLoad()
    self.view.backgroundColor = UIColor.white
    //对棋子样式进行测试
    let item1 = ChessItem(center: CGPoint(x: 100, y: 100))
    item1.setTitle(title: "兵", isOwn: true)
    let item2 = ChessItem(center: CGPoint(x: 200, y: 100))
    item2.setTitle(title: "卒", isOwn: false)
    self.view.addSubview(item1)
    self.view.addSubview(item2)
    item1.addTarget(self, action: #selector(itemClick), for: .touchUpInside)
}
//测试棋子选中状态
func itemClick(item:ChessItem) {
    if item.selectedState {
        item.setUnselectedState()
    }else{
        item.setSelectedState()
    }
}
}
```

在 ViewController 类中实现 startGameClick()方法如下：

```
@IBAction func startGameClick(_ sender: UIButton) {
    let gameController = GameViewController()
    self.present(gameController, animated: true, completion: nil)
}
```

运行工程，效果如图 20-3 所示。

图 20-3　棋子控件的开发

20.3 《中国象棋》棋盘控件的开发

仔细观察中国象棋的棋盘结构，可以发现其实际上是由十行九列的网络组成的，本节将采用绘图的方式来进行《中国象棋》棋盘的绘制。在 iOS 开发中，系统框架提供了 CoreGraphics 模块，用来进行二维图形的绘制十分方便。首先在工程中新建一个类文件，使其继承于 UIView，并命名为 ChessBoard，将其作为《中国象棋》游戏的棋盘类。

首先在 ChessBoard 类中添加一个属性，用于棋盘绘制以及界面棋子的摆放，添加属性如下：

```
//根据屏幕宽度计算网格大小
let Width = (UIScreen.main.bounds.size.width-40)/9
//红方所有棋子
let allRedChessItemsName = ["車","馬","相","士","帥","士","相","馬","車","炮","炮","兵","兵","兵","兵","兵"]
//绿方所有棋子
let allGreenChessItemsName = ["车","马","象","仕","将","仕","象","马","车","炮","炮","卒","卒","卒","卒","卒"]
//棋盘上所剩下的红方棋子对象
var currentRedItem = Array<ChessItem>()
//棋盘上所剩下的绿方棋子对象
var currentGreenItem = Array<ChessItem>()
```

任何一个 UIView 的子类都可以覆写父类的 draw()方法（用来绘制视图）。在 ChessBoard 类中覆写 draw()方法如下：

```
override func draw(_ rect: CGRect) {
    //获取当前视图的图形上下文
    let context = UIGraphicsGetCurrentContext()
    //设置绘制线条的颜色为黑色
    context?.setStrokeColor(UIColor.black.cgColor)
    //设置绘制线条的宽度为 0.5 个单位
    context?.setLineWidth(0.5)
    //进行水平线的绘制
    for index in 0...9 {
        //通过移动点来确定每行的起点
        context?.move(to: CGPoint(x: Width/2, y:Width/2+Width*CGFloat(index)))
        //从左向右绘制水平线
        context?.addLine(to: CGPoint(x: rect.size.width-Width/2, y:Width/2+Width*CGFloat(index)))
        context?.drawPath(using: .stroke)
    }
    //进行竖直线的绘制
    for index in 0..<9 {
        //最左边和最右边的线贯穿始终
        if index==0 || index==8 {
            context?.move(to: CGPoint(x: Width/2+Width*CGFloat(index), y:
```

```
Width/2))
                context?.addLine(to: CGPoint(x: Width*CGFloat(index)+Width/2, y:
rect.size.height-Width/2))
            //中间的先以楚河汉界为分隔
            }else{
                context?.move(to: CGPoint(x: Width/2+Width*CGFloat(index), y:
Width/2))
                context?.addLine(to: CGPoint(x: Width*CGFloat(index)+Width/2, y:
rect.size.height/2-Width/2))
                context?.move(to: CGPoint(x: Width/2+Width*CGFloat(index), y:
rect.size.height/2+Width/2))
                context?.addLine(to: CGPoint(x: Width*CGFloat(index)+Width/2, y:
rect.size.height-Width/2))
            }
        }
        //绘制双方主帅田字格
        context?.move(to: CGPoint(x: Width/2+Width*3, y: Width/2))
        context?.addLine(to: CGPoint(x:  Width/2+Width*5, y: Width/2+Width*2))
        context?.move(to: CGPoint(x: Width/2+Width*5, y: Width/2))
        context?.addLine(to: CGPoint(x:  Width/2+Width*3, y: Width/2+Width*2))
        context?.move(to: CGPoint(x: Width/2+Width*3, y: Width*10-Width/2))
        context?.addLine(to: CGPoint(x:  Width/2+Width*5, y: Width*10-Width/
2-Width*2))
        context?.move(to: CGPoint(x: Width/2+Width*5, y:Width*10-Width/2))
        context?.addLine(to: CGPoint(x:  Width/2+Width*3, y:
Width*10-Width/2-Width*2))
        context?.drawPath(using: .stroke)
    }
```

为 ChessBoard 类提供一个自定义的构造方法，代码如下：

```
    init(origin:CGPoint) {
        //根据屏幕宽度计算棋盘宽度
        super.init(frame: CGRect(x: origin.x, y: origin.y, width: UIScreen.main.
bounds.size.width-40, height: Width*10))
        //设置棋盘背景色
        self.backgroundColor = UIColor(red: 1, green: 252/255.0, blue: 234/255.0,
alpha: 1)
        //楚河汉界标签
        let label1 = UILabel(frame: CGRect(x: Width, y: Width*9/2, width: Width*3,
height: Width))
        label1.backgroundColor = UIColor.clear
        label1.text = "楚河"
        let label2 = UILabel(frame: CGRect(x: Width*5, y: Width*9/2, width:
Width*3, height: Width))
        label2.backgroundColor = UIColor.clear
        label2.text = "漢界"
        label2.transform = CGAffineTransform(rotationAngle: CGFloat(M_PI))
        self.addSubview(label1)
        self.addSubview(label2)
        //进行游戏重置
```

```
        reStartGame()
    }
```

需要注意的是，如果提供了自定义的构造方法，必须实现父类中的必要构造方法，可以采用空实现的方式：

```
required init?(coder aDecoder: NSCoder) {
    fatalError("init(coder:) has not been implemented")
}
```

游戏重置方法 reStartGame()主要用于清除棋盘残局，重新开局（将棋子摆放在棋盘上，开始新的一局游戏）。reStartGame()方法实现如下：

```
func reStartGame(){
    //清理残局
    currentGreenItem.forEach { (item) in
        item.removeFromSuperview()
    }
    currentRedItem.forEach { (item) in
        item.removeFromSuperview()
    }
    currentRedItem.removeAll()
    currentGreenItem.removeAll()
    //棋子布局
    var redItem:ChessItem?
    var greenItem:ChessItem?
    //红绿双方各有 16 个棋子
    for index in 0..<16 {
        //进行非兵、非炮棋子的布局
        if index<9 {
            //红方布局
            redItem = ChessItem(center: CGPoint(x: Width/2+Width*
CGFloat(index), y: Width*10-Width/2))
            redItem!.setTitle(title: allRedChessItemsName[index], isOwn:
true)
            //绿方布局
            greenItem = ChessItem(center: CGPoint(x: Width/2+Width*
CGFloat(index), y: Width/2))
            greenItem!.setTitle(title: allGreenChessItemsName[index],
isOwn: false)
        //进行炮棋子的布局
        }else if index<11 {
            if index==9 {
                redItem = ChessItem(center: CGPoint(x: Width/2+Width, y:
Width*10-Width/2-Width*2))
                redItem!.setTitle(title: allRedChessItemsName[index], isOwn:
true)
                greenItem = ChessItem(center: CGPoint(x: Width/2+Width, y:
Width/2+Width*2))
                greenItem!.setTitle(title: allGreenChessItemsName[index],
isOwn: false)
```

```
                }else{
                    redItem = ChessItem(center: CGPoint(x: Width*9-Width/2-Width,
y: Width*10-Width/2-Width*2))
                    redItem!.setTitle(title: allRedChessItemsName[index], isOwn:
true)
                    greenItem = ChessItem(center: CGPoint(x:
Width*9-Width/2-Width, y: Width/2+Width*2))
                    greenItem!.setTitle(title: allGreenChessItemsName[index],
isOwn: false)
                }
            //进行兵棋子的布局
            }else{
                //红方布局
                redItem = ChessItem(center: CGPoint(x: Width/2+Width*2
*CGFloat(index-11), y: Width*10-Width/2-Width*3))
                redItem!.setTitle(title: allRedChessItemsName[index], isOwn:
true)
                //绿方布局
                greenItem = ChessItem(center: CGPoint(x: Width/2+Width*2*
CGFloat(index-11), y: Width/2+Width*3))
                greenItem!.setTitle(title: allGreenChessItemsName[index],
isOwn: false)
            }
            //将棋子添加到当前视图
            self.addSubview(redItem!)
            self.addSubview(greenItem!)
            //将棋子添加进数组
            currentRedItem.append(redItem!)
            currentGreenItem.append(greenItem!)
            //添加用户交互方法
            redItem?.addTarget(self, action: #selector(itemClick), for:
.touchUpInside)
            greenItem?.addTarget(self, action: #selector(itemClick), for:
.touchUpInside)
        }
    }
```

关于用户交互方法，本节先不做过多处理，为验证效果可以将其简单实现如下：

```
    func itemClick(item:ChessItem){
        item.setSelectedState()
    }
```

修改 GameViewController 类中的 viewDidLoad()方法如下，用以验证棋盘的编写是否正确：

```
class GameViewController: UIViewController {
    //为 GameViewController 类提供一个棋盘属性
    var  chessBoard:ChessBoard?
    override func viewDidLoad() {
        super.viewDidLoad()
        //为游戏界面添加一个背景图案
        let bgImage = UIImageView(image: UIImage(named: "gameBg"))
```

```
        bgImage.frame = self.view.frame
        self.view.addSubview(bgImage)
        self.view.backgroundColor = UIColor.white
        //构造棋盘对象
        chessBoard = ChessBoard(origin: CGPoint(x: 20, y: 80))
        //添加到当前视图
        self.view.addSubview(chessBoard!)
    }
}
```

运行工程，效果如图 20-4 所示。

图 20-4　中国象棋游戏棋盘的开发

20.4　"兵"与"卒"行棋逻辑的开发

《中国象棋》游戏中最核心的部分在于行棋规则。关于行棋规则的开发采用这样的策略：当玩家选中本方棋子时，棋盘上会标记出此棋子可以行走到的所有位置，可以是某个空位置，也可以是敌方棋子所在的位置。用户选择某一个位置后，棋子再进行移动，如果此位置有敌方棋子，则敌方棋子将被吃掉。

首先封装一个标记类作为棋子可以进行移动的标记点，在工程中新建一个继承于 UIButton 的类，并将其命名为 TipButton，实现如下：

```
import UIKit
//该类用于标记当前选中棋子可以移动到的位置
class TipButton: UIButton {
    //提供一个自定义的构造方法
    init(center:CGPoint){
        super.init(frame: CGRect(x: center.x-10, y: center.y-10, width: 20,
```

```
height: 20))
        installUI()
    }
    //加载 UI
    func installUI() {
        self.layer.masksToBounds = true
        self.layer.cornerRadius = 10
        self.backgroundColor = UIColor.orange
    }
    required init?(coder aDecoder: NSCoder) {
        fatalError("init(coder:) has not been implemented")
    }
}
```

对于不同类型棋子的行棋规则、红绿双方交替行棋的逻辑以及胜负判定逻辑等，都应独立到一个专门用于处理逻辑的类中，可以将其称为游戏引擎类。ChessBoard 类提供棋子空间上移动的方法，但是它并不应该包含太多算法逻辑。同样，在游戏引擎类中应该着重处理相关算法，而不应该计算棋子在空间上的坐标。因此，读者可以理解为，要将游戏引擎类与 ChessBoard 类关联起来，使得游戏引擎可以控制棋子的移动，就需要将棋盘上每一个可以落棋的点组成一个二维矩阵，例如棋盘最左上方的点可以描述为(0,0)，向右依次为(1,0)、(2,0)等，向下依次为(0,1)、(0,2)等。

上一节中开发的 ChessBoard 类并没有完善，其添加了棋子的用户交互事件，却没有将事件传递出来，在 ChessBoard.swift 文件中添加一个代理协议，用于传递事件，代码如下：

```
protocol ChessBoardDelegate {
    //当用户点击某个棋子时触发的方法
    func chessItemClick(item:ChessItem)
    //当棋子移动完成后触发的方法
    func chessMoveEnd()
}
```

在 ChessBoard 类中添加如下几个属性：

```
    //代理
    var delegate:ChessBoardDelegate?
    //棋盘上所有可以行棋的位置标记的实例数组
    var tipButtonArray = Array<TipButton>()
    //当前行棋的棋子可以前进的矩阵位置
    var currentCanMovePosition = Array<(Int,Int)>()
```

修改 ChessBoard 类的 itemClick()方法如下：

```
    func itemClick(item:ChessItem){
        if delegate != nil {
            delegate?.chessItemClick(item: item)
        }
    }
```

在 ChessBoard 类中添加如下几个方法：

```
    //取消所有棋子的选中状态
    func cancelAllSelect()  {
```

```
        currentRedItem.forEach { (item) in
            item.setUnselectedState()
        }
        currentGreenItem.forEach { (item) in
            item.setUnselectedState()
        }
    }
    //将棋子坐标映射为二维矩阵中的点
    func transfromPositionToMatrix(item:ChessItem) -> (Int,Int) {
        let res = (Int(item.center.x-Width/2)/Int(Width),Int(item.center.
y-Width/2)/Int(Width))
        return res
    }
    //获取棋盘上所有红方棋子在二维矩阵中位置的数组
    func getAllRedMatrixList()->[(Int,Int)] {
        var list = Array<(Int,Int)>()
        currentRedItem.forEach { (item) in
            list.append(self.transfromPositionToMatrix(item: item))
        }
        return list
    }
    //取棋盘上所有绿方棋子在二维矩阵中位置的数组
    func getAllGreenMatrixList()->[(Int,Int)] {
        var list = Array<(Int,Int)>()
        currentGreenItem.forEach { (item) in
            list.append(self.transfromPositionToMatrix(item: item))
        }
        return list
    }
    //将可以移动到的位置进行标记
    func wantMoveItem(positions:[(Int,Int)],item:ChessItem)  {
        //如果是红方，且在路径上有己方棋子，则不能移动
        var list:Array<(Int,Int)>?
        if item.isRed {
            list = getAllRedMstrixList()
        }else{
            list = getAllGreenMstrixList()
        }
        currentCanMovePosition.removeAll()
        positions.forEach { (position) in
            if list!.contains(where: { (pos) -> Bool in
                if pos == position {
                    return true
                }
                return false
            }) {
            }else{
                currentCanMovePosition.append(position)
            }
        }
```

```
        //将可以进行前进的位置使用按钮进行标记
        tipButtonArray.forEach { (item) in
            item.removeFromSuperview()
        }
        tipButtonArray.removeAll()
        for index in 0..<currentCanMovePosition.count {
            //将矩阵转换成位置坐标
            let position = currentCanMovePosition[index]
            let center = CGPoint(x: CGFloat(position.0)*Width+Width/2, y:
CGFloat(position.1)*Width+Width/2)
            let tip = TipButton(center: center)
            tip.addTarget(self, action: #selector(moveItem), for:
.touchUpInside)
            tip.tag = 100+index
            self.addSubview(tip)
            tipButtonArray.append(tip)
        }
    }
    func moveItem(tipButton:TipButton) {
        //得到要移动到的位置
        let position = currentCanMovePosition[tipButton.tag-100]
        //转换成坐标
        let point = CGPoint(x: CGFloat(position.0)*Width+Width/2, y:
CGFloat(position.1)*Width+Width/2)
        //找到被选中的棋子
        var isRed:Bool?
        currentRedItem.forEach { (item) in
            if item.selectedState {
                isRed = true
                //进行动画移动
                UIView.animate(withDuration: 0.3, animations: {
                    item.center = point
                })
            }
        }
        currentGreenItem.forEach { (item) in
            if item.selectedState {
                isRed = false
                //进行动画移动
                UIView.animate(withDuration: 0.3, animations: {
                    item.center = point
                })
            }
        }
        //检查是否有敌方棋子，如果有，吃掉该棋子
        var shouldDeleteItem:ChessItem?
        if isRed! {
            currentGreenItem.forEach({ (item) in
                if transfromPositionToMatrix(item: item) == position {
                    shouldDeleteItem = item
```

```
                }
            })
        }else{
            currentRedItem.forEach({ (item) in
                if transfromPositionToMatrix(item: item) == position {
                    shouldDeleteItem = item
                }
            })
        }
        if let it = shouldDeleteItem {
            it.removeFromSuperview()
            if isRed!{
                currentGreenItem.remove(at: currentGreenItem.index(of: it)!)
            }else{
                currentRedItem.remove(at: currentRedItem.index(of: it)!)
            }
        }
        //将标记删除
        tipButtonArray.forEach { (item) in
            item.removeFromSuperview()
        }
        tipButtonArray.removeAll()
        if delegate != nil {
            delegate?.chessMoveEnd()
        }
    }
}
```

在工程中创建一个新类，使其继承于 NSObject，命名为 GameEngine，将其作为《中国象棋》游戏的游戏引擎类，代码如下：

```
//需要遵守 ChessBoardDelegate 协议
class GameEngine: NSObject,ChessBoardDelegate {
    //当前游戏棋盘
    var gameBoard:ChessBoard?
    //设置是否红方先走，默认红方先走
    var redFirstMove = true
    //标记当前需要行棋的一方
    var shouldRedMove = true
    init(board:ChessBoard) {
        gameBoard = board
        super.init()
        gameBoard?.delegate = self
    }
    //开始游戏的方法
    func startGame() {
        gameBoard?.reStartGame()
    }
    //设置先行棋的一方
    func setRedFirstMove(red:Bool) {
        redFirstMove = red
        shouldRedMove = red
```

```
}
//用户点击某个棋子后的回调
func chessItemClick(item: ChessItem) {
    //判断所点击的棋子是否属于应该行棋的一方
    if shouldRedMove {
        if item.isRed {
            gameBoard?.cancelAllSelect()
            item.setSelectedState()
        }else{
            return
        }
    }else{
        if !item.isRed {
            gameBoard?.cancelAllSelect()
            item.setSelectedState()
        }else{
            return
        }
    }
    //进行行棋算法
    checkCanMove(item: item)
}
//检测可以移动的位置
func checkCanMove(item:ChessItem) {
    //进行"兵"行棋算法
    if item.title(for: .normal) == "兵" {
        //获取棋子在二维矩阵中的位置
        let position = gameBoard!.transfromPositionToMatrix(item: item)
        //如果没过界，那么"兵"只能前进
        var wantMove=Array<(Int,Int)>()
        if position.1>4 {
            wantMove = [(position.0,position.1-1)]
        }else{
            //左、右、前
            if position.0>0 {
                wantMove.append((position.0-1,position.1))
            }
            if position.0<8 {
                wantMove.append((position.0+1,position.1))
            }
            if position.1>0 {
                wantMove.append((position.0,position.1-1))
            }
        }
        //交换给棋盘类进行移动提示
        gameBoard?.wantMoveItem(positions: wantMove, item: item)
    }
    if item.title(for: .normal) == "卒" {
        //获取棋子在二维矩阵中的位置
        let position = gameBoard!.transfromPositionToMatrix(item: item)
```

```
                    //如果没过界,那么"卒"只能前进
                    var wantMove=Array<(Int,Int)>()
                    if position.1<5 {
                        wantMove = [(position.0,position.1+1)]
                    }else{
                        //左、右、前
                        if position.0>0 {
                            wantMove.append((position.0-1,position.1))
                        }
                        if position.0<8 {
                            wantMove.append((position.0+1,position.1))
                        }
                        if position.1<9 {
                            wantMove.append((position.0,position.1+1))
                        }
                    }
                    //交换给棋盘类进行移动提示
                    gameBoard?.wantMoveItem(positions: wantMove, item: item)
            }
        }
        //一方行棋完成后,换另一方行棋
        func chessMoveEnd() {
            shouldRedMove = !shouldRedMove
            gameBoard?.cancelAllSelect()
        }
    }
}
```

上面实现的游戏引擎类中目前只实现了棋子"兵"和"卒"的行棋算法,后面根据不同类型的棋子设计不同的算法即可。GameViewController 中的代码需要修改如下:

```
class GameViewController: UIViewController {
    //棋盘
    var chessBoard:ChessBoard?
    //游戏引擎
    var gameEngine:GameEngine?

    override func viewDidLoad() {
        super.viewDidLoad()
        let bgImage = UIImageView(image: UIImage(named: "gameBg"))
        bgImage.frame = self.view.frame
        self.view.addSubview(bgImage)
        self.view.backgroundColor = UIColor.white
        chessBoard = ChessBoard(origin: CGPoint(x: 20, y: 80))
        self.view.addSubview(chessBoard!)
        //进行游戏引擎的实例化
        gameEngine = GameEngine(board: chessBoard!)
    }
}
```

运行工程,可以进行双方兵卒的行棋测试,效果如图 20-5 与图 20-6 所示。

图 20-5 兵/卒的行棋测试 1

图 20-6 兵/卒的行棋测试 2

20.5 "将"与"士"相关棋子行棋逻辑的开发

通过上一节，我们已经完成了整个象棋游戏中最核心的逻辑部分，之后只需要根据不同类型的棋子设计不同的行棋算法以及完成胜负的校验即可。"将"和"士"棋子的行棋规则很简单，实现起来也十分容易,只需要根据二维矩阵约束其边界条件即可。在 GameEngine 类的 checkCanMove()方法的最后追加如下代码：

```
if item.title(for: .normal) == "士" {
    //获取棋子在二维矩阵中的位置
    let position = gameBoard!.transfromPositionToMatrix(item: item)
    //士在将格内沿对角线行棋
    var wantMove=Array<(Int,Int)>()
    //左上、右上、左下、右下四个方向行棋
    if position.0<5 && position.1>7 {
        wantMove.append((position.0+1,position.1-1))
    }
    if position.0>3 && position.1<9 {
        wantMove.append((position.0-1,position.1+1))
    }
    if position.0>3 && position.1>7 {
        wantMove.append((position.0-1,position.1-1))
    }
    if position.0<5 && position.1<9 {
        wantMove.append((position.0+1,position.1+1))
    }
    //交给棋盘类进行移动提示
    gameBoard?.wantMoveItem(positions: wantMove, item: item)
}
if item.title(for: .normal) == "仕" {
```

```
        //获取棋子在二维矩阵中的位置
        let position = gameBoard!.transfromPositionToMatrix(item: item)
        //士在将格内沿对角线行棋
        var wantMove=Array<(Int,Int)>()
        //左上、右上、左下、右下四个方向行棋
        if position.0<5 && position.1<2 {
            wantMove.append((position.0+1,position.1+1))
        }
        if position.0>3 && position.1>0 {
            wantMove.append((position.0-1,position.1-1))
        }
        if position.0>3 && position.1<2 {
            wantMove.append((position.0-1,position.1+1))
        }
        if position.0<5 && position.1>0 {
            wantMove.append((position.0+1,position.1-1))
        }
        //交给棋盘类进行移动提示
        gameBoard?.wantMoveItem(positions: wantMove, item: item)
    }
    if item.title(for: .normal) == "帅" {
        //获取棋子在二维矩阵中的位置
        let position = gameBoard!.transfromPositionToMatrix(item: item)
        //在将格内上、下、左、右移动
        var wantMove=Array<(Int,Int)>()
        if position.1<9 {
            wantMove.append((position.0,position.1+1))
        }
        if position.1>7 {
            wantMove.append((position.0,position.1-1))
        }
        if position.0<5 {
            wantMove.append((position.0+1,position.1))
        }
        if position.0>3 {
            wantMove.append((position.0-1,position.1))
        }
        //交给棋盘类进行移动提示
        gameBoard?.wantMoveItem(positions: wantMove, item: item)
    }
    if item.title(for: .normal) == "将" {
        //获取棋子在二维矩阵中的位置
        let position = gameBoard!.transfromPositionToMatrix(item: item)
        //在将格内上、下、左、右移动
        var wantMove=Array<(Int,Int)>()
        if position.1<2 {
            wantMove.append((position.0,position.1+1))
        }
        if position.1>0 {
            wantMove.append((position.0,position.1-1))
```

```
    }
    if position.0<5 {
        wantMove.append((position.0+1,position.1))
    }
    if position.0>3 {
        wantMove.append((position.0-1,position.1))
    }
    //交给棋盘类进行移动提示
    gameBoard?.wantMoveItem(positions: wantMove, item: item)
}
```

上面的示例代码追加了 4 个 if 语句块，"将"和"帅"只能上、下、左、右移动，每次只能移动一步，并且只能在一个 2*2 的网格中移动。同样，"士"和"仕"这样的棋子也只能在这个网格中移动，但其需按照对角线方向移动，每次移动一步。运行工程，效果如图 20-7 所示。

图 20-7 将、士这类棋子的行棋逻辑开发

20.6 "象"与"马"相关棋子行棋逻辑的开发

"象"和"马"这类棋子的行棋算法要比前面章节所介绍的棋子略微复杂。因为除了要计算可能行棋到的位置外，还需要额外考虑"塞象眼"与"别马蹄"的情况。

在中国象棋中"马走日，象飞田"。所谓"塞象眼"，是指在田字格的中心如果有棋子，那么无论是己方还是敌方，"象"都无法朝这个方向移动；所谓"别马蹄"，是指"日"字起点的正方向一格如果有棋子，那么无论是己方还是敌方，都会阻止"马"朝这个方向移动。

在 GameEngine 类的 checkCanMove()方法的最后追加如下代码：

```
if item.title(for: .normal) == "相" {
    //获取棋子在二维矩阵中的位置
    let position = gameBoard!.transfromPositionToMatrix(item: item)
    var wantMove=Array<(Int,Int)>()
    let redList = gameBoard!.getAllRedMstrixList()
```

```
let greenList = gameBoard!.getAllGreenMstrixList()
//左上、右上、左下、右下
if position.0-2>=0 && position.1-2>4 {
    //判断是否有棋子塞象眼
    if redList.contains(where: { (pos) -> Bool in
        return pos == (position.0-1,position.1-1)
    }) || greenList.contains(where: { (pos) -> Bool in
        return pos == (position.0-1,position.1-1)
    }){
        //塞象眼，不添加此位置
    }else{
        wantMove.append((position.0-2,position.1-2))
    }
}
if position.0+2<=8 && position.1+2<=9 {
    //判断是否有棋子塞象眼
    if redList.contains(where: { (pos) -> Bool in
        return pos == (position.0+1,position.1+1)
    }) || greenList.contains(where: { (pos) -> Bool in
        return pos == (position.0+1,position.1+1)
    }){
        //塞象眼，不添加此位置
    }else{
        wantMove.append((position.0+2,position.1+2))
    }
}
if position.0+2<=8 && position.1-2>4 {
    //判断是否有棋子塞象眼
    if redList.contains(where: { (pos) -> Bool in
        return pos == (position.0+1,position.1-1)
    }) || greenList.contains(where: { (pos) -> Bool in
        return pos == (position.0+1,position.1-1)
    }){
        //塞象眼，不添加此位置
    }else{
        wantMove.append((position.0+2,position.1-2))
    }
}
if position.0-2>=0 && position.1+2<=9 {
    //判断是否有棋子塞象眼
    if redList.contains(where: { (pos) -> Bool in
        return pos == (position.0-1,position.1+1)
    }) || greenList.contains(where: { (pos) -> Bool in
        return pos == (position.0-1,position.1+1)
    }){
        //塞象眼，不添加此位置
    }else{
        wantMove.append((position.0-2,position.1+2))
    }
}
```

```
            //交换给棋盘类进行移动提示
            gameBoard?.wantMoveItem(positions: wantMove, item: item)
        }
if item.title(for: .normal) == "象" {
            //获取棋子在二维矩阵中的位置
            let position = gameBoard!.transfromPositionToMatrix(item: item)
            var wantMove=Array<(Int,Int)>()
            let redList = gameBoard!.getAllRedMstrixList()
            let greenList = gameBoard!.getAllGreenMstrixList()
            //左上、右上、左下、右下
            if position.0-2>=0 && position.1-2>=0 {
                //判断是否有棋子塞象眼
                if redList.contains(where: { (pos) -> Bool in
                    return pos == (position.0-1,position.1-1)
                }) || greenList.contains(where: { (pos) -> Bool in
                    return pos == (position.0-1,position.1-1)
                }){
                    //塞象眼,不添加此位置
                }else{
                    wantMove.append((position.0-2,position.1-2))
                }
            }
            if position.0+2<=8 && position.1+2<=4 {
                //判断是否有棋子塞象眼
                if redList.contains(where: { (pos) -> Bool in
                    return pos == (position.0+1,position.1+1)
                }) || greenList.contains(where: { (pos) -> Bool in
                    return pos == (position.0+1,position.1+1)
                }){
                    //塞象眼,不添加此位置
                }else{
                    wantMove.append((position.0+2,position.1+2))
                }
            }
            if position.0+2<=8 && position.1-2>=0 {
                //判断是否有棋子塞象眼
                if redList.contains(where: { (pos) -> Bool in
                    return pos == (position.0+1,position.1-1)
                }) || greenList.contains(where: { (pos) -> Bool in
                    return pos == (position.0+1,position.1-1)
                }){
                    //塞象眼,不添加此位置
                }else{
                    wantMove.append((position.0+2,position.1-2))
                }
            }
            if position.0-2>=0 && position.1+2<=4 {
                //判断是否有棋子塞象眼
                if redList.contains(where: { (pos) -> Bool in
                    return pos == (position.0-1,position.1+1)
```

```
        }) || greenList.contains(where: { (pos) -> Bool in
            return pos == (position.0-1,position.1+1)
        }){
            //塞象眼，不添加此位置
        }else{
            wantMove.append((position.0-2,position.1+2))
        }
    }
    //交换给棋盘类进行移动提示
    gameBoard?.wantMoveItem(positions: wantMove, item: item)
}
if item.title(for: .normal) == "马" || item.title(for: .normal) == "馬" {
    //获取棋子在二维矩阵中的位置
    let position = gameBoard!.transfromPositionToMatrix(item: item)
    var wantMove=Array<(Int,Int)>()
    let redList = gameBoard!.getAllRedMstrixList()
    let greenList = gameBoard!.getAllGreenMstrixList()
    // 以日字行走，八个方向，上、下、左、右各两个方向
    if position.0-1>=0 && position.1-2>=0 {
        if (redList.contains(where: { (pos) -> Bool in
            return pos == (position.0,position.1-1)
        })) || (greenList.contains(where: { (pos) -> Bool in
            return pos == (position.0,position.1-1)
        })) {

        }else{
            wantMove.append((position.0-1,position.1-2))
        }
    }
    if position.0+1<=8 && position.1-2>=0 {
        if (redList.contains(where: { (pos) -> Bool in
            return pos == (position.0,position.1-1)
        })) || (greenList.contains(where: { (pos) -> Bool in
            return pos == (position.0,position.1-1)
        })) {

        }else{
            wantMove.append((position.0+1,position.1-2))
        }
    }
    if position.0+2<=8 && position.1-1>=0 {
        if (redList.contains(where: { (pos) -> Bool in
            return pos == (position.0+1,position.1)
        })) || (greenList.contains(where: { (pos) -> Bool in
            return pos == (position.0+1,position.1)
        })) {

        }else{
            wantMove.append((position.0+2,position.1-1))
        }
```

```
    }
    if position.0+2<=8 && position.1+1<=9 {
        if (redList.contains(where: { (pos) -> Bool in
            return pos == (position.0+1,position.1)
        })) || (greenList.contains(where: { (pos) -> Bool in
            return pos == (position.0+1,position.1)
        })) {

        }else{
            wantMove.append((position.0+2,position.1+1))
        }
    }
    if position.0+1<=8 && position.1+2<=9 {
        if (redList.contains(where: { (pos) -> Bool in
            return pos == (position.0,position.1+1)
        })) || (greenList.contains(where: { (pos) -> Bool in
            return pos == (position.0,position.1+1)
        })) {

        }else{
            wantMove.append((position.0+1,position.1+2))
        }
    }
    if position.0-1>=0 && position.1+2<=9 {
        if (redList.contains(where: { (pos) -> Bool in
            return pos == (position.0,position.1+1)
        })) || (greenList.contains(where: { (pos) -> Bool in
            return pos == (position.0,position.1+1)
        })) {

        }else{
            wantMove.append((position.0-1,position.1+2))
        }
    }
    if position.0-2>=0 && position.1+1<=9 {
        if (redList.contains(where: { (pos) -> Bool in
            return pos == (position.0-1,position.1)
        })) || (greenList.contains(where: { (pos) -> Bool in
            return pos == (position.0-1,position.1)
        })) {

        }else{
            wantMove.append((position.0-2,position.1+1))
        }
    }
    if position.0-2>=0 && position.1-1>=0 {
        if (redList.contains(where: { (pos) -> Bool in
            return pos == (position.0-1,position.1)
        })) || (greenList.contains(where: { (pos) -> Bool in
            return pos == (position.0-1,position.1)
```

```
            })) {

            }else{
                wantMove.append((position.0-2,position.1-1))
            }
        }
        //交换给棋盘类进行移动提示
        gameBoard?.wantMoveItem(positions: wantMove, item: item)
    }
```

上面的示例代码虽然长，但是逻辑十分清晰，理解起来并不复杂。开发者首先计算出棋子可以走的位置，之后通过判断关键位置（如"象眼"等）是否有棋子来决定此行棋位置是否有效。运行工程，效果如图 20-8 与图 20-9 所示。

图 20-8　"马走日"逻辑

图 20-9　"象飞田"逻辑

20.7　"车"与"炮"棋子行棋逻辑的开发

在《中国象棋》游戏中，行棋规则最复杂的棋子就是"车"与"炮"了。"车"的行棋规则为走直线且无距离限制，直到遇到己方棋子，或吃掉敌方棋子。"炮"的行棋规则与"车"有些类似，不同的是如果要吃掉敌方棋子，中间必须有一个棋子作为炮台。关于车的行棋逻辑，可以通过条件循环的方式实现，在 GameEngine 类的 checkCanMove() 方法中追加如下代码：

```
if item.title(for: .normal) == "车" || item.title(for: .normal) == "車" {
    //获取棋子在二维矩阵中的位置
    let position = gameBoard!.transfromPositionToMatrix(item: item)
    var wantMove=Array<(Int,Int)>()
    let redList = gameBoard!.getAllRedMstrixList()
    let greenList = gameBoard!.getAllGreenMstrixList()
    //车可以沿水平和竖直两个方向行棋
    //水平方向分为左和右
    var tempP = position
```

```
while temP.0-1>=0 {
    //如果有棋子则退出循环
    if (redList.contains(where: { (pos) -> Bool in
        return pos == (temP.0-1,temP.1)
    })) || (greenList.contains(where: { (pos) -> Bool in
        return pos == (temP.0-1,temP.1)
    })){
        wantMove.append((temP.0-1,temP.1))
        break
    }else{
        wantMove.append((temP.0-1,temP.1))
    }
    temP.0 -= 1
}
temP = position
while temP.0+1<=8 {
    //如果有棋子则退出循环
    if (redList.contains(where: { (pos) -> Bool in
        return pos == (temP.0+1,temP.1)
    })) || (greenList.contains(where: { (pos) -> Bool in
        return pos == (temP.0+1,temP.1)
    })){
        wantMove.append((temP.0+1,temP.1))
        break
    }else{
        wantMove.append((temP.0+1,temP.1))
    }
    temP.0 += 1
}
temP = position
while temP.1+1<=9 {
    //如果有棋子则退出循环
    if (redList.contains(where: { (pos) -> Bool in
        return pos == (temP.0,temP.1+1)
    })) || (greenList.contains(where: { (pos) -> Bool in
        return pos == (temP.0,temP.1+1)
    })){
        wantMove.append((temP.0,temP.1+1))
        break
    }else{
        wantMove.append((temP.0,temP.1+1))
    }
    temP.1 += 1
}
temP = position
while temP.1-1>=0 {
    //如果有棋子则退出循环
    if (redList.contains(where: { (pos) -> Bool in
        return pos == (temP.0,temP.1-1)
    })) || (greenList.contains(where: { (pos) -> Bool in
```

```
        return pos == (temP.0,temP.1-1)
    })){
        wantMove.append((temP.0,temP.1-1))
        break
    }else{
        wantMove.append((temP.0,temP.1-1))
    }
    temP.1 -= 1
}
//交给棋盘类进行移动提示
gameBoard?.wantMoveItem(positions: wantMove, item: item)
}
```

上面的代码通过 while 循环进行"车"棋子四个方向的循环，temP 作为循环临时变量，需要注意每次循环后都要将其值重置。当循环过程中遇到一个棋子时，无论己方还是敌方，添加此位置后直接跳出循环。ChessBoard 类会处理此处，如果是己方棋子，则不能行走，如果是敌方棋子，则可以吃掉敌方棋子。

"炮"棋子的行棋逻辑与"车"相似，不同的是当找到行棋路线上的一颗棋子后，这个棋子并不会被算入可行棋位置，循环需要继续，直到找到线路上的第二颗棋子为止。还有一点读者需要注意，在"炮"的行棋路线上一旦出现一颗棋子，这颗棋子之后的空位也是不能算入可行棋位置的，示例代码如下：

```
if item.title(for: .normal) == "炮" {
    //获取棋子在二维矩阵中的位置
    let position = gameBoard!.transfromPositionToMatrix(item: item)
    var wantMove=Array<(Int,Int)>()
    let redList = gameBoard!.getAllRedMstrixList()
    let greenList = gameBoard!.getAllGreenMstrixList()
    //炮可以沿水平和竖直两个方向行棋
    //水平方向分为左和右
    var temP = position
    var isFirst = true
    while temP.0-1>=0 {
        //如果有棋子则找出其后面的最近一颗棋子，之后退出循环
        if (redList.contains(where: { (pos) -> Bool in
            return pos == (temP.0-1,temP.1)
        })) || (greenList.contains(where: { (pos) -> Bool in
            return pos == (temP.0-1,temP.1)
        })){
            if !isFirst {
                wantMove.append((temP.0-1,temP.1))
                break
            }
            isFirst = false
        }else{
            if isFirst {
                wantMove.append((temP.0-1,temP.1))
            }
        }
```

```
            temP.0 -= 1
    }
    temP = position
    isFirst = true
    while temP.0+1<=8 {
        //如果有棋子则退出循环
        if (redList.contains(where: { (pos) -> Bool in
            return pos == (temP.0+1,temP.1)
        })) || (greenList.contains(where: { (pos) -> Bool in
            return pos == (temP.0+1,temP.1)
        })){
            if !isFirst {
                wantMove.append((temP.0+1,temP.1))
                break
            }
            isFirst = false
        }else{
            if isFirst {
                wantMove.append((temP.0+1,temP.1))
            }

        }
        temP.0 += 1
    }
    temP = position
    isFirst=true
    while temP.1+1<=9 {
        //如果有棋子则退出循环
        if (redList.contains(where: { (pos) -> Bool in
            return pos == (temP.0,temP.1+1)
        })) || (greenList.contains(where: { (pos) -> Bool in
            return pos == (temP.0,temP.1+1)
        })){
            if !isFirst {
                wantMove.append((temP.0,temP.1+1))
                break
            }
            isFirst = false
        }else{
            if isFirst {
                wantMove.append((temP.0,temP.1+1))
            }

        }
        temP.1 += 1
    }
    temP = position
    isFirst = true
    while temP.1-1>=0 {
        //如果有棋子则退出循环
```

```
    if (redList.contains(where: { (pos) -> Bool in
    return pos == (temP.0,temP.1-1)
})) || (greenList.contains(where: { (pos) -> Bool in
    return pos == (temP.0,temP.1-1)
})){
    if !isFirst {
        wantMove.append((temP.0,temP.1-1))
        break
    }
    isFirst = false
}else{
    if isFirst {
        wantMove.append((temP.0,temP.1-1))
    }

}
temP.1 -= 1
}
//交给棋盘类进行移动提示
gameBoard?.wantMoveItem(positions: wantMove, item: item)
}
```

上面的示例使用了临时变量 isFirst 来标记行棋路线上出现的挡路棋子是否为第一颗。运行工程，效果如图 20-10 所示。

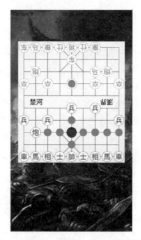

图 20-10 "车"与"炮"棋子行棋逻辑的开发

20.8 胜负判定逻辑开发与游戏功能完善

到上一节为止，我们已经完成了中国象棋游戏的所有核心部分，剩下的就是对功能进行完善。首先来完善 ChessBoard 类中的 reStartGame()方法，这个方法是用于清理和重置棋盘的。在设计时，只做了棋子的重置操作，随着项目开发的深入，棋盘上不光会布局棋子，在游戏过程中还会添加很多预行棋位置的提示按钮，因此需要在 reStartGame()方法的开头添加如下代码：

```
//清理所有提示点
tipButtonArray.forEach { (item) in
    item.removeFromSuperview()
}
tipButtonArray.removeAll()
//取消所有棋子的选中
self.cancelAllSelect()
```

关于游戏的胜负判定的逻辑也十分简单，在《中国象棋》游戏中，只要有一方的将或帅被敌方吃掉，就判此方为输。首先在 ChessBoardDelegate 协议中添加一个游戏结束的回调方法，代码如下：

```
protocol ChessBoardDelegate {
    func chessItemClick(item:ChessItem)
    func chessMoveEnd()
    //结束游戏回调，参数如果传入 true，就代表红方胜利
    func gameOver(redWin:Bool)
}
```

之后将 ChessBoard 类的 MoveItem()方法修改如下，在其中添加胜负判定的逻辑：

```
func moveItem(tipButton:TipButton) {
    //得到要移动到的位置
    let position = currentCanMovePosition[tipButton.tag-100]
    //转换成坐标
    let point = CGPoint(x: CGFloat(position.0)*Width+Width/2, y:
CGFloat(position.1)*Width+Width/2)
    //找到被选中的棋子
    var isRed:Bool?
    currentRedItem.forEach { (item) in
        if item.selectedState {
            isRed = true
            //进行动画移动
            UIView.animate(withDuration: 0.3, animations: {
                item.center = point
            })
        }
    }
    currentGreenItem.forEach { (item) in
        if item.selectedState {
            isRed = false
            //进行动画移动
            UIView.animate(withDuration: 0.3, animations: {
                item.center = point
            })
        }
    }
    //检查是否有敌方棋子，如果有就吃掉敌方棋子
    var shouldDeleteItem:ChessItem?
```

```
        if isRed! {
            currentGreenItem.forEach({ (item) in
                if transfromPositionToMatrix(item: item) == position {
                    shouldDeleteItem = item
                }
            })
        }else{
            currentRedItem.forEach({ (item) in
                if transfromPositionToMatrix(item: item) == position {
                    shouldDeleteItem = item
                }
            })
        }
        if let it = shouldDeleteItem {
            it.removeFromSuperview()
            if isRed!{
                currentGreenItem.remove(at: currentGreenItem.index(of: it)!)
            }else{
                currentRedItem.remove(at: currentRedItem.index(of: it)!)
            }
            //进行胜负判定
            if it.title(for: .normal) == "将"{
                if delegate != nil {
                    delegate!.gameOver(redWin: true)
                }
            }
            if it.title(for: .normal) == "帅"{
                if delegate != nil {
                    delegate!.gameOver(redWin: false)
                }
            }
        }
        tipButtonArray.forEach { (item) in
            item.removeFromSuperview()
        }
        tipButtonArray.removeAll()
        if delegate != nil {
            delegate?.chessMoveEnd()
        }
    }
```

　　GameEngine 类也需要做一些修改：首先当胜负判定生效后，ChessBoard 类会通过协议通知到
GameEngine 类，游戏引擎除了要将游戏结束外，还需要将胜负的状态传递给 GameViewController
来做一些界面上的提示。因此这里可以在 GameEngine.swift 文件中创建一个协议，代码如下：

```
protocol GameEngineDelegate {
    func gameOver(redWin:Bool)
    //当前行棋的一方改变时调用
    func couldRedMove(red:Bool)
}
```

在 GameEngine 类中添加如下两个属性：

```
var delegate:GameEngineDelegate?
//开始游戏的标记
var isStarting = false
```

修改 GameEngine 类的 startGame()方法如下：

```
func startGame() {
    isStarting = true
    gameBoard?.reStartGame()
    shouldRedMove = redFirstMove
    if delegate != nil {
        delegate?.couldRedMove(red: shouldRedMove)
    }
}
```

在 GameEngine 类中实现 gameOver()方法如下：

```
func gameOver(redWin: Bool) {
    //将游戏结束
    isStarting = false
    //将胜负状态传递给界面
    if delegate != nil {
        delegate?.gameOver(redWin: redWin)
    }
}
```

最后，需要在 GameViewController 类中进行界面的相关控制，使 GameViewController 类遵守 GameEngineDelegate 协议：

```
class GameViewController: UIViewController,GameEngineDelegate
```

在 GameViewController 类中添加如下属性：

```
//开始游戏按钮
var startGameButton:UIButton?
//切换先手方按钮
var settingButton:UIButton?
//胜负提示
var tipLabel = UILabel()
```

将 GameViewController 类中的 viewDidLoad()方法实现如下：

```
override func viewDidLoad() {
    super.viewDidLoad()
    let bgImage = UIImageView(image: UIImage(named: "gameBg"))
    bgImage.frame = self.view.frame
    self.view.addSubview(bgImage)
    self.view.backgroundColor = UIColor.white
    chessBoard = ChessBoard(origin: CGPoint(x: 20, y: 80))
    self.view.addSubview(chessBoard!)
    //进行游戏引擎的实例化
    gameEngine = GameEngine(board: chessBoard!)
```

```
        gameEngine!.delegate = self

        startGameButton = UIButton(type: .system)
        startGameButton?.frame = CGRect(x: 40, y: self.view.frame.size.
height-80, width: self.view.frame.size.width/2-80, height: 30)
        startGameButton?.backgroundColor = UIColor.green
        startGameButton?.setTitle("开始游戏", for: .normal)
        startGameButton?.setTitleColor(UIColor.red, for: .normal)
        self.view.addSubview(startGameButton!)
        startGameButton?.addTarget(self, action: #selector(startGame), for:
.touchUpInside)

        settingButton = UIButton(type: .system)
        settingButton?.frame = CGRect(x: self.view.frame.size.width/2+40, y:
self.view.frame.size.height-80, width: self.view.frame.size.width/2-80, height:
30)
        settingButton?.setTitle("红方行棋", for: .normal)
        settingButton?.backgroundColor = UIColor.green
        settingButton?.setTitleColor(UIColor.red, for: .normal)
        self.view.addSubview(settingButton!)
        settingButton?.addTarget(self, action: #selector(settingGame), for:
.touchUpInside)

        tipLabel.frame = CGRect(x: self.view.frame.size.width/2-100, y: 200,
width: 200, height: 60)
        tipLabel.backgroundColor = UIColor.clear
        tipLabel.font = UIFont.systemFont(ofSize: 25)
        tipLabel.textColor = UIColor.red
        tipLabel.textAlignment = .center
        tipLabel.isHidden = true
        self.view.addSubview(tipLabel)
    }
```

实现 startGame()与 settingGame()方法如下：

```
    func startGame(btn:UIButton){
        tipLabel.isHidden = true
        gameEngine?.startGame()
        settingButton?.backgroundColor = UIColor.gray
        settingButton?.isEnabled = false
        btn.setTitle("重新开局", for: .normal)
    }
    func settingGame(btn:UIButton){
        if btn.title(for: .normal)=="红方行棋" {
            gameEngine?.setRedFirstMove(red: false)
            btn.setTitle("绿方行棋", for: .normal)
        }else{
            gameEngine?.setRedFirstMove(red: true)
            btn.setTitle("红方行棋", for: .normal)
        }
    }
```

实现协议中的方法如下：

```
func gameOver(redWin:Bool){
    if redWin {
        tipLabel.text = "红方胜"
        tipLabel.textColor = UIColor.red
    }else{
        tipLabel.text = "绿方胜"
        tipLabel.textColor = UIColor.green
    }
    tipLabel.isHidden = false
    settingButton?.isEnabled = true
    settingButton?.backgroundColor=UIColor.green
}
func couldRedMove(red: Bool) {
    if red {
        settingButton?.setTitle("红方行棋", for: .normal)
    }else{
        settingButton?.setTitle("绿方行棋", for: .normal)
    }
}
```

运行工程，界面效果如图 20-11 所示。

图 9-11 胜负判定逻辑的开发

20.9 拆分冗长的 checkCanMove()方法

在开发过程中保持代码的清晰与简洁十分重要，开发软件的过程也是不断地对软件进行优化的过程。在软件工程中，还有一种专门的术语叫作重构，其核心思想是提倡开发者在开发新的功能前，先将不利于新功能添加的设计进行重构优化，而不是将新的代码强加在旧的代码中。对于一段代码是否需要进行优化，可以从以下几个方面进行分析：

（1）方法的命名是否可以使读者直观地了解其作用。

（2）是否生产了过多的局部变量。

（3）循环或者分支语句是否进行了 3 层以上的嵌套。

（4）函数的代码行数是否过长。

（5）相同作用的变量是否多次创建。

（6）相似功能的代码块是否重复编写。

对于一个函数，多长算是合适呢？一般来说，一个函数的长度不超过一屏是比较合适的，这样对于阅读此函数的开发者来说，不需要上下滚动翻看即可概览整个函数的功能，如果对这个条件放宽一些，一般 80 行以内的函数都可以接受。读者也可以根据自己的情况来设定一个临界的行数，但是最好不要超过 80 行。反观《中国象棋》游戏中的 GameEngine 类，其中的 checkCanMove() 方法是十分失败的，首先其行数超过了 500 行！这是一个十分恐怖的数字，对于以后的功能修改和 bug 锁定，都将十分困难。除此之外，其中还有大量的常量和变量重复，例如几乎每个 if 代码块中都创建了 position、wantMove、redList 这些功能完全一样的量值。其中相似逻辑的重复代码块也多到可怕，例如每个 if 块中都有进行行棋路线的边界检查，只是边界检查条件不同而已。

通过上面的分析，我们可以将整个中国象棋的棋子分为两类：一类是如"车"和"炮"这样需要循环确定路径的；还有一类是其他棋子，它们的可移动位置是枚举出来的。因此在处理时，也可以分为两部分。对于可枚举行棋的普通棋子，可以在 GameEngine 类中添加一个路径数组，方便使用，在 GameEngine 类中添加如下属性：

```
let checkMoveDic:[String:[[(Int,Int)]]] = [
    "兵":[[(0,-1)],[(0,-1),(-1,0),(1,0)]],
        //第一个元素是没过界前的可行算法 第二个元素是过界之后的
    "卒":[[(0,1)],[(0,1),(-1,0),(1,0)]],
    "将":[[(0,1),(0,-1),(1,0),(-1,0)]],
    "帅":[[(0,1),(0,-1),(1,0),(-1,0)]],
    "仕":[[(1,1),(-1,-1),(-1,1),(1,-1)]],
    "士":[[(1,1),(-1,-1),(-1,1),(1,-1)]],
    "相":[[(2,2),(-2,-2),(2,-2),(-2,2)]],
    "象":[[(2,2),(-2,-2),(2,-2),(-2,2)]],
    "马":[[(1,2),(1,-2),(2,1),(2,-1),(-1,2),(-1,-2),(-2,1),(-2,-1)]],
    "馬":[[(1,2),(1,-2),(2,1),(2,-1),(-1,2),(-1,-2),(-2,1),(-2,-1)]]
]
```

修改 GameEngine 类的 checkCanMove() 方法如下：

```
func checkCanMove(item:ChessItem) {
    //获取棋子在二维矩阵中的位置
    let position = gameBoard!.transfromPositionToMatrix(item: item)
    let name = item.title(for: .normal)!
    var wantMoveList:[(Int,Int)]?
    if name != "车" && name != "車" && name != "炮" {
        //判断棋子是否过界
        if (item.isRed && position.1<5)||(!item.isRed && position.1>4) {
            //过界
```

```
            if checkMoveDic.count>1 {
                wantMoveList = checkMoveDic[name]!.last
            }else{
                wantMoveList = checkMoveDic[name]!.first
            }
        }else{
            //没过界
            wantMoveList = checkMoveDic[name]!.first
        }
        calculateNormalItemPosition(wantMove: wantMoveList!, position:
position,item: item)
        }else{
            calculateSpecItemPosition(item: item)
        }
    }
```

实现 calculateNormalItemPosition()方法与 calculateSpecItemPosition()方法如下：

```
    func calculateSpecItemPosition(item:ChessItem) {
        //获取棋子在二维矩阵中的位置
        let position = gameBoard!.transfromPositionToMatrix(item: item)
        var wantMove=Array<(Int,Int)>()
        let redList = gameBoard!.getAllRedMstrixList()
        let greenList = gameBoard!.getAllGreenMstrixList()
        if item.title(for: .normal) == "车" || item.title(for: .normal) == "車" {
            //车可以沿水平和竖直两个方向行棋
            //水平方向分为左和右
            var temP = position
            while temP.0-1>=0 {
                //如果有棋子则退出循环
                if (redList.contains(where: { (pos) -> Bool in
                    return pos == (temP.0-1,temP.1)
                })) || (greenList.contains(where: { (pos) -> Bool in
                    return pos == (temP.0-1,temP.1)
                })){
                    wantMove.append((temP.0-1,temP.1))
                    break
                }else{
                    wantMove.append((temP.0-1,temP.1))
                }
                temP.0 -= 1
            }
            temP = position
            while temP.0+1<=8 {
                //如果有棋子则退出循环
                if (redList.contains(where: { (pos) -> Bool in
                    return pos == (temP.0+1,temP.1)
                })) || (greenList.contains(where: { (pos) -> Bool in
                    return pos == (temP.0+1,temP.1)
                })){
                    wantMove.append((temP.0+1,temP.1))
```

```
                break
            }else{
                wantMove.append((temP.0+1,temP.1))
            }
            temP.0 += 1
        }
        temP = position
        while temP.1+1<=9 {
            //如果有棋子则退出循环
            if (redList.contains(where: { (pos) -> Bool in
                return pos == (temP.0,temP.1+1)
            })) || (greenList.contains(where: { (pos) -> Bool in
                return pos == (temP.0,temP.1+1)
            })){
                wantMove.append((temP.0,temP.1+1))
                break
            }else{
                wantMove.append((temP.0,temP.1+1))
            }
            temP.1 += 1
        }
        temP = position
        while temP.1-1>=0 {
            //如果有棋子则退出循环
            if (redList.contains(where: { (pos) -> Bool in
                return pos == (temP.0,temP.1-1)
            })) || (greenList.contains(where: { (pos) -> Bool in
                return pos == (temP.0,temP.1-1)
            })){
                wantMove.append((temP.0,temP.1-1))
                break
            }else{
                wantMove.append((temP.0,temP.1-1))
            }
            temP.1 -= 1
        }
    }
    if item.title(for: .normal) == "炮" {
        //炮可以沿水平和竖直两个方向行棋
        //水平方向分为左和右
        var temP = position
        var isFirst = true
        while temP.0-1>=0 {
            //如果有棋子则找出其后面最近的一颗棋子，之后退出循环
            if (redList.contains(where: { (pos) -> Bool in
                return pos == (temP.0-1,temP.1)
            })) || (greenList.contains(where: { (pos) -> Bool in
                return pos == (temP.0-1,temP.1)
            })){
                if !isFirst {
```

```
                wantMove.append((temP.0-1,temP.1))
                break
            }
            isFirst = false
        }else{
            if isFirst {
                wantMove.append((temP.0-1,temP.1))
            }
        }
        temP.0 -= 1
    }
    temP = position
    isFirst = true
    while temP.0+1<=8 {
        //如果有棋子则退出循环
        if (redList.contains(where: { (pos) -> Bool in
            return pos == (temP.0+1,temP.1)
        })) || (greenList.contains(where: { (pos) -> Bool in
            return pos == (temP.0+1,temP.1)
        })){
            if !isFirst {
                wantMove.append((temP.0+1,temP.1))
                break
            }
            isFirst = false
        }else{
            if isFirst {
                wantMove.append((temP.0+1,temP.1))
            }

        }
        temP.0 += 1
    }
    temP = position
    isFirst=true
    while temP.1+1<=9 {
        //如果有棋子则退出循环
        if (redList.contains(where: { (pos) -> Bool in
            return pos == (temP.0,temP.1+1)
        })) || (greenList.contains(where: { (pos) -> Bool in
            return pos == (temP.0,temP.1+1)
        })){
            if !isFirst {
                wantMove.append((temP.0,temP.1+1))
                break
            }
            isFirst = false
        }else{
            if isFirst {
                wantMove.append((temP.0,temP.1+1))
```

```
                    }

                }
                temP.1 += 1
            }
            temP = position
            isFirst = true
            while temP.1-1>=0 {
                //如果有棋子则退出循环
                if (redList.contains(where: { (pos) -> Bool in
                    return pos == (temP.0,temP.1-1)
                })) || (greenList.contains(where: { (pos) -> Bool in
                    return pos == (temP.0,temP.1-1)
                })){
                    if !isFirst {
                        wantMove.append((temP.0,temP.1-1))
                        break
                    }
                    isFirst = false
                }else{
                    if isFirst {
                        wantMove.append((temP.0,temP.1-1))
                    }

                }
                temP.1 -= 1
            }
        }
        //交给棋盘类进行移动提示
        gameBoard?.wantMoveItem(positions: wantMove, item: item)
    }
    func calculateNormalItemPosition(wantMove:[(Int,Int)],position:(Int,Int),
item:ChessItem) {
        //构造行棋位置数组
        var couldMove=Array<(Int,Int)>()
        let name = item.title(for: .normal)!
        let redList = gameBoard!.getAllRedMstrixList()
        let greenList = gameBoard!.getAllGreenMstrixList()
        if name == "兵" || name == "卒" {
            wantMove.forEach({ (pos) in
                let newPos = (position.0+pos.0,position.1+pos.1)
                if newPos.0<0 || newPos.0>8 || newPos.1<0 || newPos.1>9 {

                }else{
                    couldMove.append(newPos)
                }
            })
        }
        if name == "将" || name == "仕" {
            wantMove.forEach({ (pos) in
```

```
            let newPos = (position.0+pos.0,position.1+pos.1)
            if newPos.0<3 || newPos.0>5 || newPos.1<0 || newPos.1>2 {

            }else{
                couldMove.append(newPos)
            }
        })
    }
    if name == "帅" || name == "士" {
        wantMove.forEach({ (pos) in
            let newPos = (position.0+pos.0,position.1+pos.1)
            if newPos.0<3 || newPos.0>5 || newPos.1<7 || newPos.1>9 {

            }else{
                couldMove.append(newPos)
            }
        })
    }
    if name == "相" {
        wantMove.forEach({ (pos) in
            let newPos = (position.0+pos.0,position.1+pos.1)
            if newPos.0<0 || newPos.0>8 || newPos.1<5 || newPos.1>9 {

            }else{
                if redList.contains(where: { (po) -> Bool in
                    return po == (position.0+pos.0/2,position.1+pos.1/2)
                }) || greenList.contains(where: { (po) -> Bool in
                    return po == (position.0+pos.0/2,position.1+pos.1/2)
                }){
                    //塞象眼，不添加此位置
                }else{
                    couldMove.append(newPos)
                }
            }
        })
    }
    if name == "象" {
        wantMove.forEach({ (pos) in
            let newPos = (position.0+pos.0,position.1+pos.1)
            if newPos.0<0 || newPos.0>8 || newPos.1<0 || newPos.1>4 {

            }else{
                if redList.contains(where: { (po) -> Bool in
                    return po == (position.0+pos.0/2,position.1+pos.1/2)
                }) || greenList.contains(where: { (po) -> Bool in
                    return po == (position.0+pos.0/2,position.1+pos.1/2)
                }){
                    //塞象眼，不添加此位置
                }else{
                    couldMove.append(newPos)
```

```
            }
        }
    })
}
if name=="馬" || name=="马" {
    wantMove.forEach({ (pos) in
        let newPos = (position.0+pos.0,position.1+pos.1)
        if newPos.0<0 || newPos.0>8 || newPos.1<0 || newPos.1>9 {

        }else{
            let tmpPo:(Int,Int)?
            if abs(pos.0)<abs(pos.1){
                tmpPo = (position.0,position.1+pos.1/2)
            }else{
                tmpPo = (position.0+pos.0/2,position.1)
            }
            if redList.contains(where: { (po) -> Bool in
                return po == tmpPo!
            }) || greenList.contains(where: { (po) -> Bool in
                return po == tmpPo!
            }){
                //别马蹄，不添加此位置
            }else{
                couldMove.append(newPos)
            }

        }
    })
}
//交给棋盘类进行移动提示
gameBoard?.wantMoveItem(positions: couldMove, item: item)
}
```

　　运行工程，可以检验游戏的逻辑是否正确。优化后的功能和以前完全一致，但代码量少了将近一半。实际上，一个优秀的项目是在开发的过程中不断优化成型的，读者也需要培养这样的习惯。读者可以将此项目作为自己的重构练习，在此基础上继续进行优化。

附录 A

CocoaPods 库管理工具的应用

在开发 iOS 应用时，开发者难免会使用到很多第三方类库，比如 SnapKit、Alamofire 等。有些第三方类库可能同时又依赖于其他的系统库或者第三方库。如果手动下载和引入这些类库，管理起来会十分混乱。为了方便开发者对项目中使用的第三方类库进行高效管理，CocoaPods 应运而生。

1. CocoaPods 的安装

在安装 CocoaPods 工具之前，需要先在本地安装 Ruby 环境。Ruby 是一种面向对象的脚本语言。

首先安装 RVM（Ruby Version Manager）Ruby 版本管理工具。在终端使用如下命令进行安装：

```
curl -L get.rvm.io | bash -s stable
```

安装完成后，进行文件的加载，依次执行如下命令：

```
source ~/.bashrc
source ~/.bash_profile
source ~/.profile
```

可以使用 rvm list known 命令查看 Ruby 版本列表，如图 A.1 所示。

选择最新的版本进行安装，示例如下：

```
vm install 2.4
```

Ruby 环境安装完成后，安装 CocoaPods 将十分简单，可在终端直接输入如下命令进行安装：

```
sudo gem install cocoapods
```

出现如图 A.2 所示的提示，说明 CocoaPods 工具已经安装完成。

图 A.1 查看 Ruby 版本

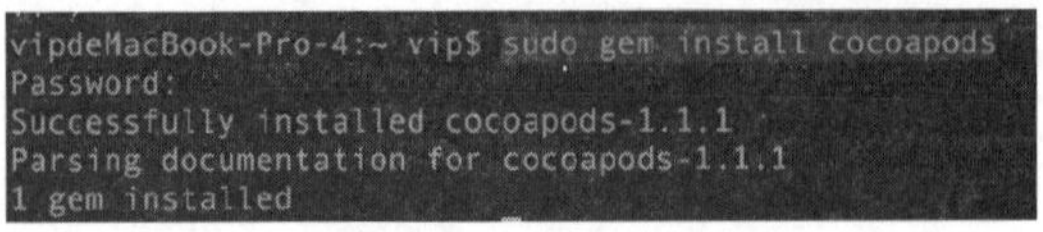

图 A.2 安装完成 CocoaPods 工具

2. 使用 CocoaPods 安装第三方类库

CocoaPods 工具安装完成后，下面引入第三方自动布局框架 SnapKit。首先使用 Xcode 开发工具创建一个命名为 CocoaPodsTest 的工程。终端使用如下命令进入到项目的根目录中：

```
cd 项目的绝对路径
```

例如：

```
cd /Users/vip/Desktop/CocoaPodsTest
```

之后执行 pod init 命名，会在当前目录中创建出一个标准的 Podfile 文件：

```
pod init
```

在 CocoaPods 仓库中查找需要安装的第三方类库，以 SnapKit 为例，执行如下命令：

```
pod search SnapKit
```

效果如图 A.3 所示。

可以看到，SnapKit 库的最新版本为 3.0.2，复制 "pod 'SnapKit', '~>3.0.2'"，返回终端项目的根目录，使用 vim Podfile 来打开 Podfile 文件，代码如下：

图 A.3 搜索第三方库

```
vim Podfile
```

把 "pod 'SnapKit', '~>3.0.2'" 粘贴在 Podfile 文件的指定位置，如图 A.4 所示。

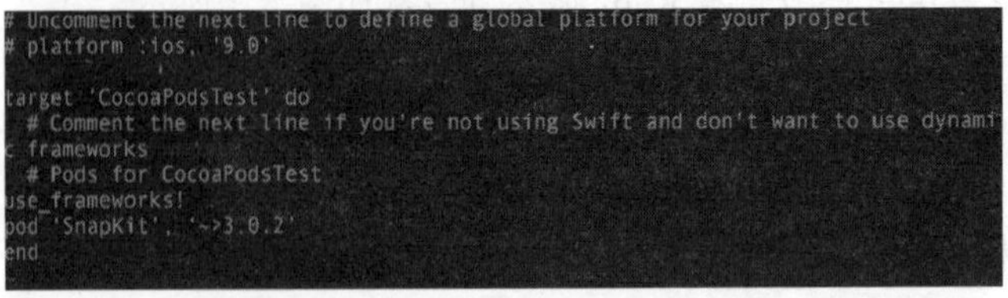

图 A.4 设置要引入的第三方框架

之后将文件进行保存退出，回到终端命令输入界面。

提示

vim 是一款文件编辑工具，在打开文件后，按键盘上的 i 键可以进入编辑模式，编辑完成后，使用 shift+;组合键后输入 wq 进行保存退出。

在当前目录下，使用 pod install 命令进行第三方类库的安装，代码如下：

```
pod install
```

如果安装成功，终端上会显示如图 A.5 所示的效果。

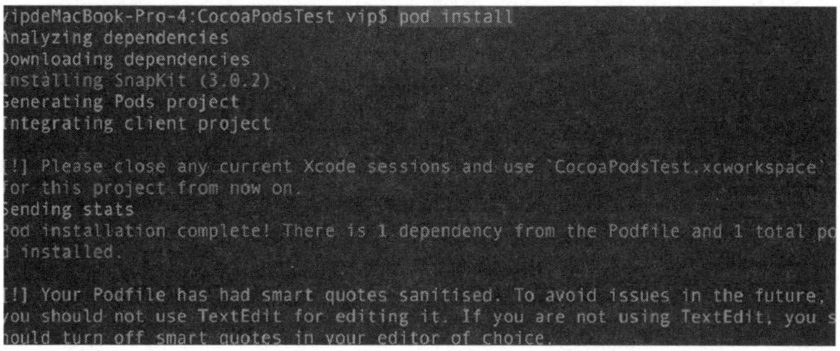

图 A.5   第三方类库安装完成

之后需要注意，工程的目录文件会发生一些变化，开发者需要使用 xcworkspace 文件打开项目来进行项目的开发，如图 A.6 所示。

CocoaPods 工具会自动帮助开发者进行依赖库的引用和安装，如果需要 ARC 与 MRC 的混编，CocoaPods 也会帮助开发者完成参数的配置。如果开发者需要引入其他第三方类库，只需在 Podfile 文件中继续添加需要安装的第三方类库名称与版本即可。

图 A.6   CocoaPods 管理的项目目录

提示

在使用 sudo gem install cocoapods 命令进行 CocoaPods 工具的安装时，常常会因为网络原因导致安装失败。可以通过替换 Ruby 镜像的方法来解决，在终端依次执行如下命令：

```
gem sources --remove https://rubygems.org/
gem sources -a https://gems.ruby-china.org/
```

之后使用如下命令来检查 Ruby 镜像是否替换完成：

```
gem sources -l
```

如果终端显示如图 A.7 所示，则说明替换成功！

图 A.7   进行 Ruby 镜像替换

附录 B

关键概念检索表

关键概念	释义
个人 Apple ID	苹果公司会员账户
Xcode	MacOS、iOS、tvOS 与 watchOS 应用开发工具
playground	Swift 语言演练版
AppStore	苹果应用官方市场
import	引入开发框架包
var	定义变量
let	定义常量
print()	Swift 语言中的打印函数
//	进行单行注释
/**/	进行多行注释
0b	二进制数据前缀
0o	八进制数据前缀
0x	十六进制数据前缀
bit	二进制位（0 或者 1）单位
B	字节单位（1B=8bit）
KB	千字节单位（1KB=2^{10}B）
MB	兆字节单位（1MB=2^{10}KB）
GB	吉字节单位（1GB=2^{10}MB）
TB	太字节单位（1TB=2^{10}GB）
UInt8	无符号 8 位整型数据
UInt16	无符号 16 位整型数据

（续表）

关键概念	释义
UInt32	无符号 32 位整型数据
UInt64	无符号 64 位整型数据
Int8	8 位整型数据
Int16	16 位整型数据
Int32	32 位整型数据
Int64	64 位整型数据
Float	单精度浮点型数据
Double	双精度浮点型数据
Bool	布尔型数据
true	布尔真
false	布尔假
?	声明可选类型或 Optional 链
nil	可选类型空值 nil
!	对可选类型拆包或强制隐式拆包
If-let	可选值绑定结构
typealias	为类型取别名
String	字符串数据类型
MemoryLayout	内存分布信息
\0	转义空白符
\\	转义字符\
\t	转义制表符
\n	转义换行符
\r	转义回车符
\'	转义字符'
\"	转义字符"
\u{}	Unicode 码字符
isEmpty	判断字符串是否为空
Array	数组类型
Dictionary	字典类型
Set	集合类型
+	加号运算符或正号运算符
-	减号运算符或负号运算符
=	赋值运算符
*	乘号运算符
/	除号运算符
%	取余运算符
+=	复合加运算符

（续表）

关键概念	释义
-=	复合减运算符
*=	复合乘运算符
/=	复合除运算符
%=	复合取余运算符
&&	逻辑与运算符
||	逻辑或运算符
!	逻辑非运算符
==	等于运算符
<	小于运算符
>	大于运算符
!=	不等于运算符
>=	不小于运算符
<=	不大于运算符
?:	条件运算符
??	空合运算符
…	闭区间运算符
..<	半开区间运算符
~=	包含运算符
for-in	循环遍历结构
while	条件循环结构（先判断条件再执行循环）
repeat-while	条件循环结构（先执行循环再判断条件）
if-else	条件选择结构
switch-case	多分支选择结构
continue	跳过本次循环
break	跳出当前循环
fallthrough	继续匹配 switch-case 结构中的下一个 case
return	从当前函数返回
throw	抛出异常
guard-else	守护中断结构
func	声明函数关键字
___	匿名变量标识符
inout	标记函数内部可修改外部参数
{()->Void in }	基础闭包结构
AnyObject	任意引用类型
Any	任意类型
@escaping	修饰逃逸闭包
@noescape	修饰非褒义闭包

（续表）

关键概念	释义
@autoclosure	修饰自动闭包
&	按位与运算符
|	按位或运算符
~	按位取反运算符
<<	按位左移运算符
>>	按位右移运算符
^	按位异或运算符
&-	溢出减运算符
&+	溢出加运算符
&*	溢出乘运算符
prefix	自定义前缀运算符
infix	自定义中缀运算符
postfix	自定义后缀运算符
associativity	设置运算符结合性
precedence	设置运算符优先级
enum	枚举关键字
indirect	递归枚举关键字
struct	结构体关键字
class	类关键字
init	构造方法
deinit	析构方法
lazy	延迟加载属性关键字
willSet	属性监听器（将要赋值时）
didSet	属性监听器（已经赋值时）
static	声明静态属性或方法
subscript	下标方法
convenience	声明便利构造方法
super	父类关键字
required	声明必要构造方法
ARC	自动引用计数技术
MRC	手动引用计数
weak	弱引用关键字
unowned	无主引用关键字
Error	定义错误枚举
do-catch	异常捕获结构
try	异常映射 Optional 关键字
defer	延迟执行语句

（续表）

关键概念	释义
is	类型检查关键字
as	类型转换关键字
protocol	定义协议
extension	定义扩展
UILabel	标签控件
UIButton	按钮控件
UIImageView	图片视图控件
UIImage	图片对象
UITextField	文本输入框控件
UISwitch	开关控件
UIPageControl	分页控制器控件
UISegmentedControl	分段控制器控件
UISlider	滑块控件
UIActivityIndicatorView	活动指示器控件
UIStepper	步进控制器控件
UIPickerView	选择器控件
UIDatePicker	时间选择器控件
UISearchBar	搜索栏控件
UIViewController	视图控制器
UINavigationController	导航控制器
UITabBarController	标签控制器
UIAlertController	警告视图控制器
UIWebView	网页视图
UIWebKit	网页视图框架
UIScrollView	滚动视图
UITableView	列表视图
UICollectionView	集合视图
UIPageViewController	分页视图控制器
Autolayout	自动布局技术
UserDefaults	本地持久化存储类